山东省中等职业教育课程改革教材

信息技术类

Photoshop CS6 基础与实例教程

陶梦民 李 峰 主编

山东科学技术出版社
·济南·

图书在版编目（CIP）数据

Photoshop CS6 基础与实例教程 / 陶梦民，李峰主编．
-- 济南：山东科学技术出版社，2018.8（2024.1 重印）
ISBN 978-7-5331-9575-5

Ⅰ．①p… Ⅱ．①陶… ②李… Ⅲ．①图象处理软件－教材 Ⅳ．① TP391.413

中国版本图书馆 CIP 数据核字 (2018) 第 171306 号

Photoshop CS6 基础与实例教程

Photoshop CS6 JICHU YU SHILI JIAOCHENG

责任编辑：赵 旭 梁天宏
装帧设计：孙 佳 孙非羽

主管单位：山东出版传媒股份有限公司
出 版 者：山东科学技术出版社
地址：济南市市中区舜耕路 517 号
邮编：250003 电话：（0531）82098088
网址：www.lkj.com.cn
电子邮件：sdkj@sdcbcm.com
发 行 者：山东科学技术出版社
地址：济南市市中区舜耕路 517 号
邮编：250003 电话：（0531）82098067
印 刷 者：山东新华印务有限公司
地址：济南市高新区世纪大道 2366 号
邮编：250104 电话：（0531）82079130

规格： 16 开（184 mm × 260 mm）
印张： 20.25 **字数：** 460 千
版次： 2018 年 8 月第 1 版 **印次：** 2024 年 1 月第 2 次印刷
定价： 45.00 元

主　编　陶梦民　李　峰

副主编　陆宏菊　侯卫芹　张金玲　刘长华

编　者　李卫东　赫　静　商和福　王祥之　李玉梅

前 言

Photoshop，简称“PS”，是由Adobe公司开发和发行的图形图像处理软件，涉及图像、图形、文字、视频、出版等应用领域，深受图形图像处理者及平面设计工作者的喜爱。随着网络技术和电子商务的发展，以及网络社交、网络推广等的兴起，图形图像的处理和编辑需求急剧增长，能够熟练灵活地运用 Photoshop 软件，已经成为诸多领域从业者的必备技能。

本书从 Photoshop 简介与图像基础、选区的绘制与编辑、图像的绘制与编辑、图层的应用、图像修饰与调色、文字的应用、路径与形状、蒙版与通道、滤镜与动作等九个方面，详细地讲解了 Photoshop CS6 的操作方法和应用技巧。书中设置的任务生动有趣、灵活多样、联系实际，内容从日常生活常用的照片美化、图片修复、相册相框、节日卡片、卡通图案，到商业化的人物名片、广告传单、图像特效、Logo 处理、商业海报等，几乎涵盖了 Photoshop 应用的各个领域。通过本书的学习，学生可以掌握 Photoshop 在各个方向的基本应用技能，为进一步学习 Photoshop 打下坚实的基础。

“学而不思则罔”，学习伴有思考，才能有所收获。本书着重从引领思路、回顾思考和思考输出三个方面，组织教学内容。其中，“关键步骤思维导图”让学生在动手前对制作任务的操作过程有一个全局的认识，引导学生去思考，让学生在学习操作过程中掌握主动权。操作完成后，紧接“课堂提问”部分，通过设置的问题，学生提炼刚完成的操作部分的操作技巧和知识要点，养成做后思考的习惯。学生在思考后形成自己的知识，紧接着在“随堂笔记”中进行知识的自我输出，同时也可以将所学要点进行记录，方便回顾翻阅，实现“课本”和“笔记”的合一。

由于编者水平有限，书中难免存在错误和不妥之处，敬请广大读者批评指正。

目 录
CONTENTS

Photoshop 简介与图像基础

Adobe Photoshop，简称“PS”，是由 Adobe 公司发行的图像处理软件，本书中使用的是 Photoshop CS6 版本。正式学习之前，首先来了解一下 Photoshop 的工作界面，掌握基本的操作和相关的图像处理基础知识。

学习目标：

◇ 了解 Photoshop 的工作界面

◇ 掌握 Photoshop 的基本操作和图像知识

任务一　工作界面介绍

要学习 Photoshop CS6 ，首先要了解该软件的操作界面，熟悉界面的布局。熟练掌握工作界面的内容，有助于广大初学者日后得心应手地使用这款软件。

1.1　界面组成

Photoshop CS6 的工作界面主要由“菜单栏”“工具箱”“选项栏”“面板组”“工作区”和“状态栏”组成，如图 1-1-1 所示。

图 1-1-1　Photoshop CS6 工作界面

从图中可以看到各组成部分的具体形态及位置，其中除了菜单栏外，其他部分的位置都是可以适当调整的。

1.2 菜单栏

菜单栏位于界面的顶端。如图 1–1–2 所示，菜单栏通过各个命令菜单提供对 Photoshop CS6 的绝大多数操作及窗口的定制，包括“文件”“编辑”“图像”“图层”“文字”“选择”“滤镜”“视图”“窗口”和“帮助”等菜单命令。

文件(F) 编辑(E) 图像(I) 图层(L) 文字(Y) 选择(S) 滤镜(T) 视图(V) 窗口(W) 帮助(H)

图 1–1–2 菜单栏

与其他软件一样，为了方便用户操作，Photoshop 中还提供了另一类菜单，即快捷菜单，如图 1–1–3 所示。

图 1–1–3 快捷菜单

在操作界面的任何地方单击鼠标右键，都有可能弹出快捷菜单，但是快捷菜单根据单击位置和编辑状态的不同而有所差异。

1.3 工具箱

Photoshop CS6 的工具箱提供了强大的工具，包括选择工具、绘图工具、填充工具、编辑工具、颜色选择工具、屏幕视图工具、快速蒙版工具等，如图 1–1–4 所示。

在工具箱中，有的工具图标的右下方有一个黑色的小三角◪，这表示该工具图标是一个有隐藏工具的工具组。选择工具箱中隐藏工具的方法如下：

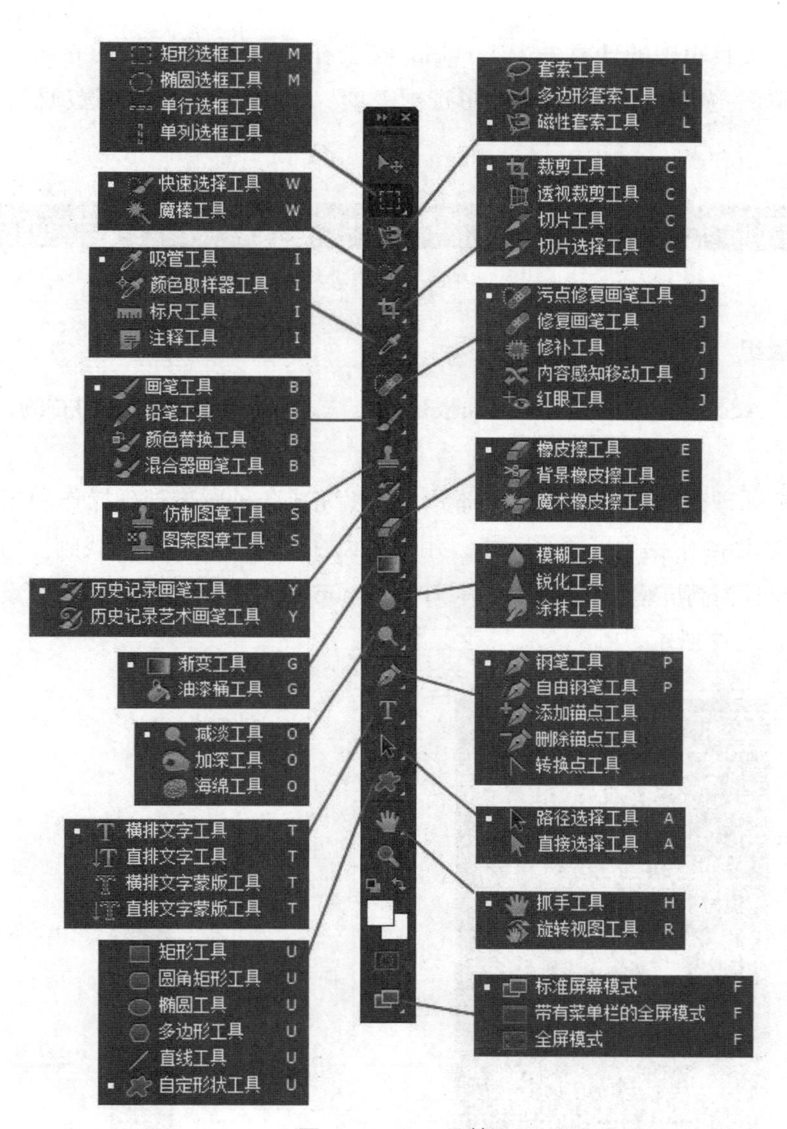

图 1-1-4　工具箱

● 鼠标左键单击，并按住鼠标不放，弹出隐藏的工具选项，移动鼠标指针到所需工具上，左键单击进行选择；

● 单击鼠标右键，弹出隐藏的工具选项，移动鼠标指针到所需工具上，左键单击进行选择；

● 按住【ALT】键的同时鼠标反复单击隐藏工具的图标，就会循环出现每个工具的图标。

1.4　选项栏

选项栏也叫工具选项栏，或者属性栏。其默认位于菜单栏的下方，可以通过拖动手柄区移动选项栏。选项栏的参数是不固定的，它可以随着所选工具的不同而改变。

用户选择工具箱中的任意一个工具后，都会在Photoshop CS6的界面中出现相对应的选项栏。例如，选择工具箱中的“矩形选框工具”，则出现该工具的选项栏，如图1-1-5所示。

图1-1-5　选项栏

1.5　面板组

面板组是Adobe公司常用的一种面板排列方法，停靠在软件界面的右侧，如图1-1-6所示。

面板组是处理图像时不可或缺的部分，可以完成各种图像处理操作和工具参数的设置，Photoshop CS6中提供了很多面板，用户可以在“窗口”菜单中找到。为了方便用户使用面板，同时提高屏幕空间的利用率，Photoshop CS6中在面板组的左侧设置了一个面板井，如图1-1-7所示。

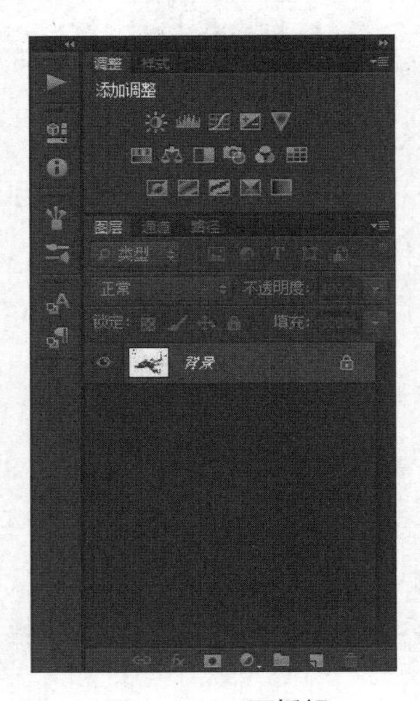

图1-1-6　面板组

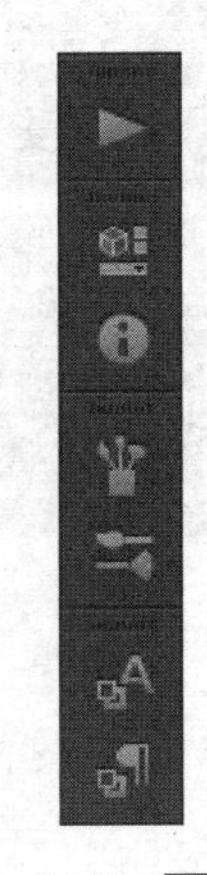

图1-1-7　面板井

用户可以将常用面板拖放到面板井中，显示为一个对应的按钮，当需要某个面板时，单击对应面板的按钮，就可以将需要的面板打开。

1.6　工作区

工作区为界面中的主要区域，也称编辑区或文档窗口区。该区域为打开、绘制、编辑等图像操作实施的主要区域，如图1-1-8所示。

当同时打开多个文档时，文档以标题选项卡的形式显示在顶部，方便用户选择，如图 1-1-8 中红色框中所示。

1-1海报.jpg @ 22.6%(RGB/8#)
adidas
22.58%
文档:14.1M/11.7M

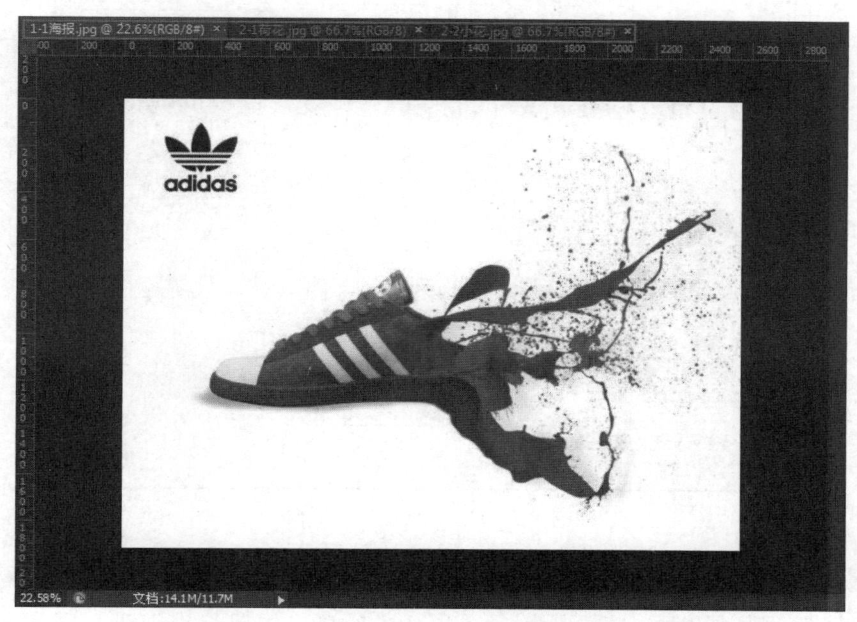

图 1-1-8　工作区

1.7　状态栏

状态栏位于 Photoshop 文档窗口的底部，用来缩放和显示当前图像的各种参数信息以及当前所用的工具信息，如图 1-1-9 所示。

48.41%
文档:14.1M/11.7M

图 1-1-9　状态栏

任务二　Photoshop 基本文件操作

在了解了 Photoshop 的界面结构后，接下来学习 Photoshop 中文件的基本操作方法、标尺和网格的使用方法，为进一步学习做好准备。

2.1　新建文件

执行“文件 > 新建”命令或者快捷键【CTRL+N】组合键，打开如图 1-2-1 所示的“新建”对话框，在对话框中可以设置文件的名称、尺寸、分辨率、颜色模式等。

● 名称：设置文件的名称，默认情况下的文件名为“未标题 -1”。如果新建文件时没有对文件进行命名，这时可以通过执行“文件 > 存储为”菜单命令对文件进行命名。

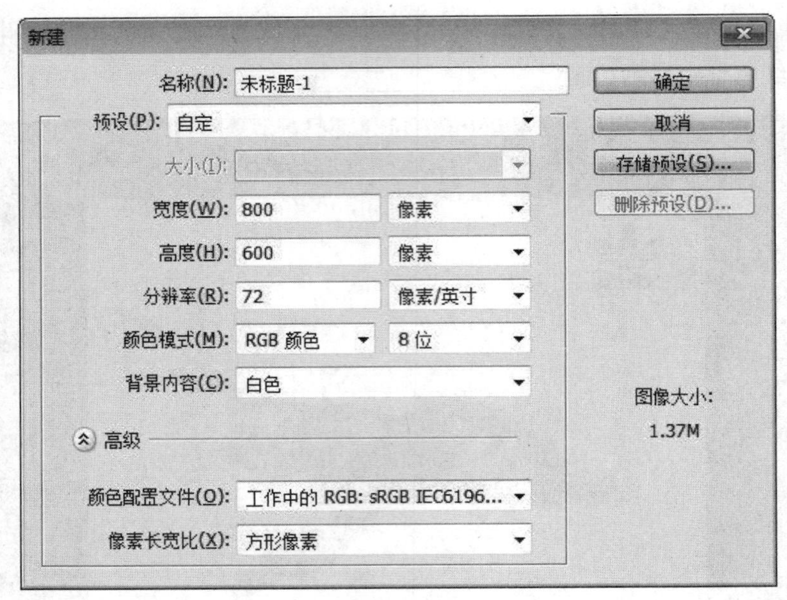

图 1-2-1 “新建”对话框

● 预设：选择一些内置的采用尺寸、单击预设下拉列表即可进行选择。预设列表中包含了剪贴板、默认 Photoshop 大小、 美国标准纸张、国际标准纸张、照片、Web、移动设备、胶片和视频、自定，如图 1-2-2 所示。

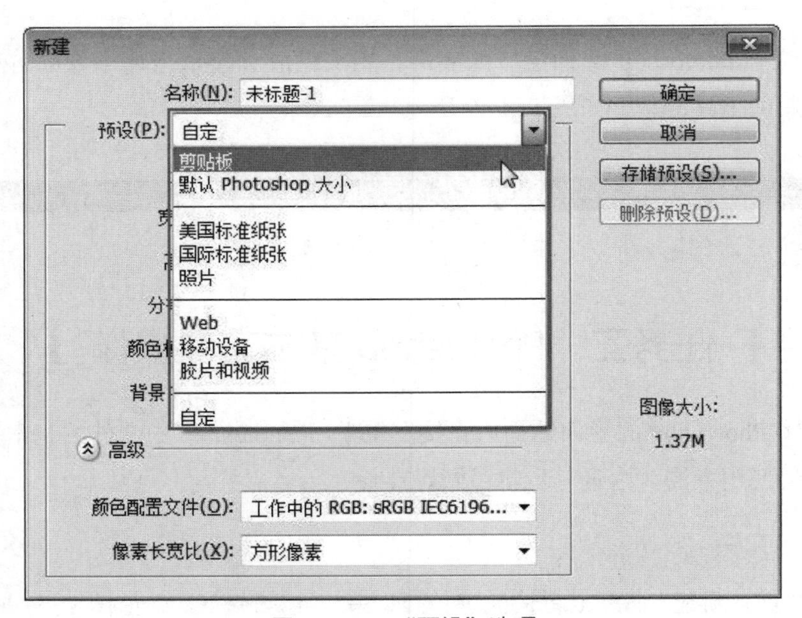

图 1-2-2 “预设”选项

● 宽度和高度：设置文件的宽度和高度。其单位有像素、英寸、厘米、毫米、点、派卡和列，如图 1-2-3 所示。

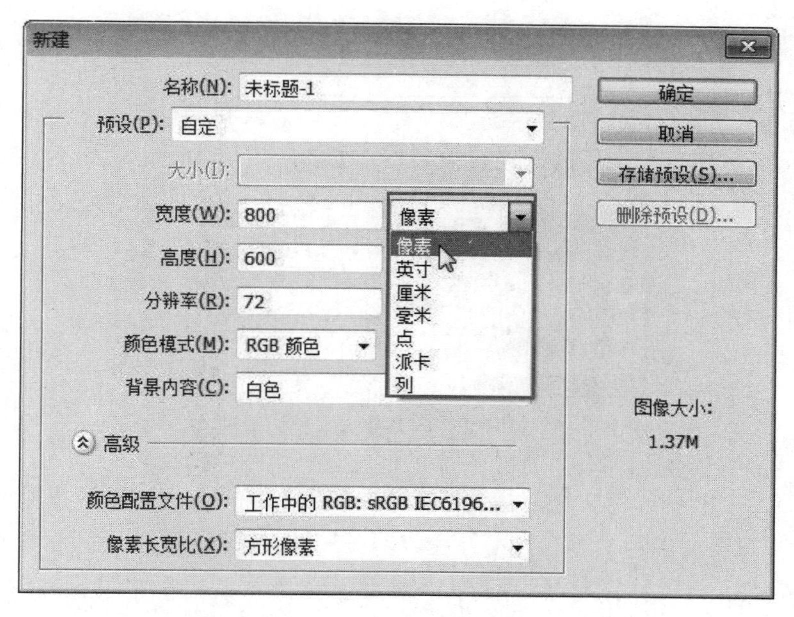

图 1-2-3　“宽度 / 高度”单位

● 分辨率：在此可设置文件的分辨率大小，其单位有“像素 / 英寸”和“像素 / 厘米”两种。分辨率越高，印刷出来的质量就越好。

● 颜色模式：设置文件的颜色模式及相应的颜色深度，如图 1-2-4 所示。

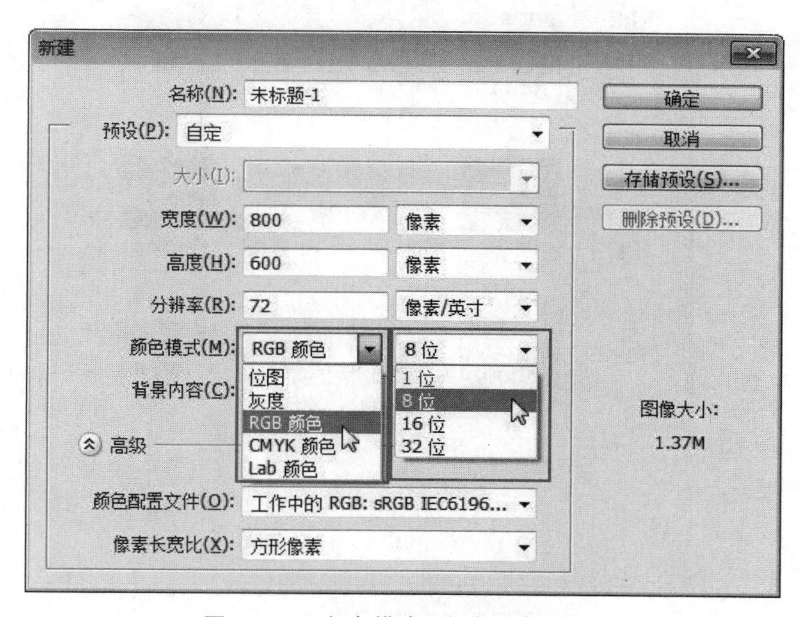

图 1-2-4　颜色模式和颜色深度选择

● 背景内容：也称背景，就是画布颜色，可设置为白色、透明色或背景色。

● 颜色配置文件：用于设置新建文件的颜色配置，可在其下拉列表选择所需要。

● 像素长宽比：用于设置单个像素的长宽比例。

●存储预设：可以点击“存储预设”按钮 存储预设(S)... ，将这些设置存储到预设列表中。

2.2 打开文件

在 Photoshop 中打开文件的方式有很多种，如图 1-2-5 所示。

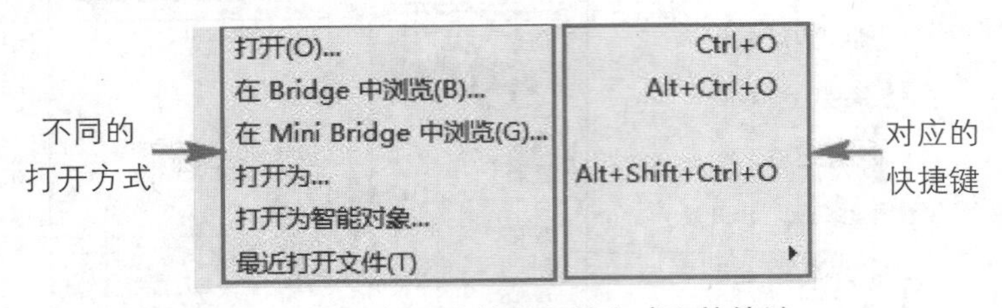

图 1-2-5　打开文件的各种方式和快捷键

●用“打开”命令打开文件：执行“文件 > 打开”菜单命令，然后在弹出的“打开”对话框中选择需要打开的文件，接着单击“打开”按钮 打开(O) 或双击需要打开的文件即可在 Photoshop 中打开该文件，如图 1-2-6 所示。（注：在 Photoshop 程序窗口中双击鼠标左键或按【CTRL+O】组合键，都可以弹出“打开”对话框。）

图 1-2-6　“打开”对话框

●用“打开为”命令打开文件：执行“文件 > 打开为”菜单命令，打开“打开为”对话框，在此对话框中可以选择需要打开的文件，并且可以设置所需要的文件格式，如下图所示。

●用“最近打开文件”命令打开文件：执行“文件 > 最近打开文件”菜单命令，在其下拉菜单中可以选择最近使用的 10 个文件，如图 1-2-7 所示。

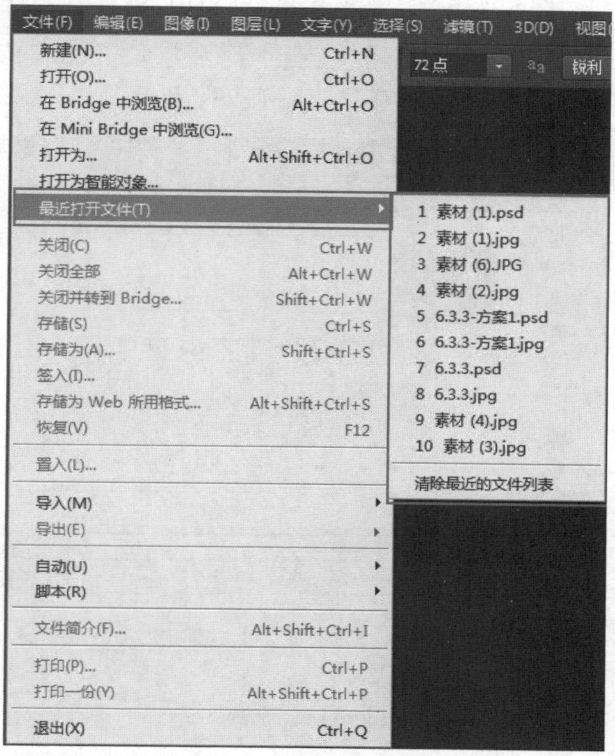

图 1-2-7　“最近打开文件”对话框

● 用快捷方式打开文件：如果已经运行了 Photoshop，这时候只需要将要打开的文件拖拽到 Photoshop 的窗口中，即可打开文件。

2.3　置入文件

置入文件是指将照片、图片或任何 Photoshop 支持的文件作为智能对象添加到当前操作文档中（操作区域已经存在文件），执行“文件 > 置入”命令，选择需要置入的文件置入即可。

2.4　导入与导出文件

在 Photoshop 中可以编辑变量数据组、视频帧到图层、注释和 WIA 支持等内容，导入文件过程与置入文件类似。

在 Photoshop 中创建和编辑好图像以后，可以将其导出到 AI 或视频设备中，执行“文件 > 导出”命令，可以在其子菜单中选择一些导出类型。

2.5　保存文件

● “储存”命令：执行“文件 > 存储”命令或【CTRL+S】组合键可以对文件进行保存。

- “储存为”命令：如果需要将文件保存到另一个位置或使用另一个文件名进行保存，就可以通过执行“文件＞存储为”菜单命令或【SHIFT+CTRL+S】组合键来完成。
- “存储”和“存储为”命令均打开“储存为”对话框，在此对话框中可选择保存路径，设置保存文件名以及保存文件类型等，如图1–2–8所示。

图1–2–8 “存储为”对话框

- 文件保存格式：利用“存储”和“存储为”命令可以选择保存不同的图像格式文件，如图1–2–9所示。常见的有JPEG格式和PNG格式，其中PNG格式由于可以实现无损压缩，并且背景是透明的，因此常用来存储背景透明的文件。

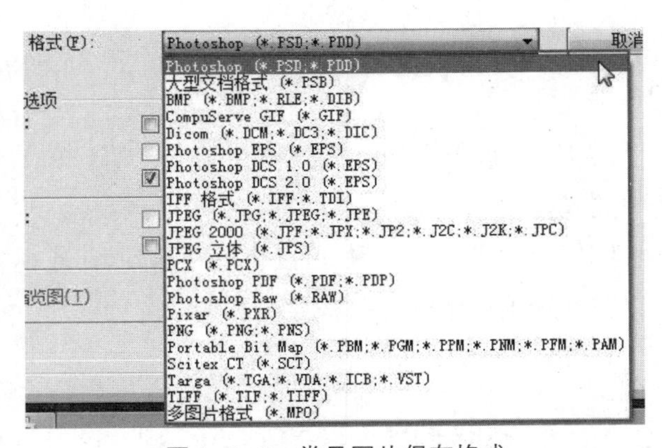

图1–2–9 常见图片保存格式

2.6　关闭文件

当编辑完图像将该文件保存后，可关闭文件。Photoshop 提供四种关闭方法，如图 1-2-10 所示。

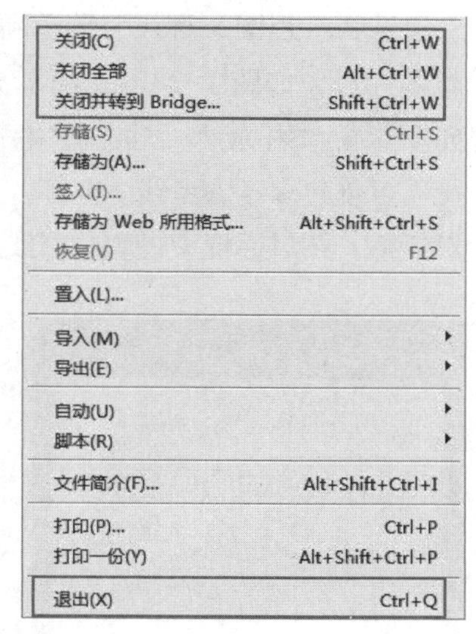

图 1-2-10　常见关闭文件方式

- 关闭：执行“文件 > 关闭”命令、按快捷键【CTRL +W】或者单击文档窗口右上角的关闭按钮，可以关闭当前处于编辑状态的文件。
- 关闭全部：执行“文件 > 关闭全部”菜单命令或按【AIT+ CTRL +W】组合键，可以关闭所有的文件。
- 关闭并转到 Bridge：执行“文件 > 关闭并转到 Bridge”菜单命令，可以关闭当前处于激活状态的文件，并转到 Bridge 中。
- 退出：执行“文件 > 退出”菜单命令或者单击 Photoshop 界面右上角的“关闭”按钮，可以关闭所有的文件并退出 Photoshop。

2.7　复制文件

在 Photoshop 中，如果要将当前文件复制一份，可以通过执行“图像 > 复制”菜单命令来完成，复制的文件将作为一个副本文件单独存在（复制时会弹出一个“复制图像”对话框），如图 1-2-11 所示。

图 1-2-11　复制文件

2.8 标尺和参考线

选择“视图 > 标尺”菜单项或按快捷键【CTRL +R】可在图像的左侧和顶部显示或隐藏标尺，如图 1-2-12 所示。将鼠标指针放置在水平或垂直标尺上，按住鼠标左键并向图像窗口内拖动，至合适位置后释放鼠标即可创建参考线，如图 1-2-13 所示。反复操作可创建多条参考线。也可以选择“视图 > 新建参考线”菜单项，打开“新建参考线”对话框，在对话框中设置参考线的方向和位置，单击“确定”按钮精确创建参考线。

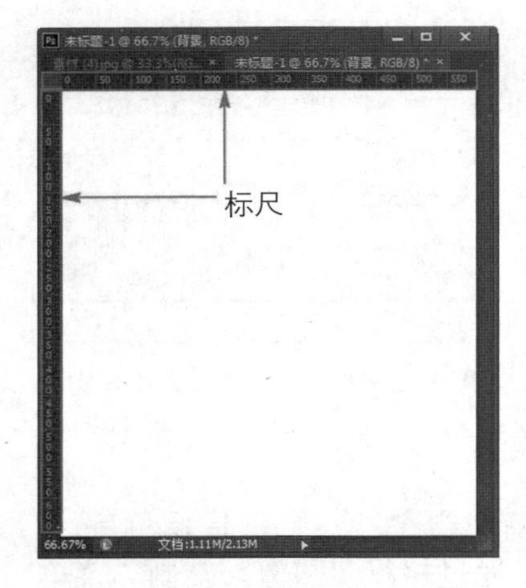

图 1-2-12 图像窗口标尺

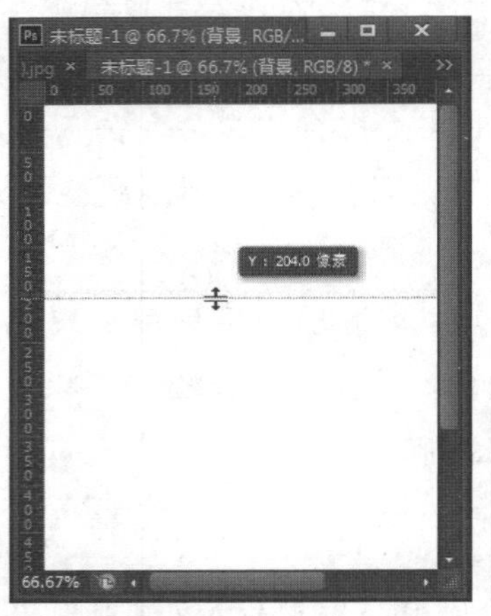

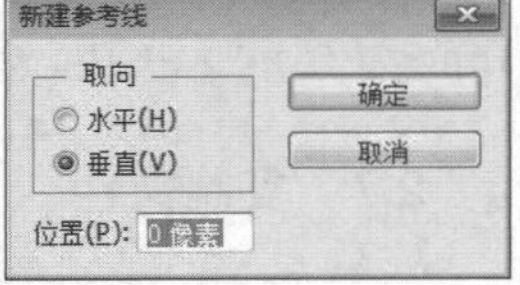

图 1-2-13 创建参考线

2.9 网格

在处理图像时，借助网格可以精确定位对象。选择“视图 > 显示 > 网格”菜单项，或按快捷键【CTRL +"】可显示 / 隐藏网格线，如图 1-2-14 所示。

图 1-2-14 网格线

任务三　图像基础

在操作过程中经常会提到一些专用术语，为了能够更好地学习 Photoshop CS6，本节将对一些基本概念和常用文件格式进行简单的介绍。

3.1　位图和矢量图

Photoshop 文件既包含位图，也包含矢量数据。了解两类图形间的差异，对创建、编辑和导入图片很有帮助。

（1）位图

位图图像，也称为点阵图像，是由许多点组成的，其中每一个点称为像素，而每个像素都有一个明确的颜色，如图 1–3–1 和图 1–3–2 所示。在处理位图图像时，所编辑的是像素，而不是对象或形状。位图图像是连续色调图像（如照片或数字绘画）最常用的电子媒介，因为它们可以表现阴影和颜色的细微层次。位图图像与分辨率有关，也就是说它们包含固定数量的像素。因此，如果在屏幕上对它们进行缩放或以低于创建时的分辨率来打印它们，将丢失其中的细节，并会呈现锯齿状。

图 1–3–1　位图原图像

图 1–3–2　位图原图像放大后的效果

（2）矢量图

矢量图形，也称为向量图形，是由被称为矢量的数学对象定义的线条和曲线组成。矢量根据图像的几何特性描绘图像。矢量图形与分辨率无关，可以将它们缩放到任意尺寸，也可以按任意分辨率打印，而不会丢失细节或降低清晰度。因此，矢量图形在标志设计、插图设计及工程绘图上占有很大的优势，如图 1–3–3 和图 1–3–4 所示。

由于计算机显示器呈现图像的方式是在网格上显示图像，因此，矢量数据和位图数据在屏幕上都会显示为像素。

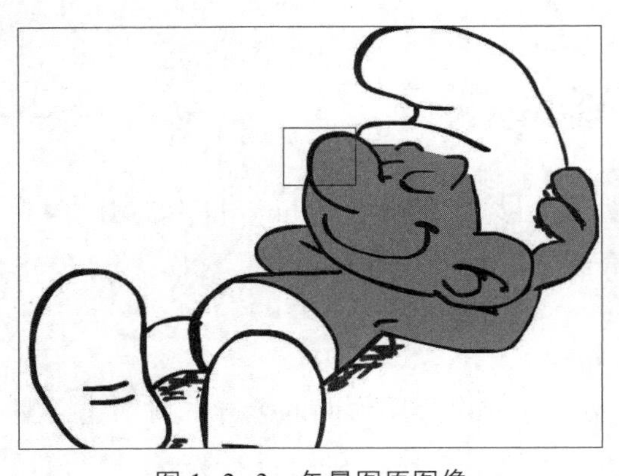

图 1-3-3　矢量图原图像

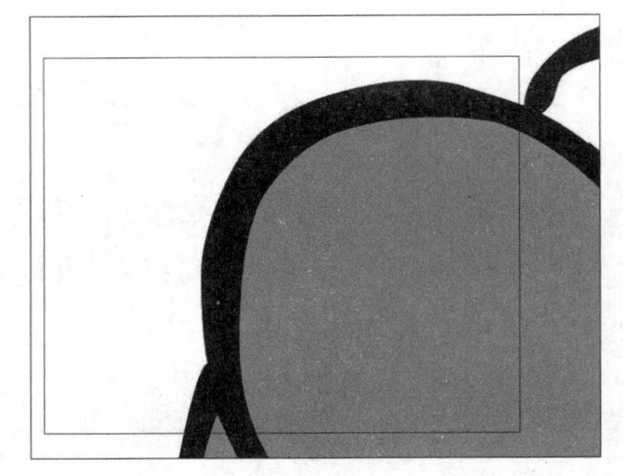

图 1-3-4　矢量图原图像放大后效果

3.2　像素和分辨率

在 Photoshop 中有两个与图像文件大小和图像质量密切相关的基本概念——像素与分辨率，下面将对其分别进行详细介绍。

（1）像素

像素，是构成位图的基本单位。一张位图是由在水平及垂直方向上的若干个像素组成的。像素是一个个有色彩的小方块，每一个像素都有其明确的位置及色彩值。像素的位置及色彩值决定了图像的效果。一个图像文件的像素越多，包含的信息量就越大，文件也越大，图像的品质也就越好。将一张位图放大后即可看到一个个像素。

（2）分辨率

图像分辨率，即图像中每个单位面积内像素的多少，通常用“像素 / 英寸”（ppi）或“像素 / 厘米”表示。相同打印尺寸的图像，高分辨率比低分辨率包含较多的像素，因而像素点也较小。例如，72 ppi 表示该图像每平方英寸包含 5 184 个像素（72 像素 / 英寸）；同样，分辨率为 300 ppi 的图像每平方英寸则包含 90 000 个像素（300 像素 / 英寸）。

3.3　常用的图像颜色模式

颜色模式决定了如何描述和重现图像的色彩。在 Photoshop 中，常用的颜色模式有 RGB 模式、CMYK 模式、灰度模式等，下面分别介绍。

- RGB 颜色模式：该模式是 Photoshop 软件默认的颜色模式。在该模式下，图像的颜色由红（R）、绿（G）、蓝（B）3 原色混合而成。R、G、B 颜色取值的范围均为 0—255。当图像中某个像素的 R、G、B 值都为 0 时，像素颜色为黑色；R、G、B 值都为 255 时，像素颜色为白色；R、G、B 值相等时，像素颜色为灰色。
- CMYK 颜色模式：该模式是一种印刷模式，其图像颜色由青（C）、洋红（M）、黄（Y）和黑（K）4 种色彩混合而成。C、M、Y、K 的颜色变化用百分比表示，如大红色为（0、100、100、0）。在 Photoshop 中处理图像时，一般不采用 CMYK 模式，因为该颜色模式下图像文件占用的存储空间较大，并且 Photoshop 提供的很多滤镜都无法使用。因此，如果制作的图像需要用于打印或印刷，可在输出前将图像的颜色模式转换为 CMYK 模式。

- 灰度模式：灰度模式图像只能包含纯白、纯黑及一系列从黑到白的灰色。其中不包含任何色彩信息，但能充分表现出图像的明暗信息。
- 位图模式：位图模式图像也叫黑白图像或一位图像，它只包含了黑、白两种颜色。
- LAB 模式：该模式是目前所有模式中包含色彩范围最广的颜色模式。它以一个亮度分量 L 以及两个颜色分量 a 与 b 来混合出不同的颜色。
- 索引颜色模式：索引颜色模式图像最多包含 256 种颜色。在这种颜色模式下，图像中的颜色均取自一个 256 色颜色表。索引颜色模式图像的优点是文件尺寸小，其对应的主要图像文件格式为 GIF。因此，这种颜色模式的图像通常用作多媒体动画和网页的素材图像。在该颜色模式下，Photoshop 中的多数工具和命令都不可用。

3.4　常用的图像文件格式

图像文件格式是指在计算机中存储图像文件的方式，而每种文件格式都有自身的特点和用途。下面简要介绍几种常用图像格式的特点。

- PSD 格式：该格式是 Photoshop 软件中使用的一种标准图像文件格式，可以保留图像的图层信息、通道蒙版信息等，便于后续修改和特效制作。一般在 Photoshop 中制作和处理的图像建议存储为该格式，以最大限度地保存数据信息，待制作完成后再转换成其他图像文件格式，进行后续的排版、拼版和输出工作。
- JPEG 格式：JPEG（联合图片专家组）是目前所有格式中压缩率最高的格式。大多数彩色和灰度图像都使用 JPEG 格式压缩图像，压缩比很大而且支持多种压缩级别的格式，当对图像的精度要求不高而存储空间又有限时，JPEG 是一种理想的压缩方式。在 WorldWideweb 和其他网上服务的 HTML 文档中，JPEG 用于显示图片和其他连续色调的图像文档。JPEG 支持 CMYK、RGB 和灰度颜色模式。JPEG 格式保留 RGB 图像中的所有颜色信息，通过选择性地去掉数据来压缩文件。
- BMP 格式：BMP（位图格式）是 DOS 和 Windows 兼容计算机系统的标准 Windows 图像格式。BMP 格式支持 RGB、索引颜色、灰度和位图颜色模式，但不支持 Alpha 通道。BMP 格式支持 1、4、24、32 位的 RGB 位图。
- TIFF 格式：TIFF（标记图像文件格式）用于在应用程序之间和计算机平台之间交换文件。TIFF 是一种灵活的图像格式，被所有绘画、图像编辑和页面排版应用程序支持。几乎所有的桌面扫描仪都可以生成 TIFF 图像。而且 TIFF 格式还可加入作者、版权、备注以及自定义信息，存放多幅图像。
- PDF 格式：PDF（可移植文档格式）用于 Adobe Acrobat，Adobe Acrobat 是 Adobe 公司用于 Windows、UNIX 和 DOS 系统的一种电子出版软件，十分流行。与 Postscript

页面一样，PDF 可以包含矢量和位图图形，还可以包含电子文档查找和导航功能。

• PNG 格式：PNG 图片以任何颜色深度存储单个光栅图像。PNG 是与平台无关的格式。其优点是，支持高级别无损耗压缩、支持 alpha 通道透明度、支持伽马校正、支持交错，受最新的 Web 浏览器支持。其缺点是，较旧的浏览器和程序可能不支持 PNG 文件；作为 Internet 文件格式，与 JPEG 的有损耗压缩相比，PNG 提供的压缩量较少，对多图像文件或动画文件不提供任何支持。

• GIF 格式：该格式可在各种图像处理软件中通用，是经过压缩的文件格式，因此一般占用空间较小，适合于网络传输，一般常用于存储动画效果图片。

本章小结

本章简要讲解了 Photoshop 的工作界面，接着对文件的新建、打开、置入、导入导出、保存、关闭和复制等基本操作及辅助操作的标尺、网格、参考线进行了详细全面的讲解，此外，还对图像的相关基本概念、常用文件格式和颜色模式进行了阐述。

学习自测

一、填空题

1. 位图图像，也称为 ________，是由许多点组成的，其中每一个点称为像素，而每个像素都有一个明确的颜色。

2. 矢量图形，也称为 ________，是由被称为适量的数学对象定义的线条和曲线组成。

3. 常用的图像颜色模式有 ________、________、________、________ 和索引颜色模式。

二、选择题

1. ________ 格式是 Photoshop 软件中使用的一种标准图像文件格式，可以保留图像的图层信息、通道蒙版信息等，便于后续修改和特效制作。

A. PNG　　B. PSD　　C. PDF　　D. JPEG

2. ________ 格式可在各种图像处理软件中通用，是经过压缩的文件格式，因此一般占用空间较小，适合于网络传输，一般常用于存储动画效果图片。

A. PNG　　B. PSD　　C. GIF　　D. JPEG

三、简答题

1. 什么是位图和矢量图？

2. 像素的含义是什么？

3. 什么是分辨率？

选区的绘制与编辑

如果要对图像的局部区域进行调整，就需要把图像的局部选取出来，这个过程就是制作选区。在 Photoshop 中，选区的制作是非常重要的操作。通过制作选区，可以将图像整体与选定的部分分离开来，只对选定的部分图像进行处理，使图像处理更具有针对性，实现灵活多样的处理效果。选区的制作也是 Photoshop 在处理图像过程中最基本、最常用的一个操作。本章将介绍如何实现选区的绘制与编辑。

学习目标：

◇ 了解选区制作的多种方式。

◇ 掌握创建选区基本的方法和技巧。

任务一　选框工具——制作相框

1.1　任务描述

素材位置：PS 基础教程 / 素材 /CH02/2-1 荷花 .jpg。

效果位置：PS 基础教程 / 效果 /CH02/2-1 相框 .psd。

任务描述：使用选框工具，制作相框，将素材图片放入相框中，并做适当调整，最终效果如图 2-1-1 所示。

图 2-1-1　相框效果图

1.2　任务目标

1. 了解什么是选框工具。
2. 掌握选框工具的使用方法。

1.3　学习重点和难点

1. 选框工具的创建方式。
2. 选框工具的用法。

1.4 任务实施

【关键步骤思维导图】

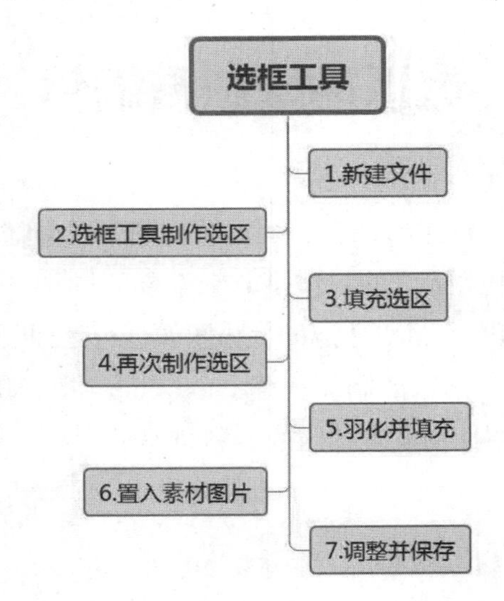

步骤 1：单击菜单“文件 > 新建”命令，打开“新建”对话框，设置宽 400 像素，高 600 像素，分辨率为 300 像素 / 英寸，背景为白色，如图 2-1-2 所示，单击“确定”按钮，创建文件。

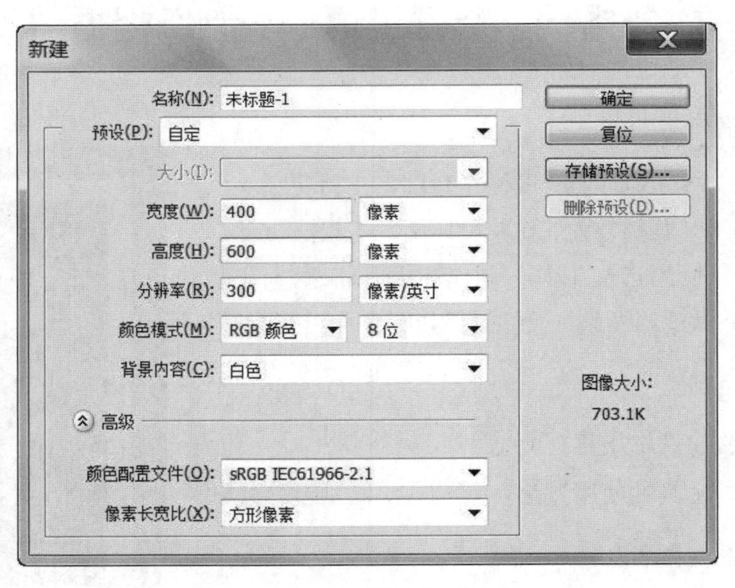

图 2-1-2 “新建”对话框

步骤 2：按快捷键【CTRL+R】打开标尺，双击标尺区域，打开“首选项”对话框，设置单位为“像素”，如图 2-1-3 所示。

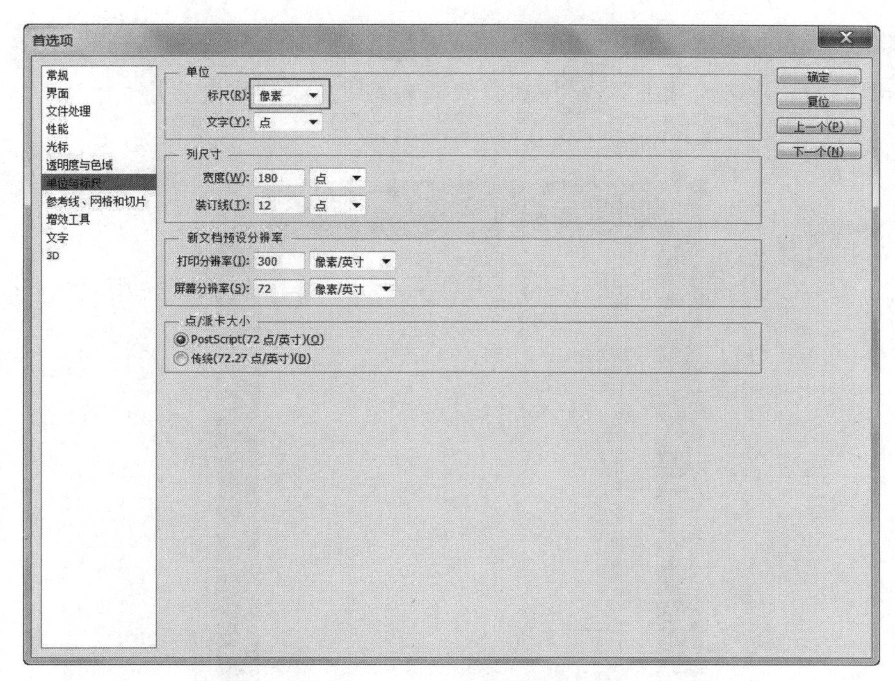

图 2-1-3　“首选项”对话框

根据标尺，在左上角（40PX，40PX）和右下角（360PX，560PX）处，分别拖置辅助线，效果如图 2-1-4 所示。

图 2-1-4　加辅助线效果图

步骤 3：单击左侧工具箱中的矩形选框工具 ，绘制一个和背景一样大的选区，然后单击选项栏的“从选区减去” 按钮，依据辅助线，绘制减去部分，最终选区效果如图 2-1-5 所示。

图 2-1-5　选区效果图

步骤 4：单击工具箱中的 按钮的黑色部分，设置前景色为 RGB（108,77,49），如图 2-1-6 所示。单击“确定”完成前景色设置。

步骤 5：单击图层面板底部的“创建新图层” 按钮，新建“图层 1”，效果如图 2-1-7 所示。

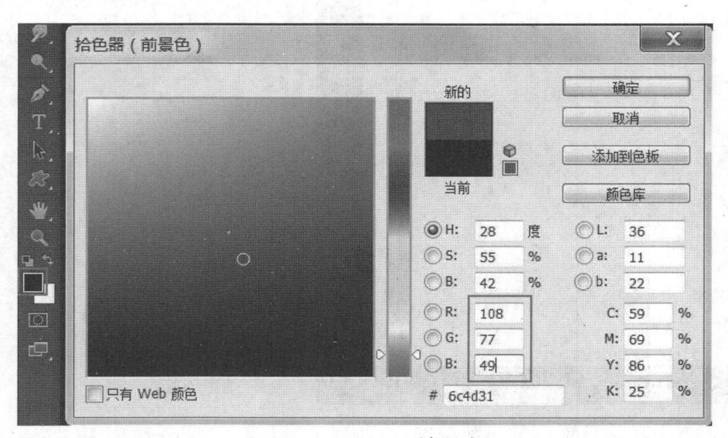

图 2-1-6　设置前景色

图 2-1-7　新建图层

按快捷键【ALT+DELETE】，实现前景色填充，按【CTRL+D】组合键，取消步骤 3 中创建的选区，效果如图 2–1–8 所示。

步骤 6：按照步骤 3 中绘制选区的方法，进一步绘制选区，进行相框高光部分选区制作。选区绘制的效果如图 2–1–9 所示。

图 2–1–8　前景色填充效果

图 2–1–9　相框高光部分选区

步骤 7：单击菜单“选择 > 修改 > 羽化”命令，在弹出的“羽化”对话框中设置羽化值为 5 像素，如图 2–1–10 所示，单击“确定”完成羽化。

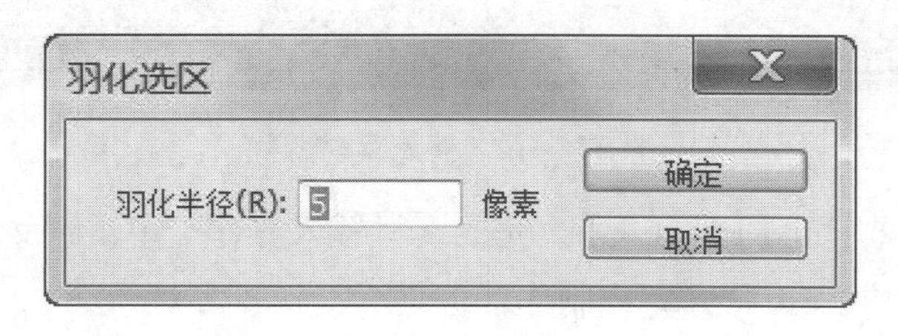

图 2–1–10　羽化设置

步骤 8：在图层面板中新建“图层 2”，按快捷键【CTRL+DELETE】，使用背景色填充，完成相框高光效果制作，按【CTRL+D】取消选区，按【CTRL+；】隐藏辅助线，效果如图 2–1–11 所示。

图 2-1-11　相框高光效果

步骤 9：单击菜单“文件 > 置入…”命令，选择“PS 基础教程 / 素材 /CH02/2-1 荷花 .JPG”素材，执行置入操作。调整素材图片的位置和尺寸。效果如图 2-1-12 所示。

图 2-1-12　置入素材图片

步骤 10：单击回车键【ENTER】，完成素材置入操作。单击“文件 > 存储…”命令，存储文件为“2-1 相框 .psd”，完成制作任务。

【课堂提问】

1. 标尺如何设置？辅助线如何绘制？
2. 前景填充、背景填充的快捷键分别是什么？
3. 如何向文件中置入图片？

【随堂笔记】

1.5　知识要点

1. 如何找到选框工具

选框工具位于工具箱中的左上角，可按键盘上的 M 键，快速选中该工具，选中时呈现按下状态。选框工具是创建选区的基本方法，该工具组中包含 4 个形状工具，分别为：矩形选框工具、椭圆选框工具、单行选框工具、单列选框工具。顾名思义，分别用于创建矩形选区、圆形选区、单行选区和单列选区。

2. 创建选区的方式

选定选框工具后，开始创建选区前，需要设置该工具选项栏中的几个按钮，具体如下：

- 新选区：创建的选区是独立的新选区。
- 添加到选区：创建的新选区将加入原有选区。
- 从选区减去：从原有选区中，减掉新建的选区，保留原有选区与新选区的差选区。
- 与选区交叉：新选区与原有选区相交叉，保留二者相交叉的部分。

设置完选项栏中的按钮后，即可以拖动鼠标在工作区域进行选区的绘制。按住【ALT】键可实现以鼠标单击处为中心创建形状，按住【SHIFT】键可以创建正方形或正圆形。

3. 选框工具切换方法

默认的情况下工具箱中的选框工具为矩形选框工具。在绘制过程中要选用其他形状的选框工具时，有三种实现方法：

- 单击工具箱中的选框工具，鼠标左键按住不放，会弹出工具选择菜单，移动鼠标，选择相应的工具。

● 右键单击工具箱中的选框工具，会直接弹出工具选择菜单，移动鼠标，选择相应的工具。

● 按住【ALT】键，连续单击选框工具，进行工具的切换。

可选用以上三种方式中的任何一种，实现选框工具组中四种形状工具的切换。以上三种方式也适用于工具箱中其他的工具组。

1.6 拓展练习

使用“拓展 2-1.jpg”，制作如图 2-1-13 所示光晕效果。

图 2-1-13　光晕效果图

制作提示：

1. 使用椭圆选框工具制作选区。

2. 对选区进行羽化操作，羽化值设置大一些。

任务二　套索工具——制作卡片

2.1 任务描述

素材位置：PS 基础教程 / 素材 /CH02/2-2 星星 .jpg、2-2 小花 .jpg、2-2 卡片 .psd。

效果位置：PS 基础教程 / 效果 /CH02/2-2 卡片效果 .psd。

任务描述：使用套索工具组，将素材图像合成，制作成卡片，最终效果如图 2-2-1 所示。

图 2-2-1　卡片效果图

2.2　任务目标

1. 了解什么是套索工具。
2. 掌握套索工具的使用方法。

2.3　学习重点和难点

1. 套索工具的创建方法。
2. 套索工具使用技巧。

2.4　任务实施

【关键步骤思维导图】

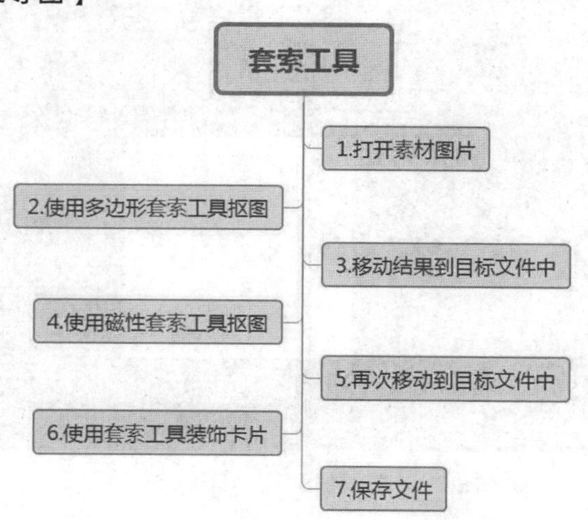

步骤 1：单击菜单“文件 > 打开…”命令，或在空白区域处双击，调出“打开”对话框，选择“PS 基础教程 / 素材 /CH02/2-2 卡片 .psd”“PS 基础教程 / 素材 /CH02/2-2 小花 .jpg”和“PS 基础教程 / 素材 /CH02/2-2 星星 .jpg”三幅图片，如图 2-2-2 所示。单击“打开”按钮，将全部素材打开。

图 2-2-2　打开素材

步骤 2：单击“2-2 星星 .jpg”的标题卡 2-2星星.jpg @ 100%(RGB/8#) ×，使该文件处于当前编辑状态，如图 2-2-3 所示。

图 2-2-3　确定当前编辑文件

步骤 3：选择工具箱中的多边形套索工具，在星星的顶端单击，然后向右沿着星星的边界拖动鼠标，依次在转折处单击鼠标，此时在边沿处会出现一条黑线，效果如图 2-2-4 所示。在单击的过程中，如果单击的点不理想，可以按【BACKSPACE】键，重新单击创建转折点。

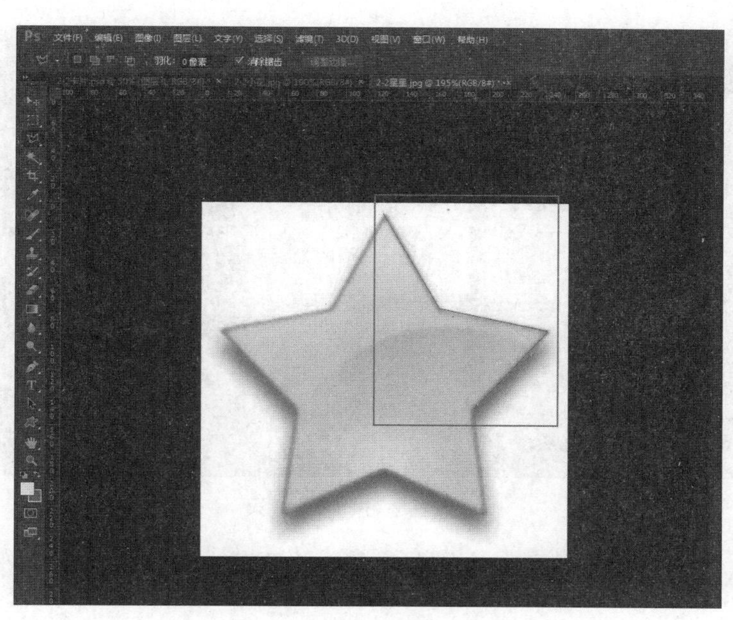

图 2-2-4　依次单击效果

步骤 4：继续沿着星星的边界依次单击，直至回到起始点时，鼠标右下角出现一个像句号的小圆圈，此时单击鼠标形成一个闭合区域，系统创建出选区。效果如图 2-2-5 所示。

图 2-2-5　选区效果

步骤 5：选择工具箱中移动工具，在选区中按下鼠标左键不松开，拖动到“2-2 卡片 .psd”的标题选项卡 2-2卡片.psd @ 50% (图层 1, RGB/8#) * × 上，该文件会自动变为当前编辑状态，继续拖动到卡片文件的工作区，然后松开鼠标，此时选中的“星星”被移动到了“2-2 卡片 .psd”文件中，图层面板也形成了一个新图层，如图 2-2-6 所示。

图 2-2-6　移动效果

步骤 6：继续拖动星星到卡片的右上角，放置到右上角的框内，效果如图 2-2-7 所示。

图 2-2-7　星星位置示意

步骤 7：单击“2-2 小花 .jpg”文件标题卡，选择磁性套索工具，在小花的边沿处单击，然后沿着小花的边沿缓慢移动鼠标，系统自动产生锚点，如果产生的锚点不理想，则按【BACKSPACE】键，删除不理想锚点，单击鼠标手动添加锚点，如图 2-2-8 所示，其中红色圆圈内的锚点为手动添加的锚点。

图 2–2–8　锚点效果

步骤 8：继续移动鼠标，到起始点时鼠标右下角出现小句号，然后单击，产生选区，如图 2–2–9 所示。

图 2–2–9　小花选中效果

步骤 9：按照步骤 5 中方法，将选中的“小花”移动到“卡片”文件中，调整位置，效果如图 2–2–10 所示。

图 2-2-10　小花位置示意

步骤 10：单击图层面板的“图层 2”，然后单击图层面板右下角的新建按钮，新建一个空白图层，名称为“图层 3”，效果如图 2-2-11 所示。

图 2-2-11　新建图层示意

步骤 11：选择套索工具，设置“羽化”为 2 像素，在图像底部按下左键随意拖动一个选区。效果如图 2-2-12 所示。

图 2–2–12　套索工具创建选区效果

步骤 12：按快捷键【CTRL+DELETE】，使用白色分背景色填充选区。效果如图 2–2–13 所示。

图 2–2–13　背景色填充选区

步骤 13：选择“文件 > 存储为…”命令，设置文件名为“2–2 卡片效果 .psd”，单击“保存”，完成卡片制作任务。

【课堂提问】

1. 如何同时打开多个文件？

2. 如何将选中的内容移动到另一个文件中？

3. 使用套索工具时，如何去掉不想要的转折点或锚点？

【随堂笔记】

2.5 知识要点

1. 什么是套索工具

套索工具是一种常用的选取范围工具，可以在图像中绘制不规则形状的选区。与选框工具相比，在创建选区时，套索工具则更加自由、更加准确。套索工具组包含三个工具，分别为套索工具、多边形套索工具和磁性套索工具。

套索工具，可以用于创建任意不规则形状的选取；多边形套索工具，用来选择不规则形状的多边形图像选区；磁性套索工具，根据鼠标指针经过的位置处不同像素值的差别对边界进行分析，自动创建选区。

2. 创建选区方法

套索工具组中三个工具在创建选区时，操作方法不同。

（1）套索工具

套索工具选择的区域具有任意性，具体操作过程如下：

①选择工具箱中的套索工具；

②鼠标移动到图像工作区中，在图像上按下鼠标左键不放，依据需要选择的范围拖动鼠标；

③鼠标拖动到起始点位置时，松开鼠标，系统根据所托的鼠标的轨迹，创建选区。

（2）多边形套索工具

多边形套索工具绘制的选区具有任意性，边界为多边形。具体操作过程如下：

①选择工具箱中的多边形套索工具；

②移动鼠标在图像上某个点单击一次，确定起始点；

③移动鼠标到某个转折点处，单击该转折处；

④继续移动鼠标到下一个转折点，进行单击操作；

⑤选中所有范围后，移动鼠标到起始点，观察光标右下角会出现一个小句号，单击形成封闭区域，系统自动形成选区。

（3）磁性套索工具

磁性套索工具的选区由鼠标经过处的像素值差别的大小来决定，可以方便、快捷、准确的选取边界复杂的区域。具体操作过程如下：

①选择工具箱中的磁性套索工具；

②移动鼠标在图像上单击一次，确定起始点；

③沿着要选取的物体的边缘缓慢移动鼠标；

④当鼠标移动到起始点时，光标右下角会出现一个小句号，此时单击，完成选取。

3. 套索工具组使用技巧

在使用套索工具绘制选区时，按【Alt】键可以在套索工具和多边形套索工具间进行切换。

在多边形套索工具绘制选区过程中，如果出现错误，可以按下【DELETE】键删除最后选取的一条线段，而如果按下【DELETE】键不放，则可以删除所有选中的线段，效果如同【ESC】键。

在使用磁性套索工具进行绘制选区时，如果自动产生的锚点，不能满足需求，可以通过鼠标单击，创建想要的锚点。

2.6　拓展练习

使用“拓展 2-2 灯泡 .jpg”和“拓展 2-2 胳膊 .psd”，合成灯泡的创意广告，制作如图 2-2-14 所示效果。

制作提示：

1. 使用套索工具组，抠出灯泡。

2. 合成“灯泡”与“胳膊”，完成制作。

图 2-2-14　创意广告效果图

任务三　魔棒工具——制作茶叶海报

3.1　任务描述

素材位置：PS 基础教程 / 素材 /CH02/2–3 茶壶 .jpg、2–3 茶叶背景 .jpg。

效果位置：PS 基础教程 / 效果 /CH02/2–3 海报 .psd。

任务描述：使用魔棒工具，将“2–3 茶壶 .jpg”中的茶壶抠出，然后和“2–3 茶叶背景 .jpg”素材合成茶叶海报，最终效果如图 2–3–1 所示。

图 2–3–1　茶叶海报效果图

3.2　任务目标

1. 学会使用魔棒工具，制作选区。
2. 掌握魔棒工具选项栏的常用设置。

3.3　学习重点和难点

1. 魔棒的概念及用法。
2. 魔棒的选项栏设置。

3.4　任务实施

【关键步骤思维导图】

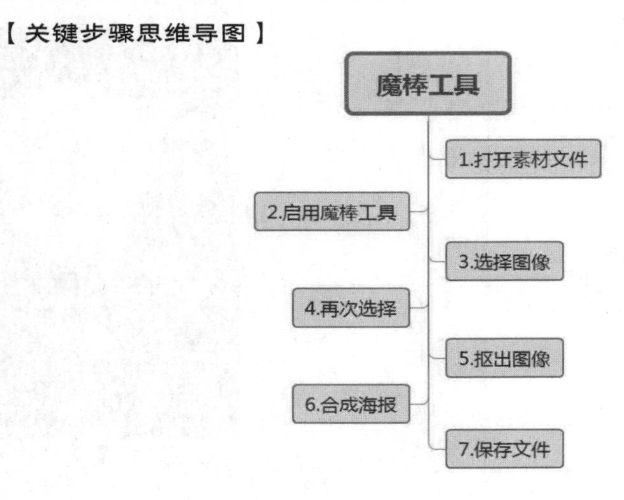

步骤 1：按下【CTRL+O】快捷键，调出“打开”对话框，选择“PS 基础教程 / 素材 /CH02/2-3 茶壶 .jpg”和“PS 基础教程 / 素材 /CH02/2-3 茶叶背景 .jpg”两幅图片，如图 2-3-2 所示。单击“打开”按钮，将全部素材打开。

图 2-3-2　打开素材

步骤 2：单击工具箱中的魔棒工具按钮，启用魔棒工具，在相应的选项栏中单击“新选区”按钮，设置容差数值为 10，并选中“消除锯齿”和“连续”复选框，设置如图 2-3-3 所示。

图 2-3-3　魔棒选项栏设置

步骤 3：使用设置好的魔棒工具在茶壶的白色背景区域单击，将大部分白色背景选中，如图 2-3-4 所示。

图 2-3-4　初步选择效果

步骤 4：在工具选项栏中单击“添加到选区” 按钮，在茶壶把的小区域内，再一次单击，完成背景选取，如图 2-3-5 所示。

图 2-3-5　最终选择效果

步骤 5：按【F7】键，调出图层面板，双击背景图层，弹出“新建图层”对话框，如图 2-3-6 所示。单击“确定”，将背景图层变成普通图层。

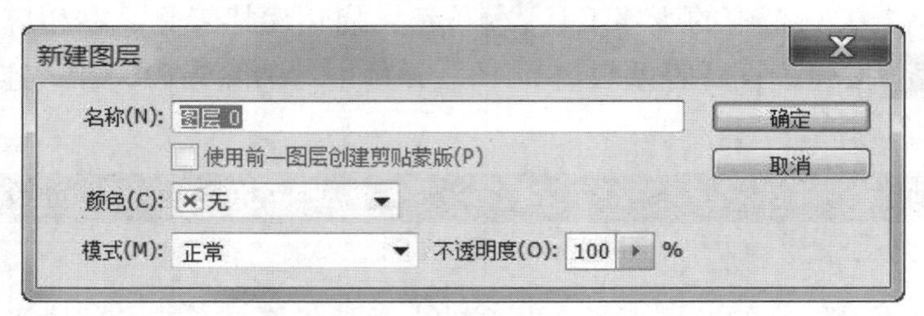

图 2-3-6　新建图层对话框

步骤 6：按【Delete】键，删除选中的背景部分，抠出图像，如图 2-3-7 所示。

图 2-3-7　抠出茶壶效果

步骤 7：按【CTRL】键的同时，鼠标单击图层面板中“图层 0”前面的缩览图，调出图层的选区，使茶壶处于选中状态，如图 2-3-8 所示。

图 2-3-8　调出茶壶选区

步骤 8：按复制快捷键【CTRL+C】，复制抠出的图像，然后单击 Photoshop 中已经打开的“茶叶背景 .jpg”的标题卡，进入当前编辑状态，按粘贴快捷键【CTRL+V】，将茶壶粘贴到背景图片上，如图 2-3-9 所示。

图 2-3-9　“茶壶”与“背景”初步效果

步骤 9：调整“茶壶”的位置，选择菜单“文件 > 存储为…”命令，另存文件为“2-3 茶叶海报 .psd”，完成海报制作任务。

【课堂提问】

1. 如何把背景图层变成普通图层？

2. 如何快速调出图层选区？

3. 如何另存图像？

【随堂笔记】

3.5 知识要点

1. 启用魔棒工具

魔棒工具是根据图像中的颜色进行选择的工具。当用魔棒工具选择图像中的某个点时，与该点的颜色相同或者相近的区域，同时也会被选中。启用魔棒工具有以下两种方法：

- 单击工具箱中的魔棒工具按钮。
- 按键盘上的【W】键，可以快速启用魔棒工具。

2. 魔棒工具属性栏

启用魔棒工具后，对应顶部的选项栏将如下图 2-3-10 所示。除了创建选区的方式按钮外，还有很多特有的设置。

图 2-3-10 “魔棒工具”选项栏

- 容差：在此文本框中可以输入 0—255 的数值来确定选取范围的容差，默认值为 32。输入的值越小，则选择的颜色范围越接近。
- 消除锯齿：选中该复选框，可以消除锯齿，平滑选区边缘。
- 连续：选中此复选框表示只能选中鼠标单击处邻近区域中的相同像素；取消选择该复选框则表示可选中与该像素相近的所有区域。
- 对所有图层取样：选中该复选框，表示设置用于所有的图层；取消选中该复选框，则只对当前图层起作用。

3. 魔棒工具使用技巧

魔棒工具对于背景颜色比较单一的图像，选取效率最高。对于背景各区块相近，而图像形状复杂的情况，选用魔棒工具也比应用选框工具或套索工具要方便得多。在背景多种颜色的情况下，按住【SHIFT】键，可以使用魔棒工具多次单击来扩大选区。

3.6　拓展练习

根据提供的素材“拓展 2–3 鞋子 .jpg”和“拓展 2–3 鞋子背景 .jpg”，使用魔棒工具制作休闲鞋海报，效果如图 2–3–11 所示。

图 2–3–11　鞋子海报效果图

制作提示：

1. 使用魔棒工具将鞋子从素材图中抠出。

2. 将抠出的鞋子复制粘贴到背景中，并进行适当调整。

本章小结

本章主要讲解了选区的创建和编辑方法。通过三个任务，对选取工具的使用、选区的各种变化以及选区范围的调整等作了详细的介绍。在完成任务的过程中，学会使用选框工具、套索工具、魔棒工具等，进行选区的创建和编辑。

学习自测

一、填空题

1. Photoshop 生成的文件默认的文件格式扩展名为 ____________。

2. 基于图像中相邻像素的颜色的近似程度来进行选择的工具是 ____________。

3. 为了确定磁性套索工具对图像边缘的敏感程度，应调整 ____________ 的数值。

二、选择题

1. ____________ 可以选择连续的相似颜色的区域。

A. 矩形选框工具 B. 椭圆选框工具

C. 魔棒工具 D. 磁性套索工具

2. 按住 ____________ 键可保证椭圆选框工具绘出的是正圆形。

A. Shift B. Alt C. Ctrl D. Caps Lock

3. 如果使用矩形选框工具画出一个以鼠标击点为中心的矩形选区应按住__________ 键。

A. Shift B. Ctrl C. Alt D. Shift+ctrl

4. 图像分辨率的单位是__________。

A. dpi B. ppi C. lpi D. pixel

5. 在 Photoshop 中的空白区域，双击可以实现 ____________。

A. 新建一个空白文档 B. 新建一幅图片

C. 打开一幅图片 D. 只能打开一幅扩展名为 .psd 的文件

三、简答题

1. 如何打开文件?

2. 如何启用套索工具?

3. 如何使用魔棒工具?

图像绘制与编辑

Photoshop 中提供了图像的绘制和编辑功能，其中主要包括画笔工具、橡皮擦工具、历史记录画笔、渐变工具、油漆桶工具、填充命令、描边命令、裁剪、变换、图像大小等。本章将详细地介绍以上工具和命令的使用方法和技巧。

学习目标：

◇ 了解图像绘制与编辑的相关工具

◇ 掌握图像绘制与编辑相关功能的基本使用方法和技巧

任务一　画笔工具与橡皮擦——制作花伞

1.1　任务描述

素材位置：PS 基础教程 / 素材 /CH03/3-1 打伞 .jpg。

效果位置：PS 基础教程 / 效果 /CH03/3-1 花伞 .psd。

任务描述：使用画笔和橡皮擦，将素材“打伞 .jpg”中的纯色雨伞，制作成花伞，最终效果如图 3-1-1 所示。

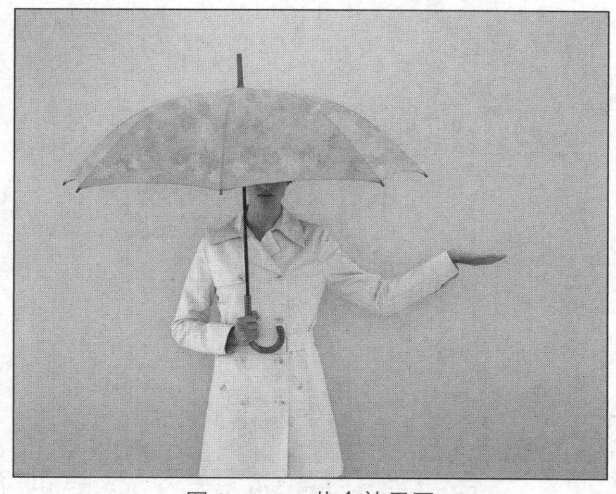

图 3-1-1　花伞效果图

1.2 任务目标

1. 了解什么是画笔工具和橡皮擦工具。
2. 掌握画笔和橡皮擦的使用方法。

1.3 学习重点和难点

1. 画笔和橡皮擦的概念。
2. 画笔和橡皮擦的预设的用法。

1.4 任务实施

【关键步骤思维导图】

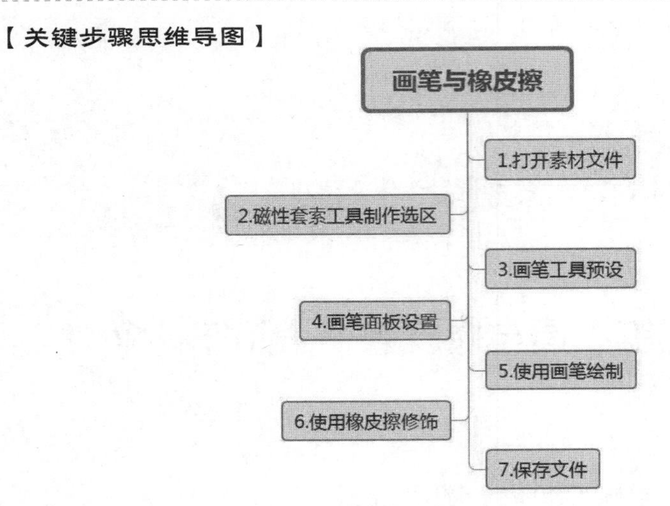

步骤 1：按下【CTRL+O】组合键，调出“打开”对话框，打开素材“3-1 打伞 .jpg”文件，伞的初始效果如图 3-1-2 所示，为一把纯色的伞。

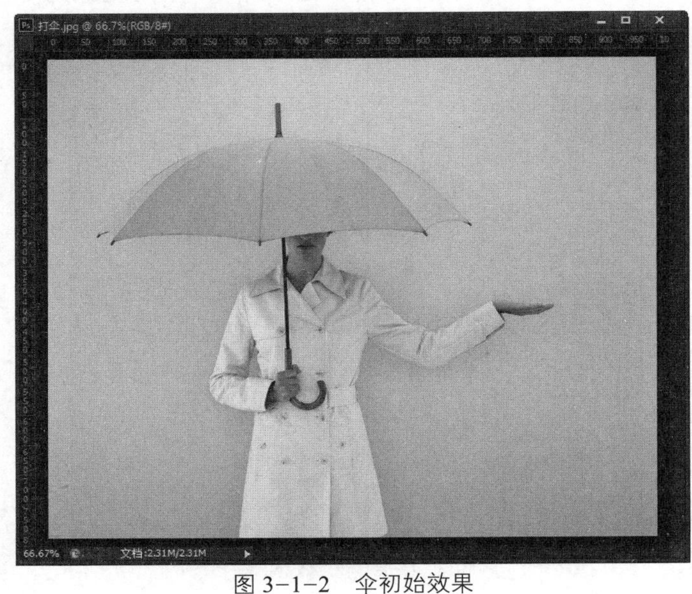

图 3-1-2　伞初始效果

步骤 2：选择工具箱中磁性套索工具 ，在伞在边界处单击，然后沿着伞与背景相交的边界进行拖动，自动产生锚点，如图 3-1-3 所示。

图 3-1-3　自动锚点效果

步骤 3：沿着边界缓慢拖动，到达伞的边沿尖角处，会产生不满足需求的锚点，如图 3-1-4 所示。

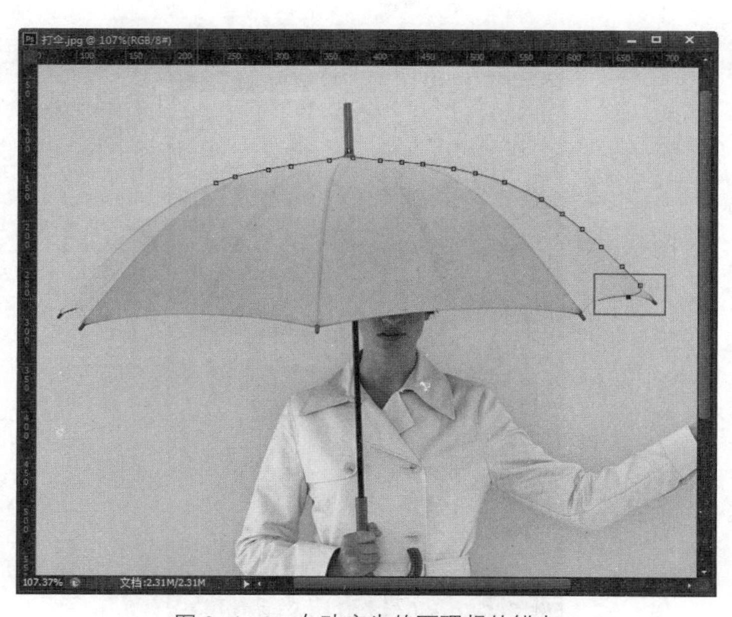

图 3-1-4　自动产生的不理想的锚点

此时按【BACKSPACE】键，删除自动产生的锚点，然后在需要锚点的地方单击，手动添加锚点即可。最终所创建选区效果如图 3–1–5 所示。

图 3–1–5 选区效果

步骤 4：单击工具箱中的画笔工具按钮，启用画笔工具，单击相应选项栏中的，打开画笔预设，单击右上角的齿轮按钮，在弹出的菜单中选择“特殊效果画笔”，如图 3–1–6 所示。

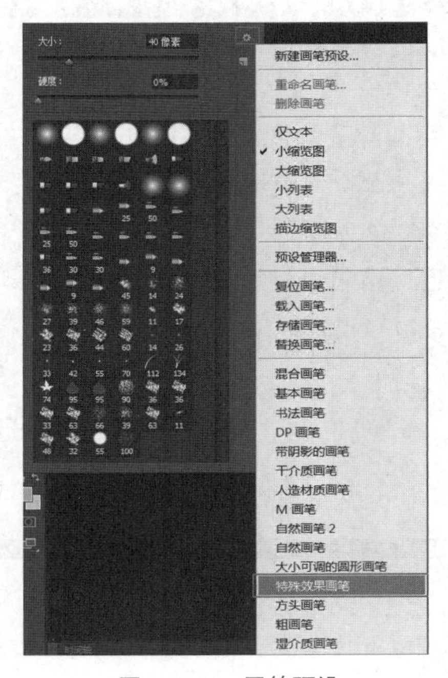

图 3–1–6 画笔预设

此时，会弹出一个对话框，选择“追加”即可。

步骤 5：追加画笔预设后，画笔预设的效果如图 3-1-7 所示，单击红框内的“杜鹃花串”效果，选中该效果。

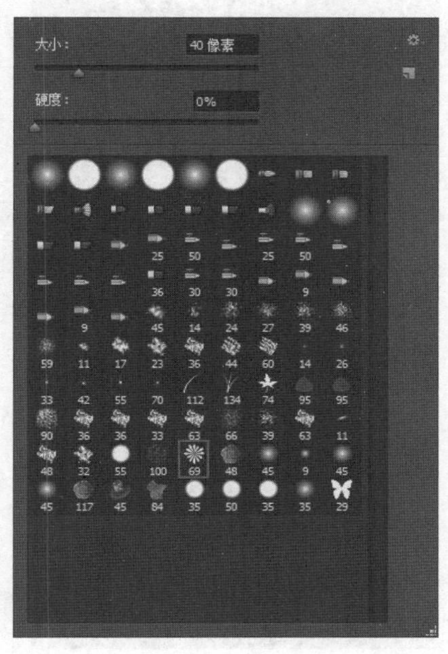

图 3-1-7　选择“杜鹃花串”效果

步骤 6：单击选项栏中的按钮，打开画笔面板，设置画笔“间距”为 100%，如图 3-1-8 所示。

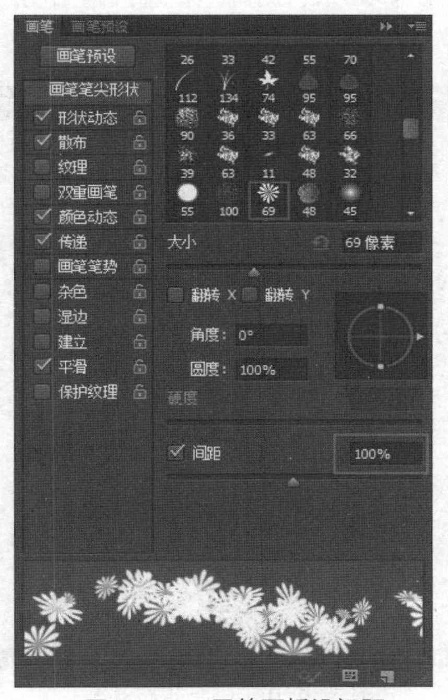

图 3-1-8　画笔面板设间距

单击面板中的“颜色动态”，设置色相抖动、饱和度抖动、亮度抖动均为 10%，如图 3−1−9 所示。

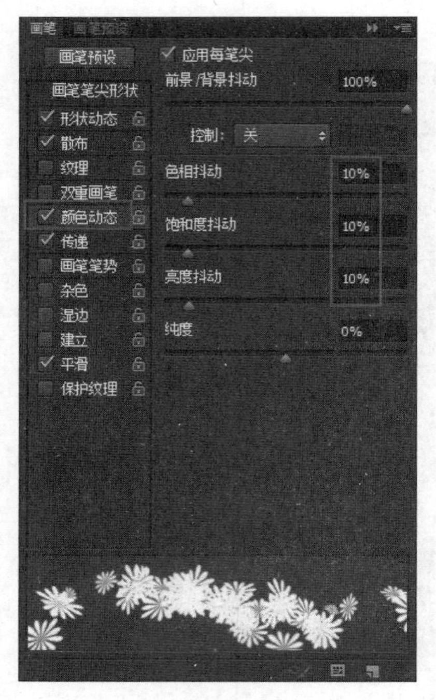

图 3−1−9　画笔面板中设颜色动态

步骤 7：设置前景色为 RGB（250,170,200），背景色为 RGB（200,220,240），新建一个图层，然后设置画笔大小为 40PX，用画笔在选区内扫动绘制，取消选区后，效果如图 3−1−10 所示。

图 3−1−10　画笔绘制效果

步骤 8：单击工具箱中的橡皮擦工具按钮，启用橡皮擦工具，大小 90 像素，选用“海绵画笔投影”，并将“不透明度”设为 50%，如图 3-1-11 所示设置。

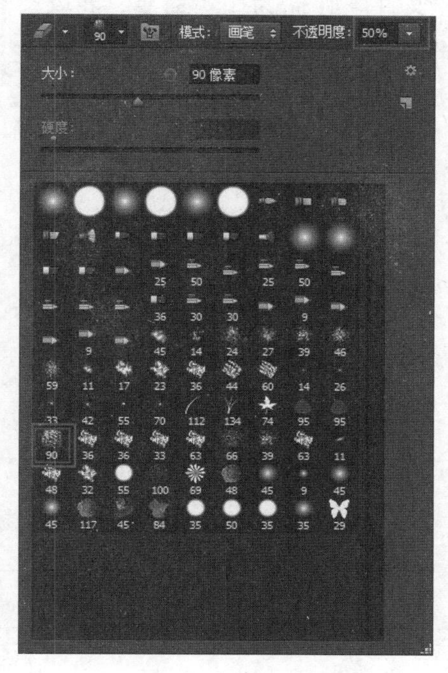

图 3-1-11　橡皮擦设置

步骤 9：使用橡皮擦在伞面上扫一遍，以减少画笔绘制效果的生硬感，效果如图 3-1-12 所示。

图 3-1-12　橡皮擦初步效果

将橡皮擦的大小改为20像素，然后沿着伞的伞骨和伞布边缘进行擦除，以突出伞的立体感，使效果更加逼真。

步骤10：选择菜单“文件 > 存储为…”命令，将文件命名为“3-1 花伞 .psd”进行保存，完成花伞的制作任务。

【课堂提问】

1. 如何启用画笔工具？
2. 如何设置画笔预设？
3. 如何使用橡皮擦？

【随堂笔记】

1.5 知识要点

1. 启用画笔工具

使用画笔是使用绘画和编辑工具的重要部分，用户通过选择画笔，可以实现笔画效果的很多特性。在工具箱中单击，选择画笔工具，或者反复按【SHIFT+B】启用画笔。

选择画笔工具后，可以设置画笔的选项栏，如图3-1-13所示。

图3-1-13 画笔选项栏

画笔预设：用于进行画笔预设的选择；模式：用于选择某一种混合模式，与喷枪工具配合使用，可以产生多样的效果；不透明度：用于设定画笔的不透明度；流量：用于设定喷枪的压力，压力越大，喷色越浓；喷枪：用于启用喷枪功能。

2. 使用预设画笔

在 Photoshop 中，自带了多种画笔的预设样式，供用户选用。用法如下。

（1）新建文件，“宽度”和“高度”均设置为 400 像素，“分辨率”为 72，“颜色模式”为 RGB 颜色，其他默认。

（2）选择画笔工具，在选项栏中，单击 54 后面的小三角按钮打开画笔预设面板，如图 3–1–14 所示。

（3）点击面板内右上角的按钮，弹出菜单如图 3–1–15 所示。

图 3–1–14　画笔预设面板

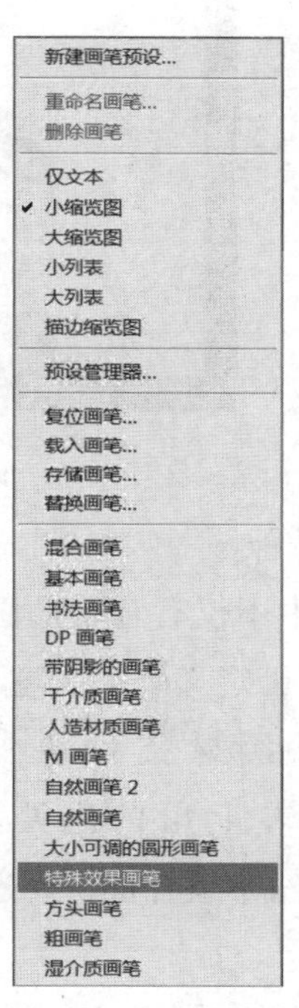

图 3–1–15　画笔弹出菜单

（4）此时可以选择需要的画笔类型，例如，特殊效果画笔，弹出警告对话框，如图 3–1–16 所示。

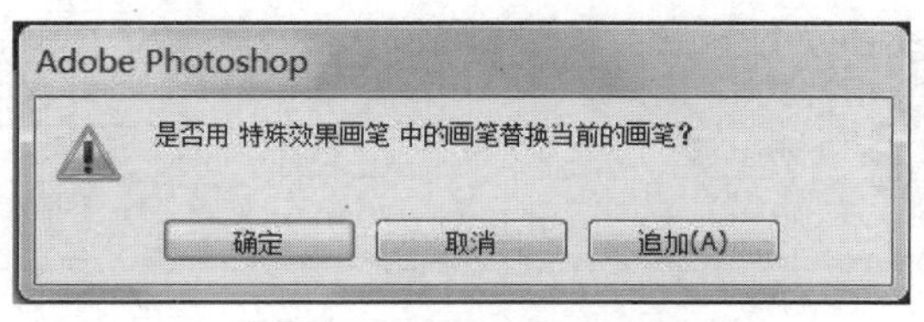

图 3–1–16　替换警告对话框

（5）单击“追加”，在原有预设画笔的基础上完成新内容的添加。选择某一个画笔预设，进行绘制即可，例如，选择“散布枫叶”，前景色设为红色，在工作区绘制，效果如图 3–1–17 所示。

图 3-1-17　散布枫叶效果

3. 自定义画笔

Photoshop 中不仅有自带的画笔预设效果，而且允许用户自己定义画笔。过程如下：

（1）打开素材文件夹中“hua.jpg”，用魔棒工具在左上角白色处单击，然后按【SHIFT+CRTL+I】组合键，反选花朵部分，如图 3-1-18 所示。

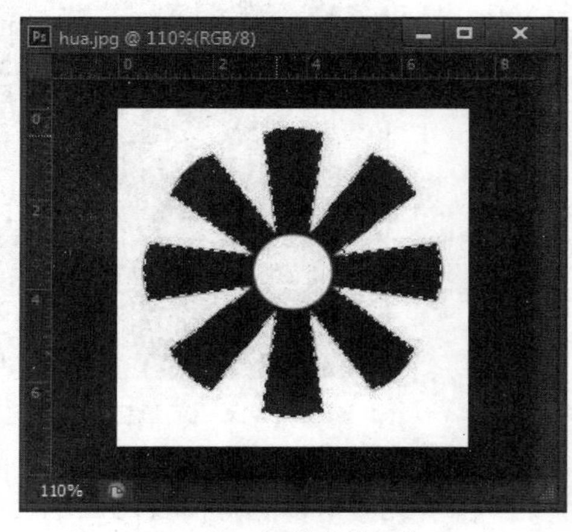

图 3-1-18　选中花朵部分

（2）执行菜单“编辑 > 定义画笔预设”命令，弹出对话框，设置名称为“小花”如图 3-1-19 所示，单击确定，完成新画笔的添加。

图 3-1-19　定义新画笔名称

（3）新建一个空白文件，选择画笔工具，打开选项栏中画笔预设面板，在最低端找到新定义的“小花”画笔，如图 3-1-20 所示。

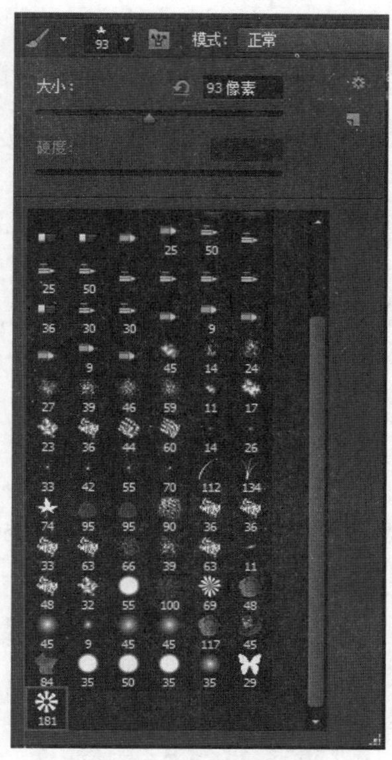

图 3–1–20　使用小花画笔

（4）选中“小花”画笔效果，在工作区进行绘制，注意调整画笔大小和颜色，可以实现丰富的效果，如图 3–1–21 所示。

图 3–1–21　小花画笔效果

4. 橡皮擦工具

擦除工具顾名思义，就是能够对选定的图层或选区，进行颜色的清除或替换为背景色，而且也可以使用预设的橡皮擦形状进行擦除，实现特殊效果。该组中一共包含三个工具，分别为橡皮擦工具、历史橡皮擦工具和魔术橡皮擦工具。

其中，橡皮擦工具用于将图像中的某些区域涂抹成透明色或背景色，如果在背景图层涂抹则为背景色，在普通图层涂抹则为透明色；历史橡皮擦工具用于普通图层时与橡皮擦工具同样效果，擦除背景图层时，自动把背景图层转换为普通图层，其擦除的部分为透明效果；魔术橡皮擦工具随着容差的设置，可以自动擦除相近的颜色，它和背景橡皮擦的共同点，就是能自动把背景图层转换为普通图层，擦除为透明效果。

1.6 拓展练习

使用“拓展 3-1.jpg”，制作如图 3-1-22 所示红色花伞效果。

图 3-1-22 红色花伞效果图

制作提示：

1. 自定义画笔预设。
2. 使用自定义的画笔预设，并在画笔面板中进行相关设置。

任务二　应用历史记录画笔——制作艺术照

2.1　任务描述

素材位置：PS 基础教程 / 素材 /CH03/3−2 人物 .jpg。

效果位置：PS 基础教程 / 效果 /CH08/3−2 艺术照 .psd。

任务描述：使用历史记录画笔，对素材图片“3−2 人物 .jpg”进行美化，实现艺术照制作，最终效果如图 3−2−1 所示。

图 3−2−1　艺术照效果图

2.2　任务目标

1. 了解什么是历史记录画笔。

2. 掌握历史记录画笔的使用方法。

2.3　学习重点和难点

1. 历史记录画笔的概念。

2. 历史记录画笔的用法。

2.4 任务实施

【关键步骤思维导图】

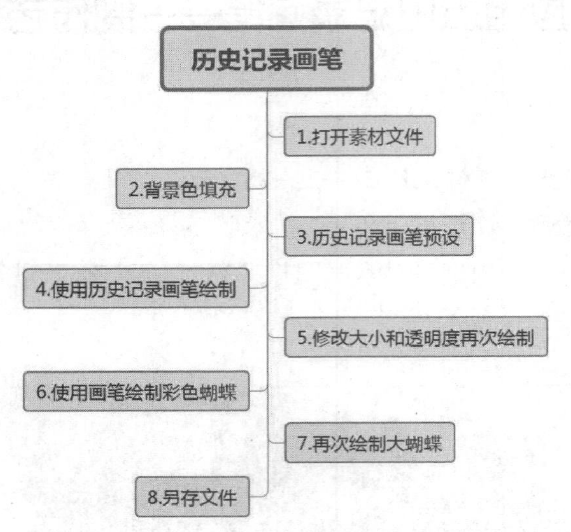

步骤 1：打开素材文件“3-2 人物 .jpg”，图片如图 3-2-2 所示。

图 3-2-2　打开人物图片初始效果

步骤 2：按键盘上的【D】键，设置默认前景色和背景色，然后按【CTRL+DELETE】，白色的背景色填满整个图像，如图 3-2-3 所示，为纯白色。

图 3-2-3　背景色填充效果

步骤 3：单击工具箱中的历史记录画笔工具按钮，启用历史记录画笔工具，设置画笔大小为 250 像素，选择“杜鹃花串”预设，在该工具的选项栏中设置“不透明度”为 60%。设置如图 3-2-4 所示。

图 3-2-4　历史记录画笔设置

步骤 4：在工作区域拖动鼠标，使素材图片的一部分显现出来，效果如图 3-2-5 所示。

图 3-2-5　使用“历史记录画笔工具”效果

步骤 5：调整历史记录画笔工具的画笔大小为 150 像素，“不透明度”为 100%，在人物的脸部拖动鼠标，效果如图 3-2-6 所示。

图 3-2-6　再次使用“历史记录画笔工具”效果

步骤 6：将前景色和背景色分别设为 RGB（245,65,192）和 RGB（91,241,50），选择“画笔工具”，设置画笔预设“缤纷蝴蝶”，画笔大小为 60 像素，如图 3-2-7 所示。

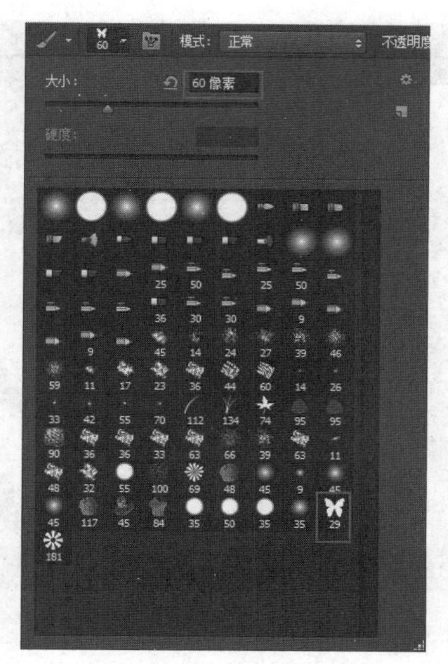

图 3-2-7　画笔工具设置

步骤 7：在人物底部拖动鼠标，绘制彩色蝴蝶，效果如图 3-2-8 所示。

图 3-2-8　画笔工具设置

步骤 8：将画笔大小调整为 600 像素，新建图层，在图像的边角处分别单击几下，绘制几个大个的蝴蝶点缀人物图像。效果如图 3-2-9 所示。

图 3-2-9　绘制大个蝴蝶效果

步骤 9：按快捷键【SHIFT+CTRL+S】，弹出“存储为…”对话框，存储名称为“3-2 艺术照 .psd”，完成艺术照制作任务。

【课堂提问】

1. 如何启用历史记录画笔工具？
2. 设置默认前景色和背景色的快捷键？
3. 文件另存的快捷键？

【随堂笔记】

2.5　知识要点

1. 什么是历史记录画笔

历史记录画笔工具主要用于将图像的部分区域恢复到以前某一历史状态以形成特殊的图像效果，该工具是与“历史记录”控制面板结合起来使用的。该工具组包含两个工具，分别为历史记录画笔和历史记录艺术画笔。

历史记录画笔，把图像基本原样恢复到指定的某一历史状态；历史记录艺术画笔，在恢复图像时可以加入艺术效果。

2. 使用历史记录画笔

历史记录画笔工具可以将指定的历史记录状态或者快照用作源数据，通过将指定的部分恢复为指定的源数据来绘画。该工具常与历史记录面板配合使用。

（1）打开图片“黄裙子 .psd”，选择菜单“窗口 > 历史记录”，显示“历史记录”调板，如图 3-2-10 所示。

（2）选择画笔工具，设置前景色为白色，将工作区绘制成白色。

（3）选择历史记录画笔工具，选择“散布叶片”预设，在工作区拖动鼠标绘制，效果如图 3-2-11 所示。

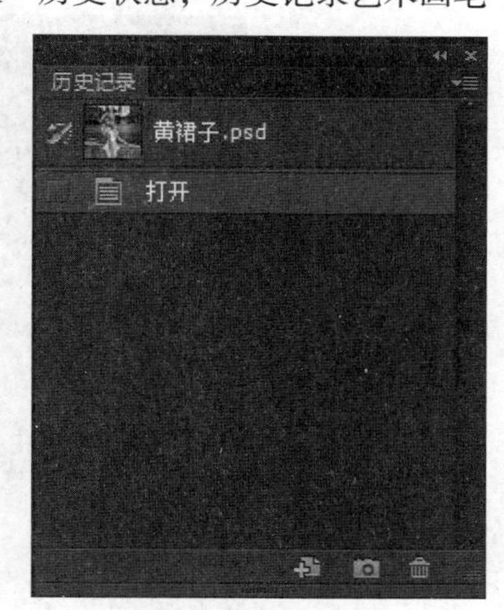

图 3-2-10　历史记录面板

图 3-2-11　应用“历史记录画笔工具”效果

3. 使用历史记录艺术画笔

历史记录艺术画笔工具与历史记录画笔工具操作方法类似。不同点在于，历史记录画笔工具可以把局部图像恢复到指定的某一步，而历史记录艺术画笔则可以把局部图像按照指定的历史状态转换成手绘的效果。

接着上面的举例，继续制作，选择“历史记录艺术画笔工具”，在“区域”文本框中设置画笔的直径为 20 像素，在图像工作区的四周拖动。效果如图 3–2–12 所示。

图 3–2–12　应用历史记录艺术画笔效果

2.6 拓展练习

使用素材“拓展 3–2 树叶 .jpg”，制作如图 3–2–13 所示梦幻树叶效果。

制作提示：

1. 使用“历史记录画笔工具”，大小为 200 像素。

2. 使用“散布叶片”预设进行绘制。

图 3–2–13　梦幻树叶效果图

任务三　渐变工具与油漆桶工具——制作卡通画

3.1　任务描述

素材位置：PS 基础教程 / 素材 /CH03/3-3 唐老鸭 .psd。

效果位置：PS 基础教程 / 效果 /CH03/3-3 唐老鸭卡通画 .psd。

任务描述：使用油漆桶和渐变工具，将一幅唐老鸭的简笔画，绘制成彩色的卡通画，最终效果如图 3-3-1 所示。

图 3-3-1　卡通画效果图

3.2　任务目标

1. 了解什么是渐变工具和油漆桶工具。

2. 掌握渐变工具和油漆桶工具的使用方法。

3.3　学习重点和难点

1. 渐变工具和油漆桶工具的概念。

2. 渐变工具和油漆桶工具的用法。

3.4　任务实施

【关键步骤思维导图】

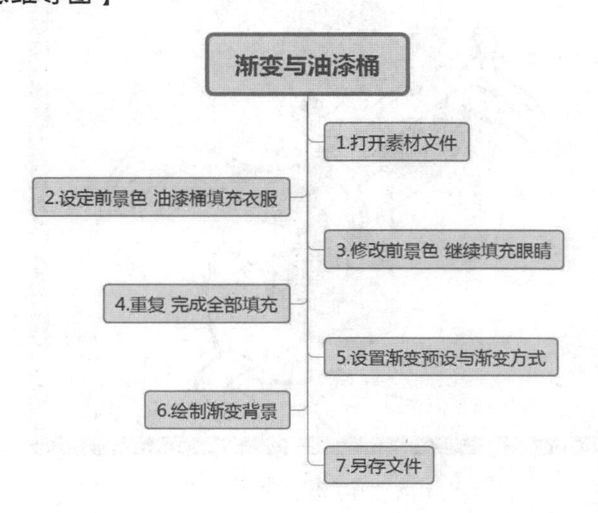

步骤 1：打开“3-3 唐老鸭 .psd”，素材是一副唐老鸭的简笔画，如图 3-3-2 所示。

图 3-3-2　简笔画效果

步骤 2：单击工具箱中的油漆桶工具按钮，启用油漆桶工具，设置前景色为蓝色 RGB（1,145,255），移动鼠标在唐老鸭的帽子和衣服上逐次单击，给帽子和衣服上色。效果如图 3-3-3 所示。

图 3-3-3　帽子和衣服上色效果

步骤 3：设置前景色为浅蓝色 RGB（184,240,255），在眼睛区域单击。效果如图 3-3-4 所示。

图 3-3-4　眼睛上色效果

步骤 4：设置前景色为亮黄色 RGB（254,255,0），给袖口和领口上色。效果如图 3-3-5 所示。

图 3-3-5　袖口和领口上色效果

步骤 5：设置前景色为暗黄色 RGB（255,176,15），给唐老鸭的嘴巴和腿上色。效果如图 3-3-6 所示。

图 3-3-6　嘴巴和腿上色效果

步骤 6：设置前景色为土黄色 RGB（255,145,34），给唐老鸭口腔上色。效果如图 3-3-7 所示。

图 3-3-7　口腔上色效果

步骤 7：设置前景色为红色 RGB（255,22,33），逐次单击唐老鸭的领结，完成唐老鸭的上色。效果如图 3-3-8 所示。

图 3-3-8　领结上色效果

步骤 8：单击工具箱中的渐变工具按钮，在相应的选项栏中，单击“点按可编辑渐变”，在弹出的“渐变编辑器”对话框中，在预设中选择“色谱”，如图 3-3-9 所示，然后单击确定，单击“菱形渐变”按钮，设置渐变方式。

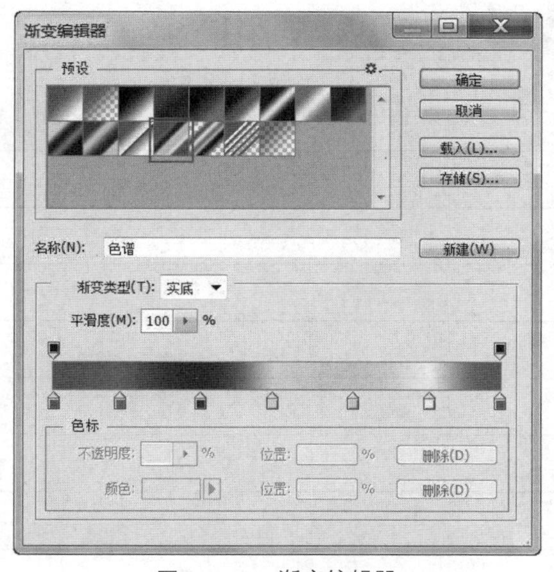

图 3-3-9　渐变编辑器

步骤 9：在图层面板中选择背景层，在唐老鸭的背后位置，从中心向外拖动鼠标，绘制渐变背景，如图 3-3-10 所示。

图 3-3-10　渐变背景效果

步骤 10：执行“文件 > 存储为…”命令，存储文件名为“3-3 唐老鸭卡通画 .psd”，完成制作卡通画任务。

【课堂提问】

1. 如何使用油漆桶工具？
2. 如何使用渐变工具？渐变方式有哪些？
3. 如何自定义渐变颜色？

【随堂笔记】

3.5　知识要点

1. 渐变工具和油漆桶工具的作用

渐变工具与油漆桶工具在工具箱中属于同一组工具，都是用于图像中颜色的制作或编辑。渐变工具，用于在图像或图层中形成一种色彩渐变的图像效果，可以创建多种颜色间的自然过渡；油漆桶工具，可以在图像或选区中，对指定色差范围内的色彩区域进行色彩或图案填充。

2. 使用渐变工具

工具箱中单击渐变工具图标，或反复按【SHIFT+G】组合键，可以启用“渐变工具”，其属性栏如下图 3-3-11 所示。

图 3-3-11　渐变工具选项栏

其中，用于选择和编辑渐变的色彩；用于选择各类型的渐变工具，依次为线性渐变工具、径向渐变工具、角度渐变工具、对称渐变工具和菱形渐变工具；“模式”用于选择着色的模式；“不透明度”用于设定不透明度；“反向”用于反向产生色彩渐变的效果；“仿色”用于使渐变更平滑；“透明区域”用于产生不透明度。

此外，用户可以自定义渐变的形式和色彩，通过单击“点按可编辑渐变”按钮，在弹出的“渐变编辑器”对话框中进行设置，如图 3-3-12 所示。

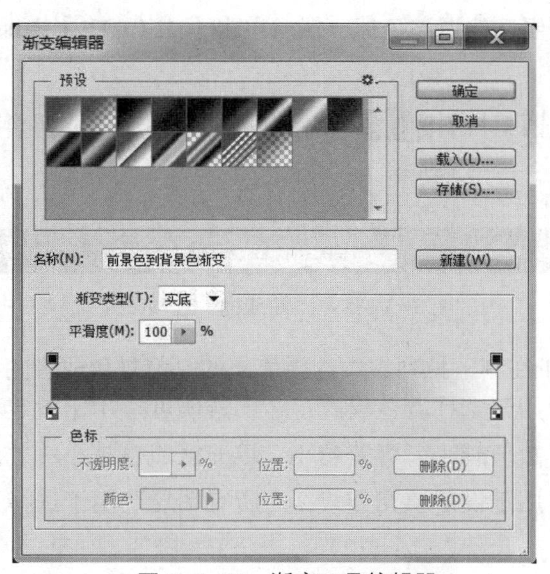

图 3-3-12　渐变工具编辑器

在“渐变编辑器”对话框中，单击颜色编辑框下方的适当位置，可以增加颜色色标，如图 3-3-13 所示。

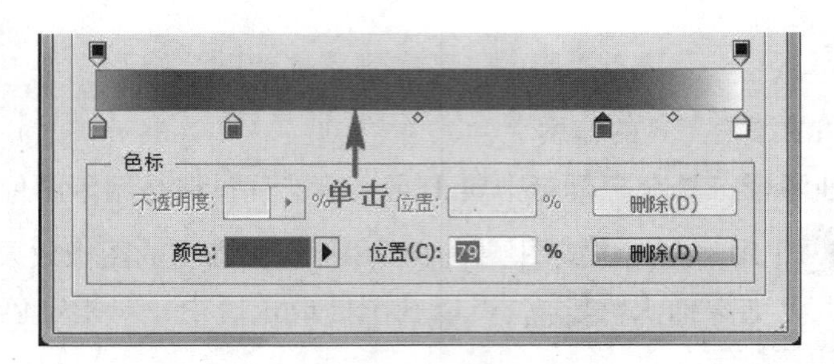

图 3-3-13　颜色编辑框

如果要对色标的颜色进行修改,则双击色标,弹出对话框,进行修改即可,如图3-3-14所示。

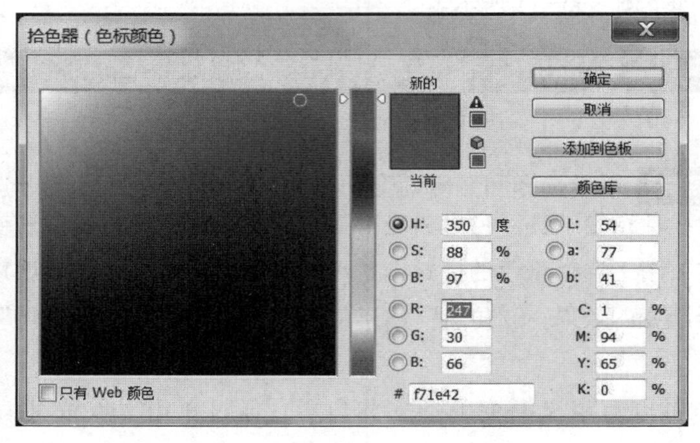

图 3-3-14　色标拾色器

如果某个色标不需要，选择该色标，然后单击【DELETE】键即可。

3. 使用油漆桶工具

工具箱中单击油漆桶工具图标，或反复按【SHIFT+G】组合键，可以启用油漆桶工具，其选项栏如下图 3-3-15 所示。

图 3-3-15　“油漆桶”选项栏

其中，图案 用于在其下拉列表中选择填充的是前景色或者图案； 用于选择定义好的图案；“模式”用于选择着色模式；“不透明度”用于设定不透明度；“容差”用于设定色差的范围，数值越小，容差越小，填充区域也越小；“消除锯齿”用于消除边缘锯齿；“连续的”用于设定填充方式；“所有图层”用于选择是否对所有可见图层进行填充。

3.6　拓展练习

使用“拓展 3-3.psd”制作如图 3-3-16 所示卡通狗效果。

图 3-3-16　卡通狗效果图

制作提示：

1. 使用油漆桶工具对卡通狗上色。

2. 使用渐变工具，自己定义颜色，采用角度渐变方式，制作背景。

任务四　描边命令与填充命令——制作夏日传单

4.1　任务描述

素材位置：PS 基础教程 / 素材 /CH03/3-4 传单 .psd、3-4 冷饮 .png、3-4 冰激凌 .png。

效果位置：PS 基础教程 / 效果 /CH08/3-4 传单 .psd。

任务描述：使用描边命令与填充命令，利用素材文件制作一个夏日冷饮的传单，最终效果如图 3-4-1 所示。

图 3-4-1　夏日传单效果图

4.2　任务目标

1. 了解什么是描边命令与填充命令。

2. 掌握描边命令与填充命令的使用方法。

4.3　学习重点和难点

1. 描边与填充的概念。

2. 描边命令与填充命令的用法。

4.4 任务实施

【关键步骤思维导图】

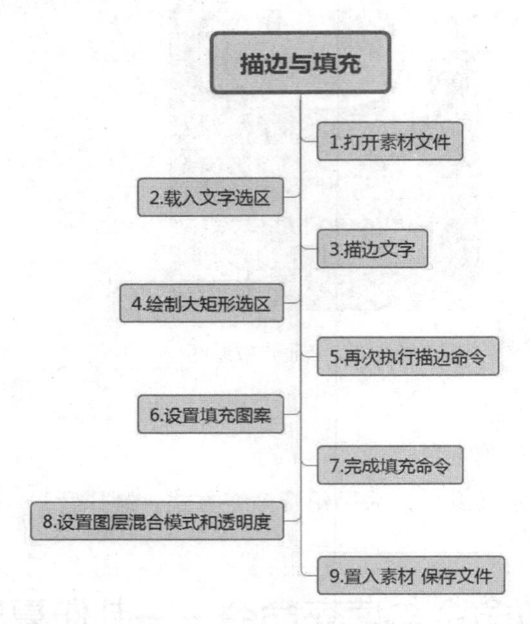

步骤 1：打开“3-4 传单 .psd”文件，按住【ALT】键，向前滚动鼠轮，放大展示工作区，看到有“夏日冷饮”四个字，而图层面板中一共有三个图层，分别为“文字”“文字投影”和“背景”，如图 3-4-2 所示。

图 3-4-2 打开效果

步骤 2：单击“文字”图层，设为当前图层，按住【CTRL】键，单击图层面板中“文字”图层的缩览图，载入“夏日冷饮”的选区，如图 3-4-3 所示。

图 3-4-3　生成文字选区效果

步骤 3：执行“编辑 > 描边…”命令，弹出“描边”对话框，设置宽度为 10 像素，颜色为白色 RGB（255,255,255），位置为居外，模式为正常，如图 3-4-4 所示。

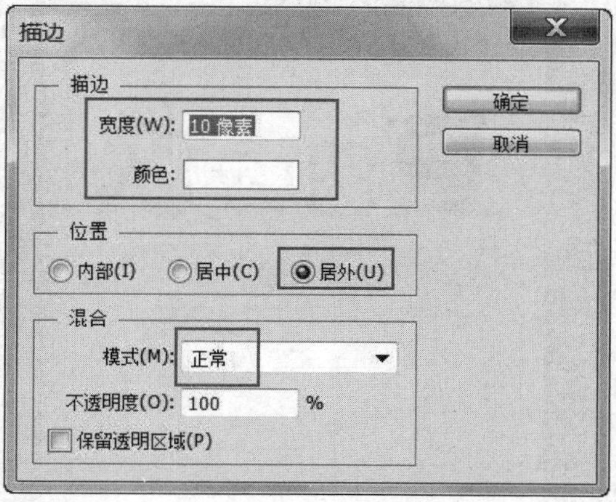

描边
描边
宽度(W): 10 像素
颜色:
确定
取消
位置
内部(I)　居中(C)　居外(U)
混合
模式(M): 正常
不透明度(O): 100 %
保留透明区域(P)

图 3-4-4　“描边”设置

单击“确定”，描边效果如图 3-4-5 所示。

图 3-4-5　文字描边效果

步骤 4：按住【ALT】键，向后滚动鼠轮，缩小显示工作区，选择矩形选框工具，绘制一个矩形选区，如图 3-4-6 所示。

图 3-4-6　矩形选区效果

步骤 5：执行“编辑 > 描边…”命令，设置宽度为 10 像素，颜色为绿色 RGB（114,181,70），位置为内部，模式为正常，描边效果如图 3-4-7 所示。

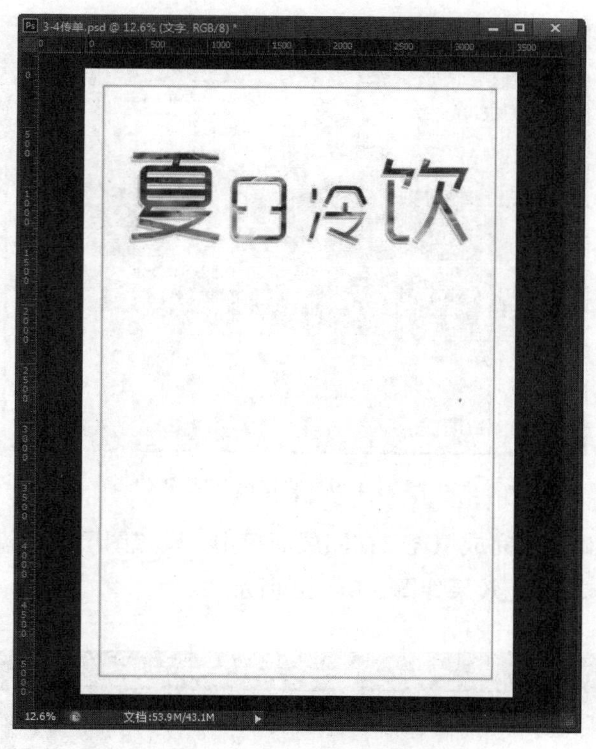

图 3-4-7　矩形描边效果

步骤 6：图层面板中单击“背景”图层，设为当前层，单击面板右下角新建，新建一个图层“图层 1”，执行“编辑 > 填充…”命令，设置“使用”为图案，单击“自定义图案”右侧，弹出“图案”拾色器，单击右上角的齿轮 ⚙.，在弹出菜单中选择“艺术家画笔画布”，如图 3-4-8 所示。

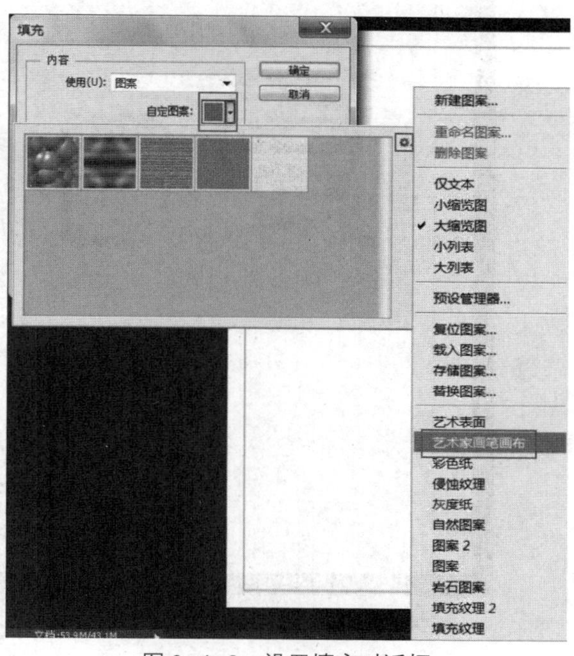

图 3-4-8　设置填充对话框

步骤 7：在弹出的对话框中单击“追加”，然后选择倒数第二个“洋基画布”，如图 3-4-9 所示。

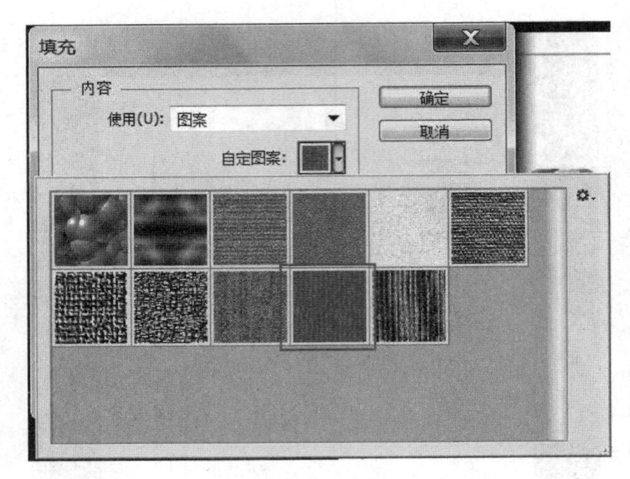

图 3-4-9　选定填充图案

步骤 8：单击“确定”完成填充，在图层面板中，设置图层混合模式为“强光”，“不透明度”为“30%”。填充效果如图 3-4-10 所示。

图 3-4-10　填充效果

步骤 9：选定“文字”图层为当前层，执行菜单“文件 > 置入…”，选择文件“PS 基础教程 / 素材 /CH03/3-4 冷饮 .png”，单击“确定”。置入效果如图 3-4-11 所示。

步骤 10：按【ENTER】键，确定置入，然后按照步骤 9 的方法置入文件“3-4 冰激凌 .png”。效果如图 3-4-12 所示。

图 3-4-11　置入“冷饮”效果

图 3-4-12　置入“冰激凌”效果

步骤 11：同样，按【ENTER】键，确定置入，然后将文件存储为“3-4 传单效果 .psd”，完成制作任务。

【课堂提问】

1. 如何使用描边命令？

2. 如何设置填充图案？

3. 如何自定义图案？

【随堂笔记】

4.5 知识要点

1. 填充命令

填充命令可以对选定的区域进行填色。单击菜单中的“编辑 > 填充”命令，可以打开“填充”对话框，如图 3-4-13 所示。

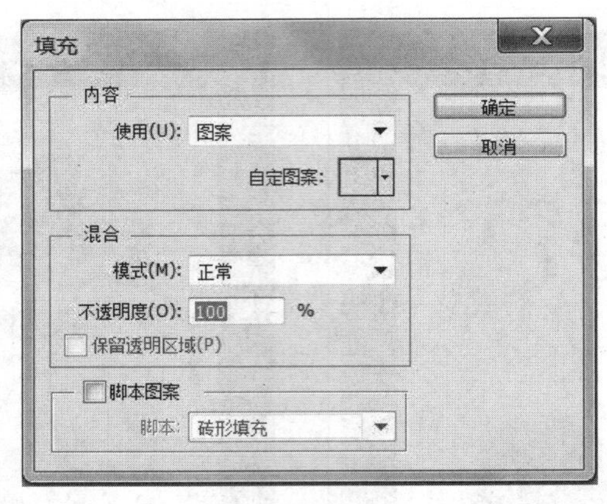

图 3-4-13　“填充”对话框

其中，“使用”用于选择填充方式，包括使用前景色、背景色、颜色、内容识别、图案、历史记录、黑色、50% 灰色、白色进行填充；“模式”用于设置填充模式；“不透明度”用于调整不透明度。

2. 定义图案

Photoshop 中自带了一些图案，可以用于图案填充方式。同时，用户也可以根据自己的需要或喜好，定义图案，用于填充命令。定义图案方式如下。

（1）打开或自己绘制一个图案，如绘制一个如下的 50 × 50 像素，分辨率为 72 的图案，如图 3-4-14 所示。

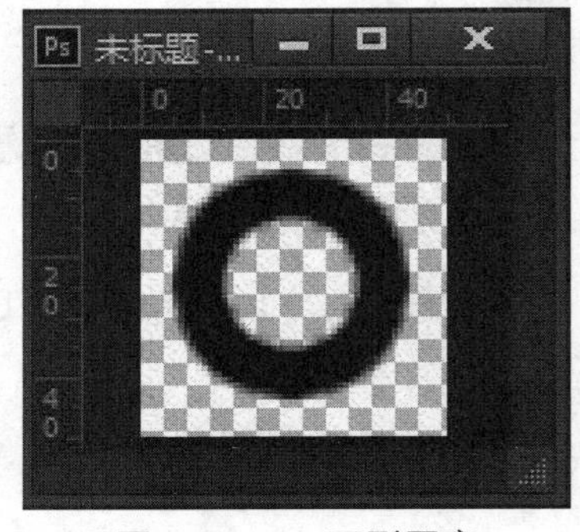

图 3-4-14　环形图案

（2）选择菜单“编辑 > 定义图案”命令，弹出“图案名称”对话框，如图 3-4-15 所示，定义名称为“圆环”。

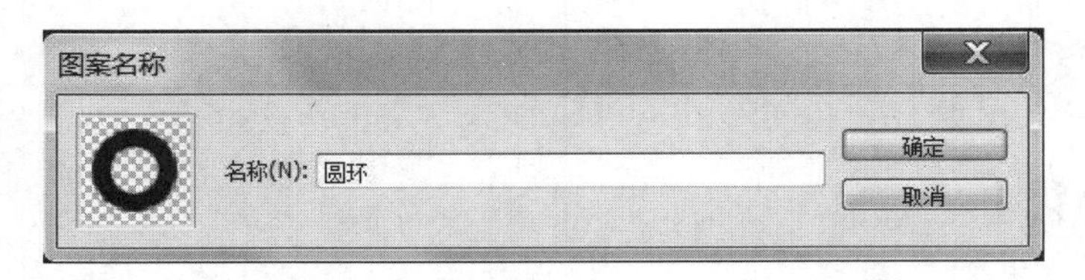

图 3-4-15　图案名称对话框

（3）新建一个 600 × 600 像素、分辨率为 72 的白色背景文件，新建一个空白图层，然后执行“编辑 > 填充”，弹出填充对话框，设置如图 3-4-16 所示；

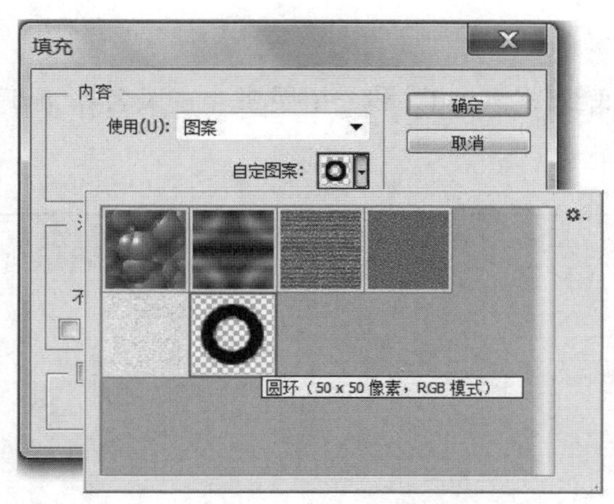

图 3-4-16　填充设置

（4）将新填充的图层的透明度设置成 30%。效果如图 3-4-17 所示。

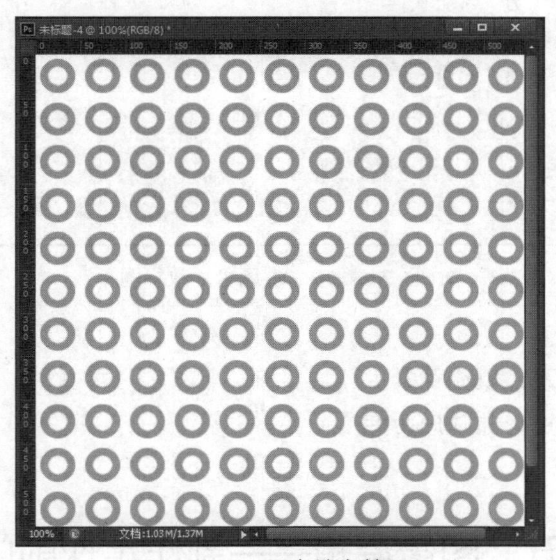

图 3-4-17　图案填充效果

3. 描边命令

描边命令可以将选定区域的边缘用前景色描绘出来。选择“编辑 > 描边”命令，弹出“描边”对话框，如图 3-4-18 所示。

其中，“描边”用于设定边线的宽度和边线的颜色；“位置”用于设定所描边线相对于区域边缘的位置，包括内部、居中和局外 3 个选项；“混合”用于设置描边模式和不透明度。

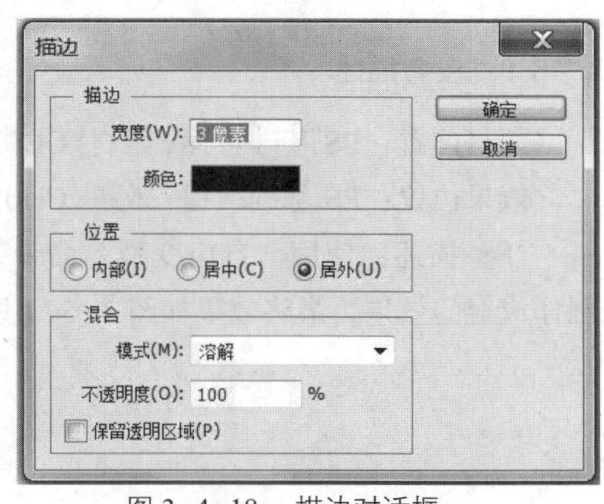

图 3-4-18　描边对话框

4.6 拓展练习

使用“拓展 3-4 底纹图案 .psd”和“拓展 3-4 古风名片 .psd”制作如图 3-4-19 所示古风名片效果。

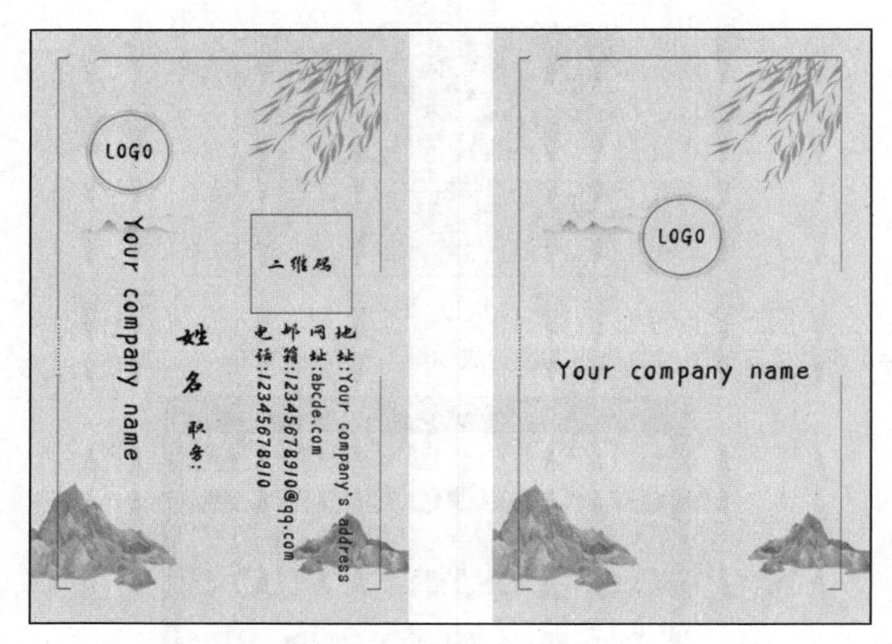

图 3-4-19　古风名片效果图

制作提示：

1. 自定义底纹图案，填充背景。

2. 描边命令制造矩形和圆形边框。

任务五　图像编辑——制作足球射门效果

5.1 任务描述

素材位置：PS 基础教程 / 素材 /CH03/3-5 足球 .psd。

效果位置：PS 基础教程 / 效果 /CH03/3-5 足球射门效果 .psd。

任务描述：使用“自由变换”命令和裁切工具，将素材“3-5 足球 .psd”中的足球制作成射门效果，最终效果如图 3-5-1 所示。

图 3-5-1　足球射门效果图

5.2　任务目标

1. 了解什么是自由变换和裁切。
2. 掌握变换和裁切的使用方法。

5.3　学习重点和难点

1. 自由变换和裁切的概念。
2. 自由变换和裁切的用法。

5.4　任务实施

【关键步骤思维导图】

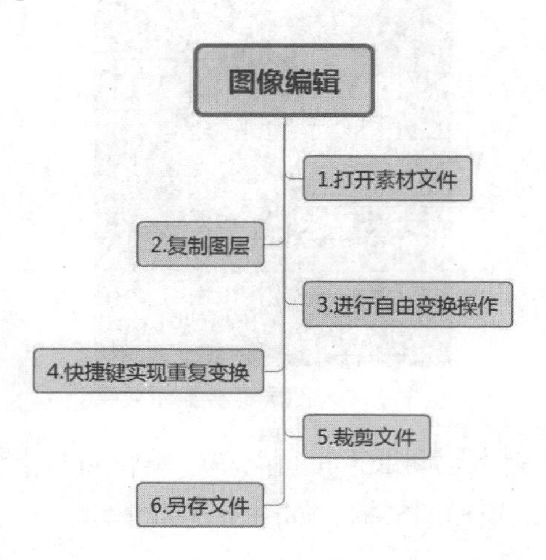

步骤 1：打开“3−5 足球 .psd”，共有两个图层，分别放置了足球和背景。图片效果如图 3−5−2 所示。

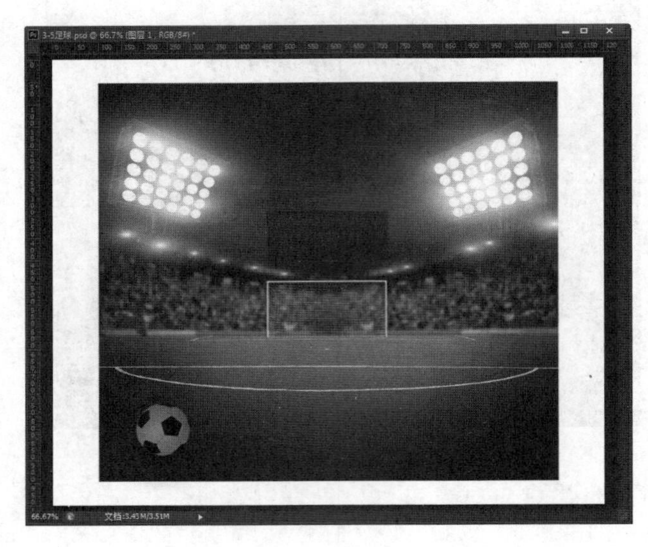

图 3−5−2　足球素材图

步骤 2：在图层面板中单击“足球”图层，然后按快捷键【CTRL+J】，复制当前足球层，形成“足球 副本”层。面板显示效果如图 3−5−3 所示。

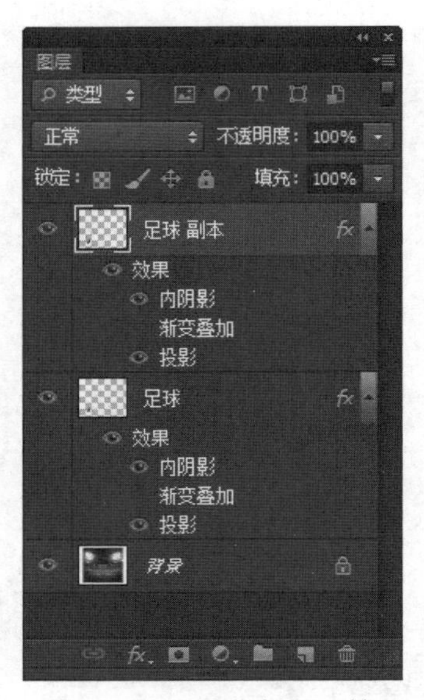

图 3−5−3　图层面板显示效果

步骤 3：选中“足球 副本”图层，执行菜单“编辑 > 自由变换”命令，进入自由变换编辑状态，足球周围出现矩形调整框，如图 3−5−4 所示。

图 3-5-4　自由变换编辑状态

步骤 4：在该状态的选项栏中，按下保持长宽比按钮，然后设置“W”为 93%，使足球等比例缩小为原尺寸的 93%。效果如图 3-5-5 所示。

图 3-5-5　足球缩小效果

步骤 5：按住【ALT】键，在图像左上角处点击，将变换的中心点移动到左上角，如图 3-5-6 所示。

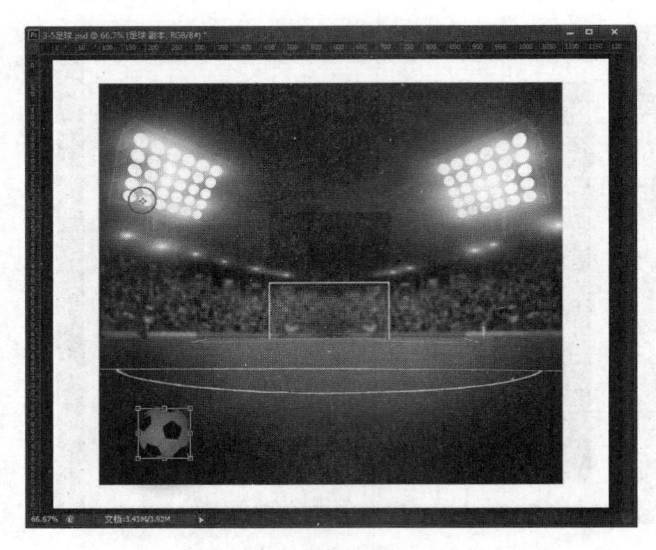

图 3–5–6　移动旋转中心点位置

然后，修改旋转角度 △ 0.00 度 的数值，设置为“–5”，按【ENTER】键确定所示的变换操作，退出自由变换的编辑状态。效果如图 3–5–7 所示。

图 3–5–7　自由变换效果

步骤 6：连续按键盘上的【SHIFT+CTRL+ALT+T】组合快捷键，共计 13 次，实现复制图层并重复变换的制作效果，如图 3–5–8 所示。

图 3-5-8　重复变换效果

步骤 7：单击图层面板中“足球 副本 14”图层，然后按住【SHIFT】键，单击“足球”图层，将同时选中连续的 15 个图层，执行菜单“图层 > 排列 > 反向”命令，使图层排列顺序反向。效果如图 3-5-9 所示。

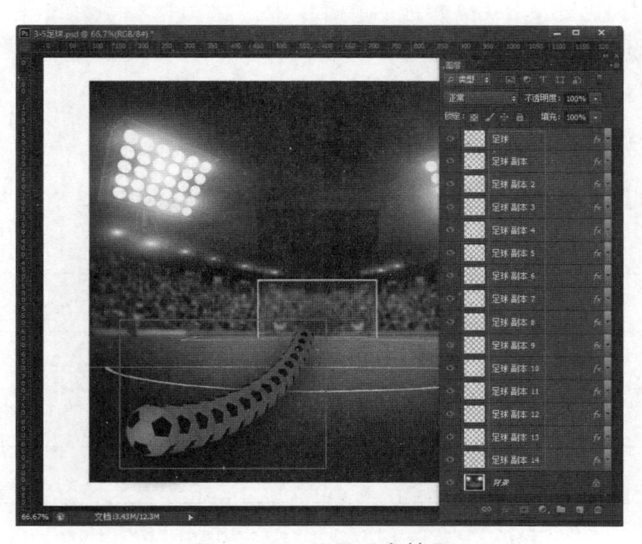

图 3-5-9　图层反序效果

步骤 8：单击工具箱中裁剪工具按钮，按照背景图层边界，从左上角到右下角拖动鼠标。效果如图 3-5-10 所示。

图 3-5-10　裁剪图像状态

步骤 9：按【ENTER】键确定裁剪，然后将文件存储为“3-5 足球射门效果 .psd”，完成制作任务。

【课堂提问】

1. 如何使用“自由变换”？
2. 如何使用“裁切工具”？
3. 如何使图层逆序排列？

【随堂笔记】

5.5　知识要点

1. 修改图像尺寸

图像的尺寸包含两个含义，分别为图像大小和画布大小。

（1）修改图像大小

图像的尺寸和分辨率息息相关，同样尺寸的图像，分辨率越高的图像越清晰。当图像的像素数目固定时，改变分辨率，图像的尺寸则随之改变；同样，图像的尺寸改变，则其分辨率也必将随之变动。

单击菜单中“图像 > 图像大小”命令，会弹出“图像大小”对话框，如图 3-5-11 所示。

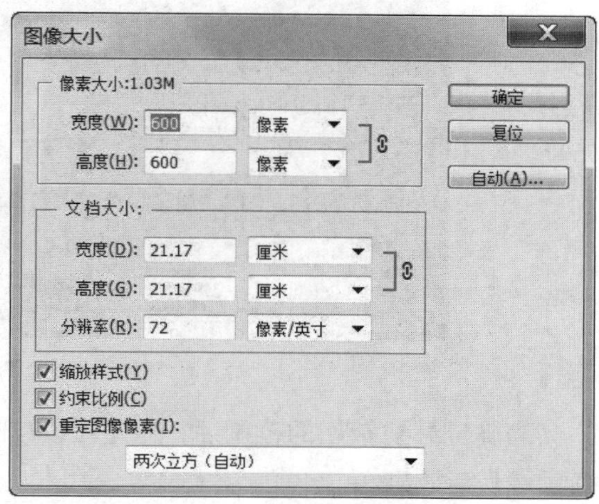

图 3-5-11　“图像大小”对话框

在该对话框中可以改变图像的尺寸、分辨率以及图像的像素数目。如果按下【ALT】键，则“取消”按钮会变成“复位”按钮，单击后可以使对话框中各选项的内容恢复为打开对话框以前的设置。

（2）修改画布大小

画布是指绘制和编辑图像的工作区域，也就是图像的显示区域。调整图像大小可以在图像的四周增加空白边缘，或者裁切掉不需要的边缘。

单击菜单“图像 > 画布大小”命令，会弹出“画布大小”对话框，如图 3-5-12 所示。

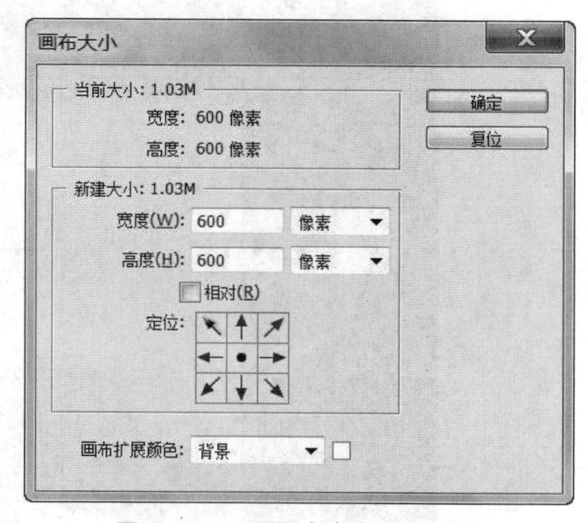

图 3-5-12　“画布大小”对话框

在该对话框中可以修改图像的画布大小，其中“定位”可以设置画布变化时相对于图像的基准方向。

2. 裁切图像

裁切是移去部分图像以形成突出或加强构图效果的过程，常在创作产品包装时用到。其操作与创作选区类似，如打开“贝壳 .psd”文件，单击工具箱中图标，启用裁切工具，在图像上拖动鼠标，如下图 3-5-13 所示。

图 3-5-13　裁切贝壳文件

当确定好要裁切的范围后，单击【ENTER】键，即可实现裁切效果，如图 3-5-14 所示裁切后效果。

图 3-5-14　贝壳裁切后效果

3.“自由变换”命令

“自由变换”命令可用于在一个连续的操作中应用变换，如旋转、缩放、斜切、扭曲和透视。使用方法如下。

（1）选择要变换的对象，然后执行“编辑 > 自由变换”命令，或者按快捷键【CTRL+T】，进入变换状态，当前对象上会显示用于变换的定界框，相应的选项栏如图 3–5–15 所示。

图 3–5–15　自由变换选项栏

其中，在“W”和“H”中输入百分比，可以根据数字进行缩放，若单击链接按钮，可保持长宽等比例缩放；在旋转文本框中输入角度，可以根据数字旋转；在“H”和“V”中输入数字，可以根据数字进行水平 H 和垂直 V 斜切。

（2）使用鼠标拖动定界框和定界框上的控制点，可以快速地对图像进行变换操作。操作方法如下。

①缩放与旋转：将光标放在定界框四周的控制点上，当光标显示为图 3–5–16 中红色圆圈中形状时，单击并拖动鼠标，可以缩放对象，如果按住【SHIFT】键操作，可以进行等比例缩放；当光标在定界框外显示为图 3–5–17 中红色圆圈中形状时，可以旋转对象。

图 3–5–16　缩放

图 3–5–17　旋转

②斜切：将光标放在定界框四周的控制点上，按住【SHIFT+CTRL】键，光标显示为图 3–5–18 中红色圆圈中形状时，单击并拖动鼠标可以沿水平方向斜切；光标显示为图 3–5–19 中红色圆圈中形状时，单击并拖动鼠标可以沿垂直方向斜切。

图 3-5-18　水平斜切

图 3-5-19　垂直斜切

③扭曲与透视：将光标放在控制点上，按住【CTRL】键，光标显示如图 3-5-20 中红色圆圈中形状时，单击并拖动鼠标可以扭曲对象。

按住【SHIFT+CTRL+ALT】键操作，可以进行透视扭曲，如图 3-5-21 所示。

图 3-5-20　扭曲

图 3-5-21　透视扭曲

（3）操作完成后，可按下回车键确认，如果对变换的结果不满意，则按下【ESC】键取消操作。

（4）完成一次变换操作后，按【SHIFT+CTRL+ALT+T】快捷键，可以复制并应用上一次的变换操作。

5.6　拓展练习

使用“拓展 3-5 蜘蛛人 .psd”素材，制作如图 3-5-22 所示变形蜘蛛人效果。

图 3-5-22　变形蜘蛛人效果图

制作提示：

1. 使用“自由变换”命令缩小蜘蛛人。
2. 将变换的中心点移动到右下角。

本章小结

本章通过五个制作任务，讲解了画笔工具、橡皮擦工具、历史记录画笔、渐变工具、油漆桶工具、填充命令、描边命令、裁剪、变换、图像大小等与图像绘制和编辑相关的工具和命令。通过本章的学习，了解并掌握绘制和编辑图像的方法和应用技巧，可以使用画笔、橡皮擦、历史记录、渐变、油漆桶等工具以及相关的命令，制作出丰富多彩的图像效果，并能够快速地应用命令对图像进行适当的编辑与调整。

学习自测

一、填空题

1. 同样尺寸的图像，__________越高的图像就会越清晰。

2. Photoshop 中利用橡皮擦工具擦除背景层中的对象，被擦除区域填充__________色。

3. 使用描边功能，应该执行的菜单命令是 ____________。

二、选择题

1. 如果在图像自由变换时旋转图像，则必须将鼠标光标移到图像的 _____ 并拖放。

A. 中心点上　　B. 内部　　C. 边界上　　D. 外部

2. _____ 工具可以创建多种颜色间的逐渐混合。

A. 油漆桶工具　　B. 历史工具　　C . 画笔工具　　D. 渐变工具

3. 使用 _____ 工具，不仅可以自由控制图像范围的大小和位置，还可以进行旋转、变形等操作。

A. 裁切　　B. 缩放　　C. 选取　　D. 油漆桶

4. 在 Photoshop 中将前景色和背景色恢复为默认颜色的快捷键是 ________。

A. D　　B. X　　C. Tab　　D. Alt

5. 橡皮擦工具不包括 __________。

A. 橡皮擦　　B. 彩色橡皮　　C. 背景橡皮擦　　D. 魔术棒橡皮擦

三、简答题

1. 图像大小的调整包括哪些?

2. 如何调用“自由变换”功能?

3. 如何使用“描边”命令?

第4章 图层的应用

在 Photoshop 中对图层的操作是非常频繁的工作。可以通过建立图层、调整图层、处理图层、盖印图层等工作编辑和处理图像中的各个元素，从而达到富有层次、整个关联的图像效果。

学习目标：

◇ 认识图层面板，了解图层的混合模式

◇ 学会应用图层样式

◇ 会使用调整图层和填充图层

◇ 了解智能对象，掌握盖印图层、图层复合的操作方法

任务一　图层的混合模式——制作青花瓷瓶

1.1　任务描述

素材位置：PS 基础教程 / 素材 /CH04/4-1 白瓷瓶 .jpg、4-1 青花图案 .jpg。

效果位置：PS 基础教程 / 效果 /CH04/4-1 青花瓷 .psd。

任务描述：使用图层混合模式，为白瓷瓶贴上青花瓷图案，最终效果如图 4-1-1 所示。

图 4-1-1　制作青花瓷瓶效果图

1.2 任务目标

1. 了解什么是图层混合模式及其作用。
2. 掌握图层混合模式的使用方法。

1.3 学习重点和难点

1. 图层混合模式的概念及各种混合模式的作用。
2. 图层混合模式的用法。

1.4 任务实施

【关键步骤思维导图】

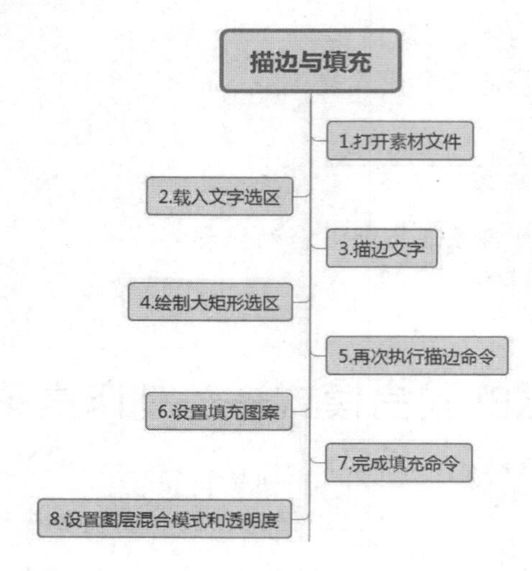

步骤 1：按下【CTRL+O】组合键，打开“4–1 白瓷瓶 .jpg”，效果如图 4–1–2 所示。

图 4–1–2 打开素材图片

步骤 2：打开“4-1 青花图案 .jpg”，将其复制粘贴到打开的“4-1 白瓷瓶 .jpg”窗口中，自动创建“图层 1”图层。效果如图 4-1-3 所示。

图 4-1-3　复制青花瓷图案到白瓷瓶窗口中

步骤 3：调整“图层 1”的位置，使图案位于瓷瓶瓶体，选择图层面板上“图层混合模式”列表中的“正片叠底”，将青花瓷图案贴到白瓷瓶瓶体上，可以看到图案的白色背景完全融入瓶体。操作和效果如图 4-1-4 和 4-1-5 所示。

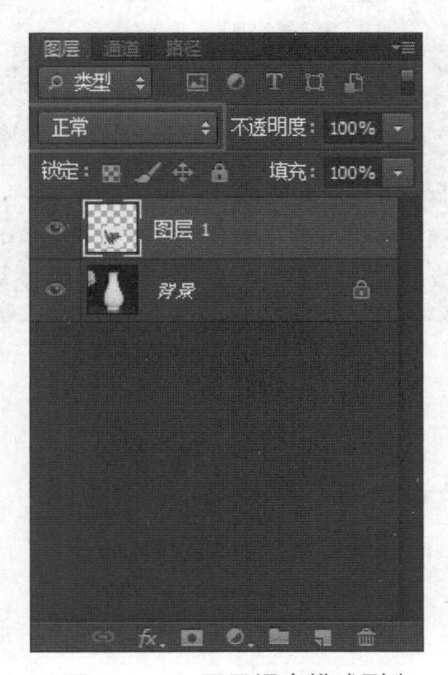

图 4-1-4　图层混合模式列表

图 4-1-5　选择“正片叠底”

步骤 4：使用移动和变形工具，适当调整图案在瓶体的位置和大小，使其效果更加自然逼真，按【CTRL+S】保存文件。最终效果如图 4-1-6 所示。

图 4-1-6　最终效果

【课堂提问】

1. 打开图层面板和变形面板的快捷键分别是什么？
2. 什么是图层混合模式？图层混合模式的操作方法？

【随堂笔记】

1.5 知识要点

1. 图层面板

使用图层可以在不影响整个图像中大部分元素的情况下处理其中一个元素。我们可以把图层想象成是一张一张叠起来的透明胶片，每张透明胶片上都有不同的画面，改变图层的顺序和属性可以改变图像的最后效果。

通过对图层的操作，使用它的特殊功能可以创建很多复杂的图像效果。图层面板上显示了图像中的所有图层、图层组和图层效果，我们可以使用图层面板上的各种功能来完成一些图像编辑任务，如创建、隐藏、复制和删除图层等。还可以使用图层模式改变图层上图像的效果，如添加阴影、外发光、浮雕等。另外我们可以对图层的光线、色相、透明度等参数修改来制作不同的效果。图层面板如图 4-1-7 所示。

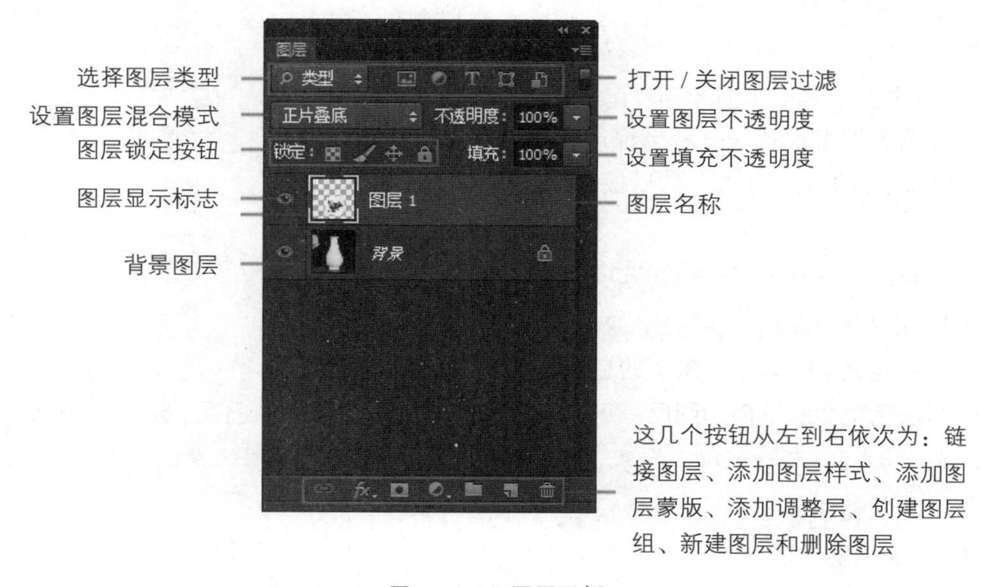

图 4-1-7　图层面板

2. 图层的分类

Photoshop 中的图层有多种类型，如普通图层、背景图层、调整图层、填充图层、形状图层和文本图层等，各图层类型的作用如下。

- 普通图层：是 Photoshop 中最基本、最常用的图层。为方便编辑图像，常常需要创建普通图层，并将图像的不同部分放置在不同的图层中。
- 背景图层：新建的图像通常只有一个图层，那就是背景图层。背景图层具有永远都在最下层、无法移动其内的图像（选区内的图像除外）、不能包含透明区域（透明区域是图层中没有像素的区域，这些区域将显示该图层下方图层中的内容）、无法应用图层样式和蒙版，以及可以在其上进行填充或绘画等特点。
- 文字图层：使用文字工具创建文本时自动创建的图层，只能用来存放文本。

● 形状图层：利用形状工具绘制形状时自动创建的图层，只能用来存放形状。

● 调整图层和填充图层：用来无损调整该图层下方图层中图像的色调、色彩和填充。

3. 图层的混合模式

图层混合模式可以设置当前图层如何与下方图层进行颜色混合，以创建各种特殊融合效果。使用混合模式很简单，只要选中要添加混合模式的图层，然后在图层面板的混合模式菜单中找到所要的效果，如图 4-1-8 所示。应用这些模式之前我们先明确几个术语。

● 基色：是当前图层下方图层的颜色。

● 混合色：是当前图层的颜色。

● 结果色：是混合后得到的颜色。

设置图层混合模式时，若想快速在各图层混合模式之间切换，可先选中要混合的图层，然后按【SHIFT++】或【SHIFT+-】组合键。

下面介绍一下各类混合模式选项。

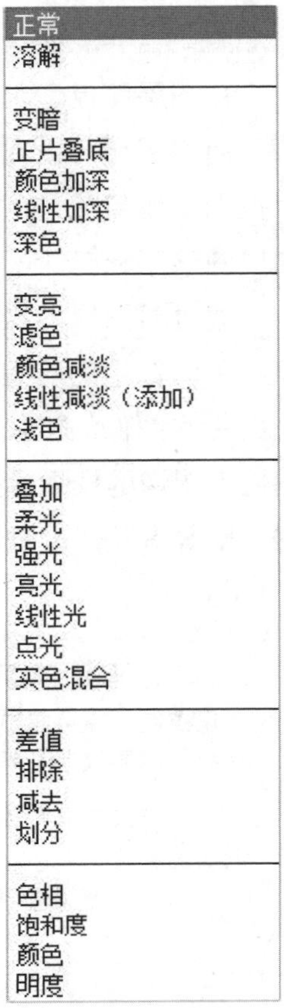

（1）正常模式组

正常
溶解

变暗
正片叠底
颜色加深
线性加深
深色

变亮
滤色
颜色减淡
线性减淡（添加）
浅色

叠加
柔光
强光
亮光
线性光
点光
实色混合

差值
排除
减去
划分

色相
饱和度
颜色
明度

图 4-1-8　混合模式菜单

正常：这是 Photoshop 默认的色彩混合模式，此时上层图层中的图像完全覆盖下面的图层。可以通过修改图层不透明度来透视下层中的图像。

溶解：编辑或者绘制每个像素，使其成为结果色，但是根据像素位置的不透明度，随机替换基色和混合色。

（2）变暗模式组

变暗：查看每种颜色的颜色信息，选择基色和混合色中较暗的颜色作为结果色，比混合色亮的像素被替换，比混合色暗的像素保持不变 。

正片叠底：查看每种颜色的颜色信息，并将基色和混合色复合（任何颜色与白色复合保持不变，与黑色复合变为黑色），所以结果色总是较暗的颜色。由于存在复合的步骤，所以正片叠底的效果比变暗模式显得更加自然和柔和，所以，这个也是很常用的叠加模式了。

颜色加深：查看每种颜色的颜色信息，通过增加对比度使基色变暗来反衬混合色，当然，与白色混合后不产生任何变化。

线性加深：查看每种颜色的颜色信息，通过减小亮度使基色变暗来反衬混合色，与白色混合不产生变化，与颜色加深模式有些类似。

深色：查看基色和混合色的信息，选取其中较深的颜色作为混合色，不会产生新的颜色。

（3）变亮模式组

变亮：查看每种颜色的颜色信息，选择基色和混合色中较亮的颜色作为结果色，比混合色暗的像素被替换，比混合色亮的像素保持不变。

滤色：查看每种颜色的颜色信息，并将基色和混合色复合（任何颜色与黑色复合保持不变，与白色复合变为白色），所以结果色总是较亮的颜色。

颜色减淡：查看每种颜色的颜色信息，通过增加对比度使基色变亮来反衬混合色，与黑色混合后不产生任何变化。

线性减淡：查看每种颜色的颜色信息，通过增加亮度使基色变暗来反衬混合色，与黑色混合不产生变化，与颜色减淡模式有些类似。

浅色，查看基色和混合色的信息，选取其中较浅的颜色作为混合色，不会产生新的颜色。

（4）叠加模式组

叠加：复合或者过滤颜色，具体取决于基色，图案或者颜色在现有基础上相加，同时保留基色的明暗对比，不替换基色，但基色与混合色互相混合后反映颜色的亮度和暗度。

柔光：使颜色变亮或者变暗，具体取决于混合色。

强光：复合或过滤颜色，具体取决于混合色。

亮光：通过增加或者减小对比度来使图像更亮或者更暗，具体取决于混合色。

线性光：线性光是“线性加深”和“线性减淡”的马太效应组合，亮的更亮，暗的更暗。

点光：点光就是“变亮”和“变暗”的马太效应组合，亮的更亮，暗的更暗。

实色混合：查看每个通道的颜色信息，根据混合色替换颜色，如果混合色比 50% 的灰色亮，则替换此混合色为白色，反之，则为黑色。

（5）差值模式组

差值：查看每个颜色的颜色信息，从基色中减去混合色，或者从混合色中减去基色，具体看谁的颜色数值更大，与白色混合反转基色值，与黑色混合不产生变化。

排除：效果跟差值类似，但是对比度更低的效果。

减去：查看各通道的颜色信息，并从基色中减去混合色。如果出现负数就剪切为零。与基色相同的颜色混合得到黑色；白色与基色混合得到黑色；黑色与基色混合得到基色。

划分：查看每个通道的颜色信息，并用基色分割混合色。基色数值大于或等于混合色数值，混合出的颜色为白色。基色数值小于混合色，结果色比基色更暗。因此结果色对比非常强。白色与基色混合得到基色，黑色与基色混合得到白色。

（6）色相组

色相：结果色保留混合色的色相，饱和度及明度数值保留明度数值。

饱和度：用混合色的饱和度以及基色的色相和明度创建结果色，颜色模式是用混合色的色相，饱和度以及基色的明度创建结果色。

明度：利用混合色的明度以及基色的色相与饱和度创建结果色。它跟颜色模式刚好相反，因此混合色图片只能影响图片的明暗度，不能对基色的颜色产生影响，黑、白、灰除外。黑色与基色混合得到黑色；白色与基色混合得到白色；灰色与基色混合得到明暗不同的基色。

1.6 拓展练习

使用素材“拓展 4−1 背景 .jpg”“拓展 4−1 化妆品 .png” “拓展 4−1 水花 .psd”和“拓展 4−1 文字 .psd”制作如图 4−1−9 补水化妆品海报效果。

图 4−1−9 制作补水化妆品海报效果图

制作提示：使用移动工具移动图像，使用“叠加”“正片叠底”“颜色加深”“线性加深”等图层混合模式制作图层混合效果。

任务二 图层样式——制作水珠效果

2.1 任务描述

素材位置：PS 基础教程 / 素材 /CH04/4−2 荷叶 .jpg。

效果位置：PS 基础教程 / 效果 /CH04/4−2 制作水珠 .psd。

任务描述：使用图层样式制作荷叶上的水珠，最终效果如图 4−2−1 所示。

图 4-2-1　制作水珠效果图

2.2　任务目标

1. 了解什么是图层样式及其作用。

2. 掌握图层样式的使用方法。

2.3　学习重点和难点

1. 图层样式的概念及各种样式的作用。

2. 图层样式的用法。

2.4　任务实施

【关键步骤思维导图】

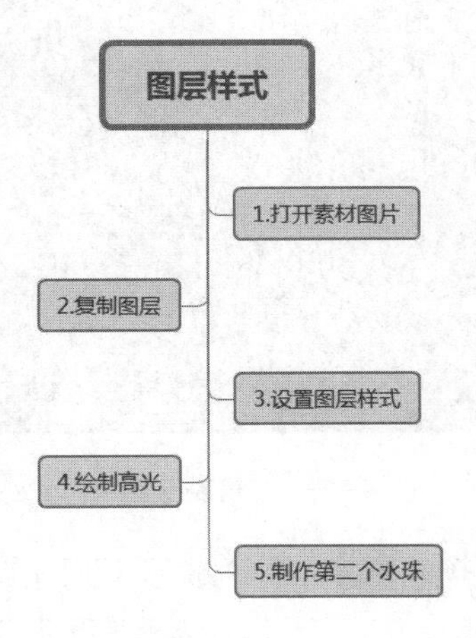

步骤 1：按下【CTRL+O】组合键，打开“4-2 荷叶 .jpg”。效果如图 4-2-2 所示。

图 4-2-2　打开荷叶背景

步骤 2：按【CTRL+J】复制一层，使用椭圆工具绘制一个圆形选区，按【CTRL+J】把选区复制出来，命名为“水珠 1”。效果如图 4-2-3 所示。

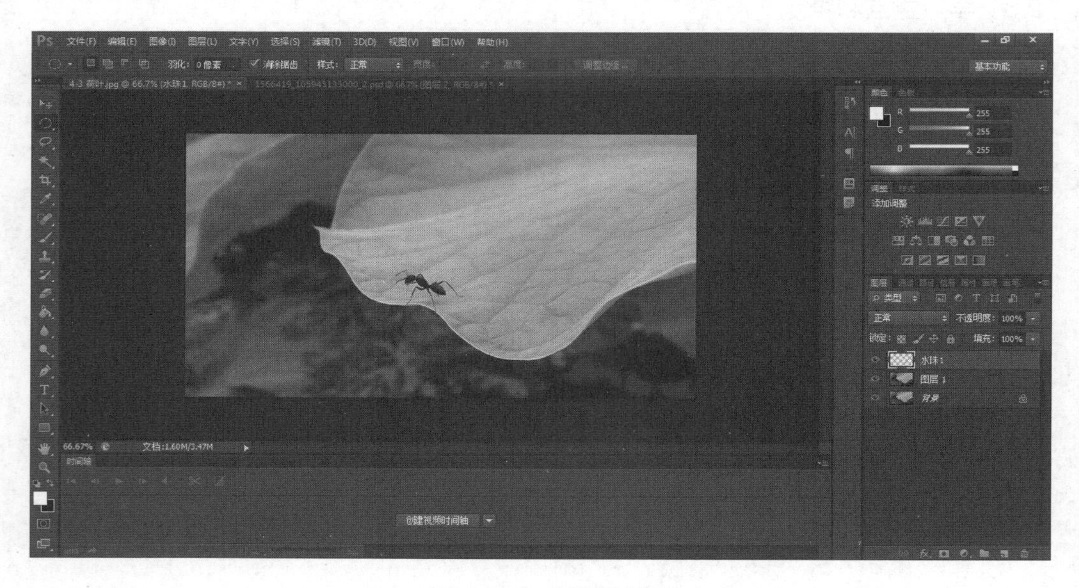

图 4-2-3　复制选区

步骤 3：单击添加图层样式按钮 fx，给“水珠 1”图层添加投影样式，参数设置及效果如图 4-2-4 和图 4-2-5 所示。

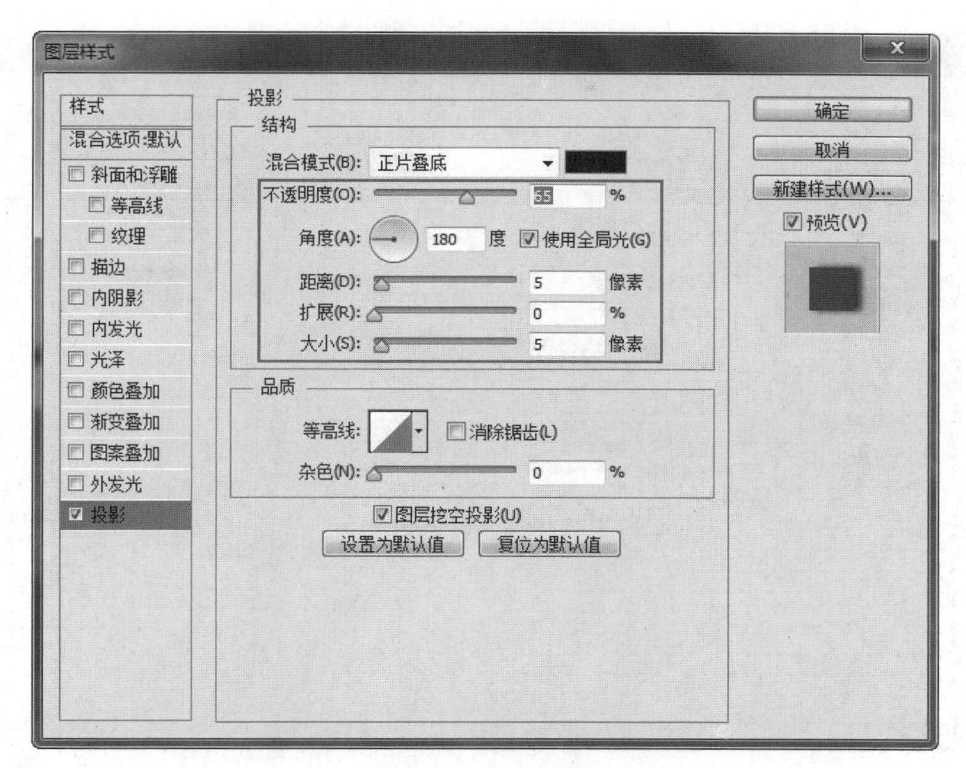

图 4-2-4　投影样式

图 4-2-5　添加投影样式后效果

步骤 4：继续给“水珠 1”图层添加内阴影样式，参数设置及效果如图 4-2-6 及 4-2-7 所示，此时立体感基本出来了。

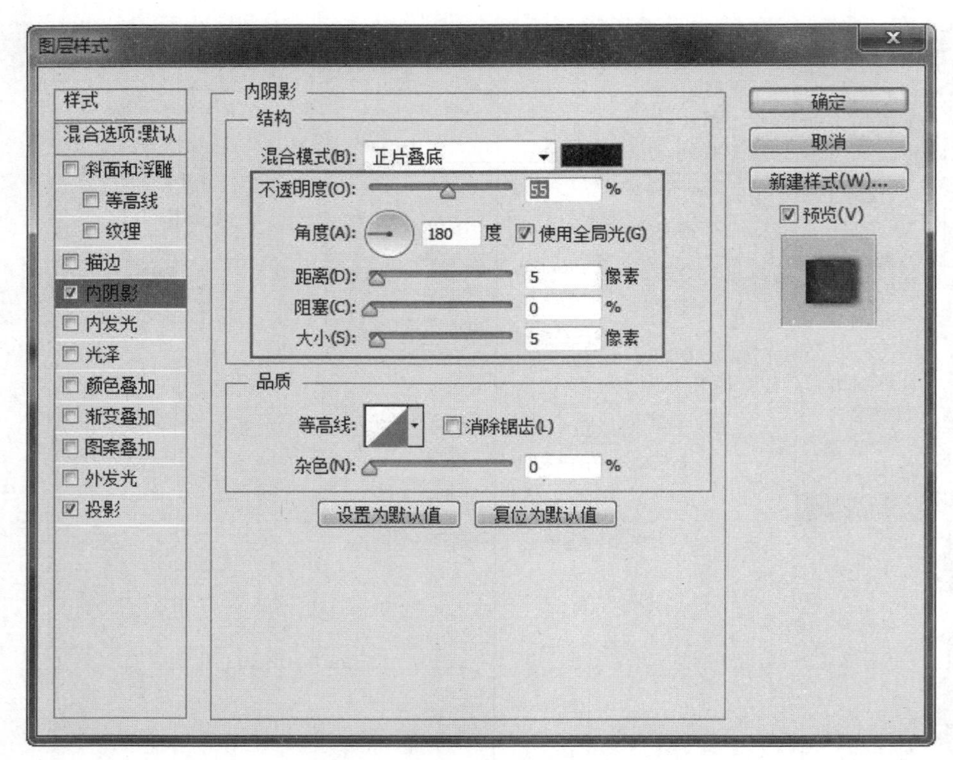

图 4-2-6　内阴影样式设置

图 4-2-7　添加内阴影样式后效果

步骤 5：新建一个空白图层，命名为“高光”，选择画笔工具，设置笔刷形状为圆形，大小为 20 像素、硬度为 0、不透明度和流量均为 40%，将前景色设置为白色，在水珠上适当涂抹，做出高光效果。效果如图 4-2-8 所示。

图 4-2-8　使用画笔工具为水珠添加高光

步骤 6：下面开始制作第二个水珠，使用椭圆工具再次选择一个圆形选区，复制“图层 1”的内容，命名为“水珠 2”，在“图层”面板中将光标移至“水珠 1”图层的 fx 符号上，单击右键，选择快捷菜单中的“拷贝图层样式”命令，再到“水珠 2”图层上，单击右键，选择“粘贴图层样式”命令，将“水珠 1”的样式复制粘贴到“水珠 2”图层上。操作及效果如 4-2-9、图 4-2-10 和图 4-2-11 所示。

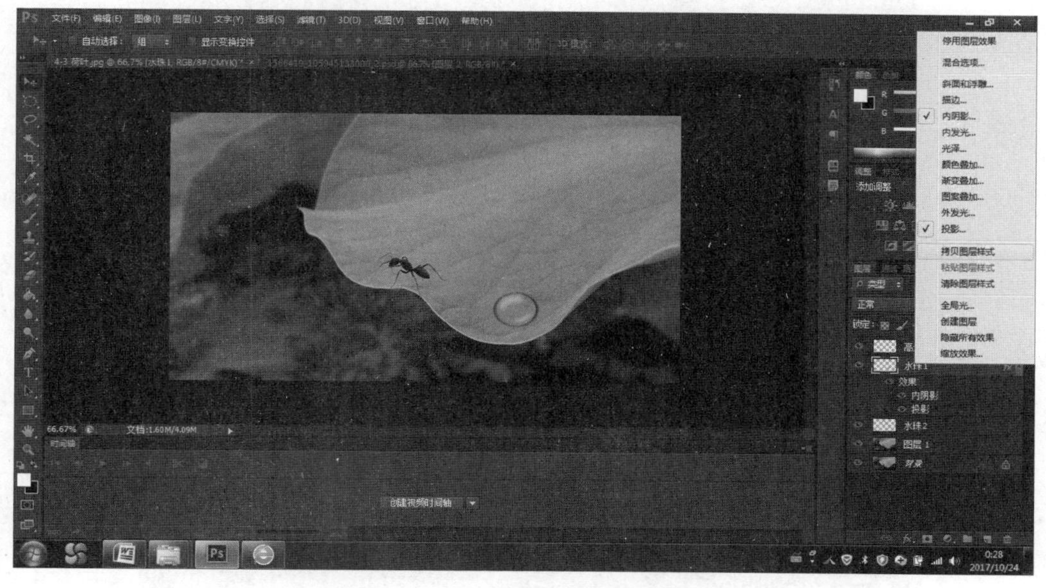

图 4-2-9　拷贝图层样式

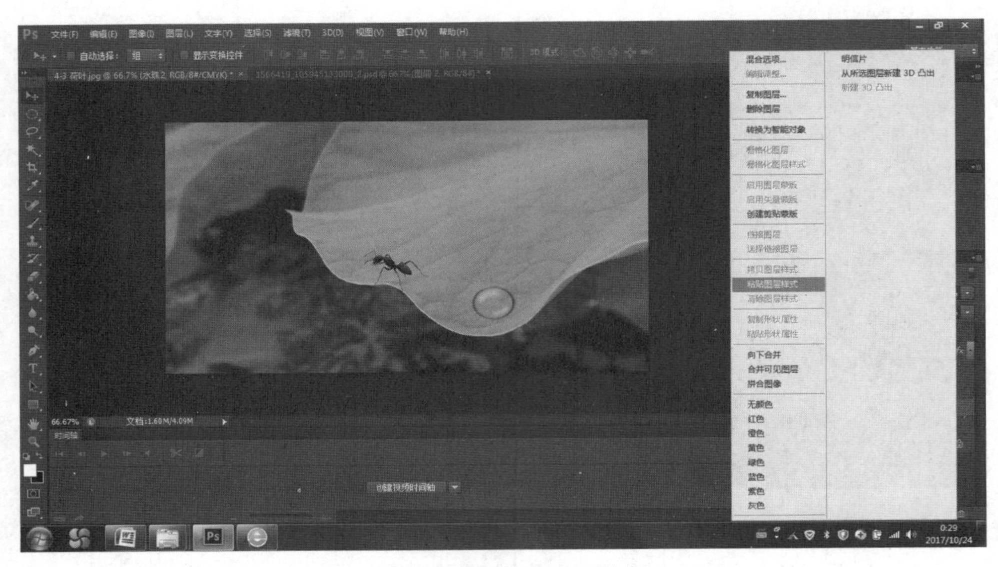

图 4-2-10　粘贴图层样式

图 4-2-11　粘贴图层样式效果

步骤 7：使用合适画笔，在“高光”层上，为“水珠 2”添加高光，按【CTRL+S】保存文件。最终效果如图 4-2-12 所示。

图 4-2-12　最终效果

【课堂提问】

1. 如何为图层添加图层样式？
2. 如何复制、粘贴图层样式？

【随堂笔记】

2.5　知识要点

1. 图层样式的概念

图层样式是 Photoshop 中一个用于制作各种效果的强大功能，利用图层样式功能，可以简单快捷地制作出各种立体投影，各种质感以及光影特效。与不用图层样式的传统操作方法相比较，图层样式具有速度更快、效果更精确，可编辑性更强等无法比拟的优势。

2. 添加图层样式的方法

方法 1：点击导航栏目 fx 按钮，弹出图层样式菜单，选择样式并单击，进入图层样式设置界面，如图 4-2-13 所示。

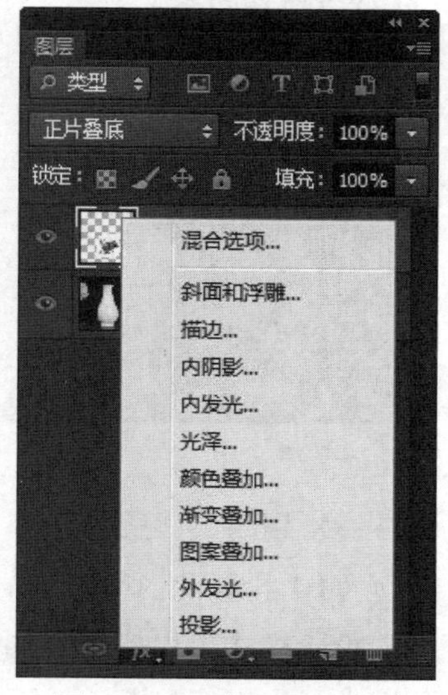

图 4-2-13　设置图层样式

方法 2：另一种快速进行图层样式设置的方式是双击图层面板中图层图标的后半部分，双击后会直接弹出图层样式设置界面。

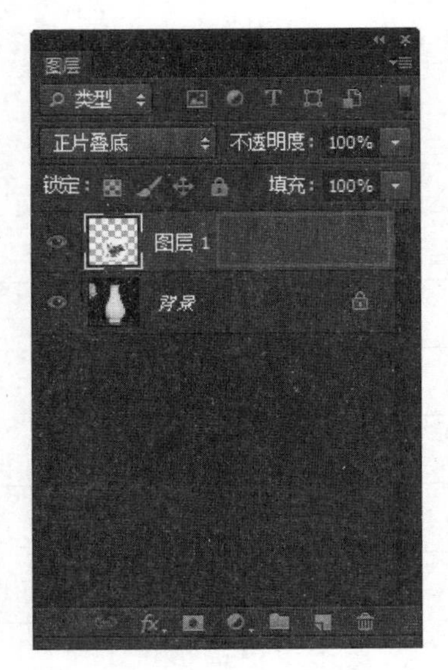

图 4-2-14　双击红包框线区域

方法 3：执行菜单命令“图层 > 图层样式”，选择样式，进行设置。

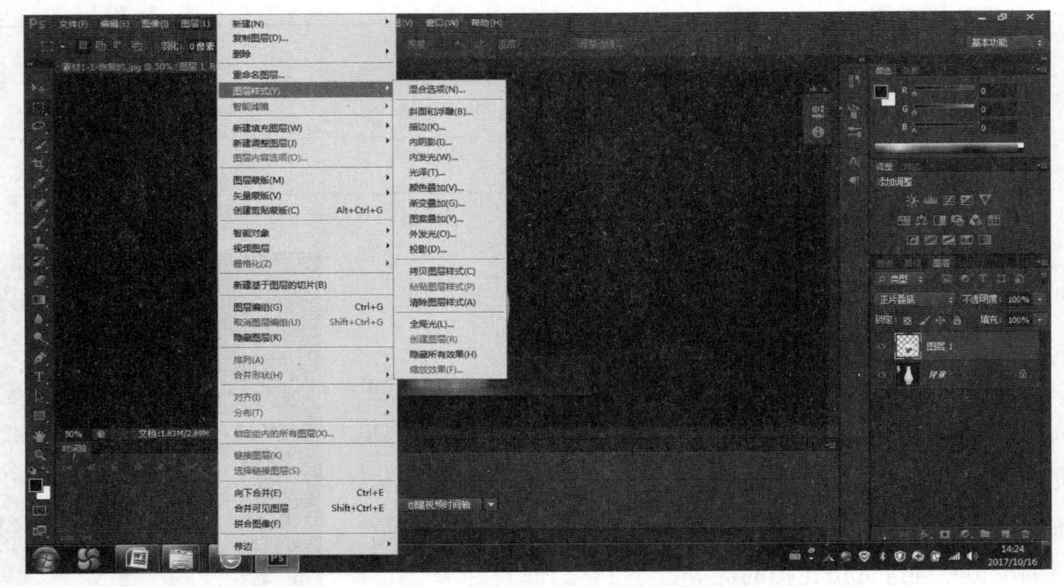

图 4-2-15　菜单设置图层样式

3. 常用图层样式简介

（1）投影和内阴影

投影样式可以模拟不同角度的光源，给图层内容添加一种阴影效果，使平面的图像从视觉上产生浮起来的立体感；内阴影样式可以在图像内部添加阴影效果，如图 4-2-16、

图 4-2-17 和图 4-2-18 所示。

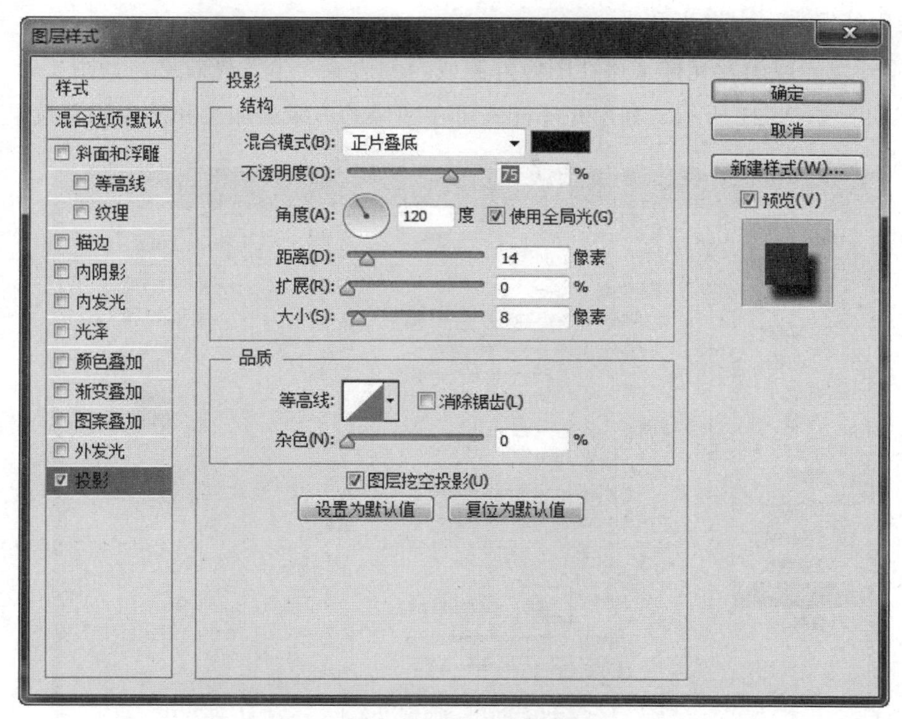

图 4-2-16　投影参数设置

图 4-2-17　投影样式

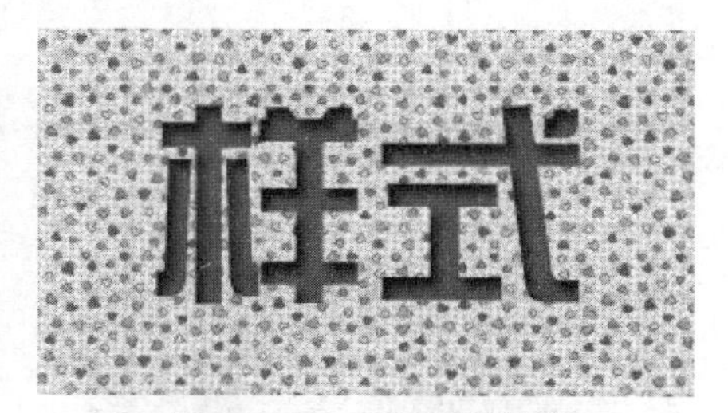

图 4-2-18　内阴影样式

下面简单介绍一下投影样式各重要参数的作用。

- 混合模式：在其下拉列表中可以选择所加阴影与原图层图像合成的模式。若单击其右侧的色块，可在弹出的“拾色器”对话框中设置阴影的颜色。
- 不透明度：用于设置投影的不透明度。
- 使用全局光：选中该复选框，表示为同一图像中的所有层使用相同的光照角度。
- 距离：用于设置投影的偏移程度。
- 扩展：用于设置阴影的扩散程度。
- 大小：用于设置阴影的模糊程度。
- 等高线：在右侧的下拉列表中可以选择阴影的轮廓。
- 杂色：用于设置是否使用杂点对阴影进行填充。

● 图层挖空阴影：选中该复选框可以设置图层的外部投影效果。

（2）外发光、内发光和光泽

利用外发光或内发光样式可在图像外侧或内侧边缘产生发光效果，如图 4-2-19、图 4-2-20 和图 4-2-21 所示。利用光泽样式可在图像的边缘添加柔和的内阴影效果。

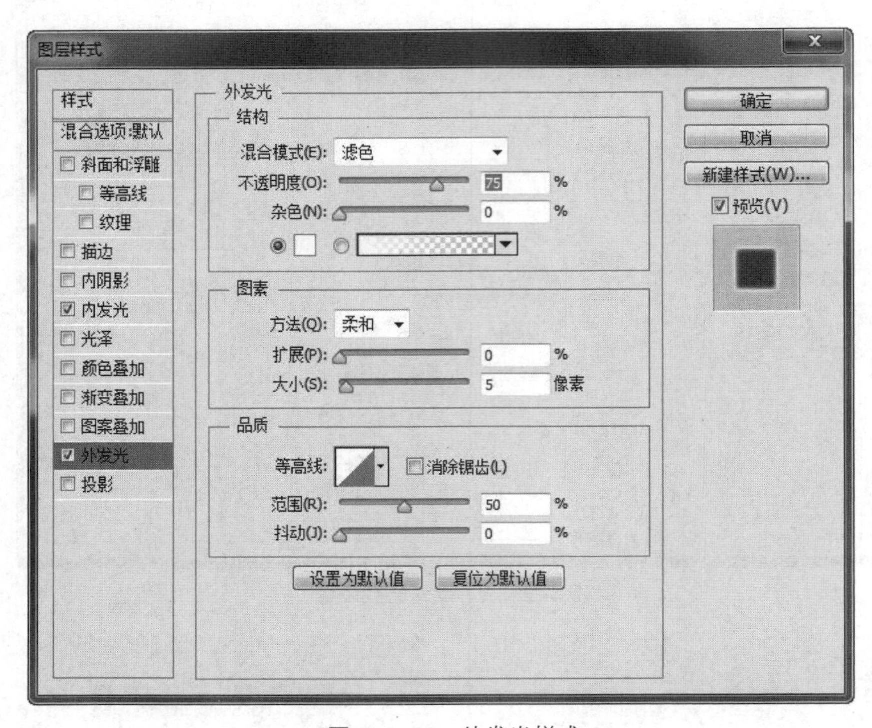

图 4-2-19　外发光样式

图 4-2-20　外发光效果

图 4-2-21　内发光效果

下面简要介绍一下外发光样式各重要参数的作用。

● ：选中单选按钮，单击右侧的颜色块，可以从打开的“拾色器”对话框中选择一种纯色发光颜色；选中单选按钮，可以在其右侧的下拉列表框中选择一种渐变发光颜色。

● 方法：用于选择对外发光效果。当选择“柔和”选项时，将使外发光效果更柔和。

●范围：用于设置外发光效果的轮廓范围。

●抖动：用于设置在外发光中随机产生的杂点数。

（3）斜面和浮雕

斜面和浮雕样式是 Photoshop 图层样式中最复杂的，其中包括内斜面、外斜面、浮雕效果、枕形浮雕和描边浮雕样式，可用于制作各种凹陷或凸出的浮雕图像或文字，如图 4-2-22 至图 4-2-26 所示。

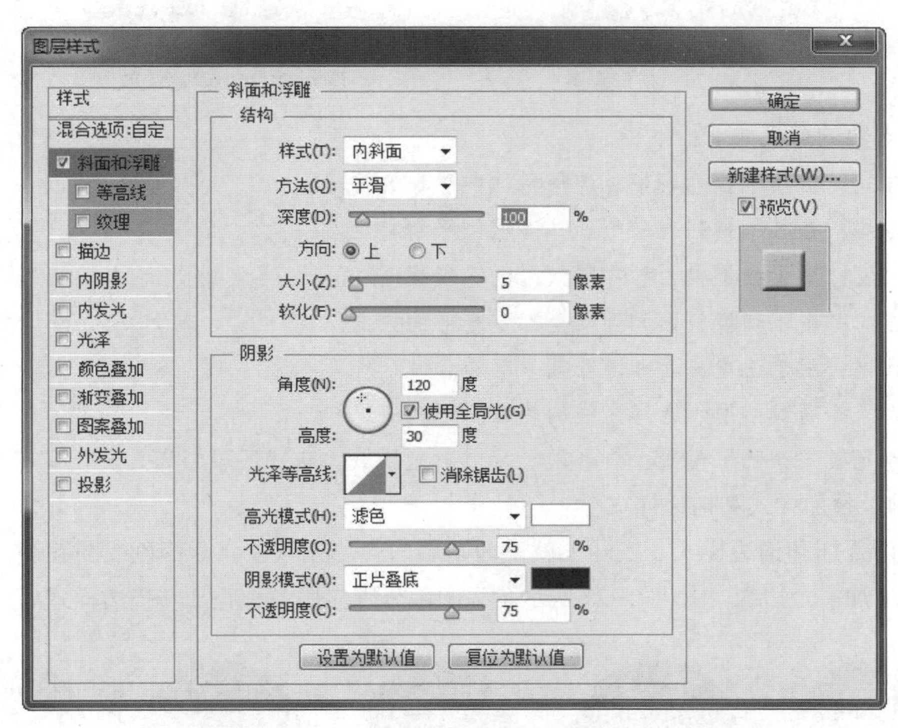

图 4-2-22　斜面和浮雕样式

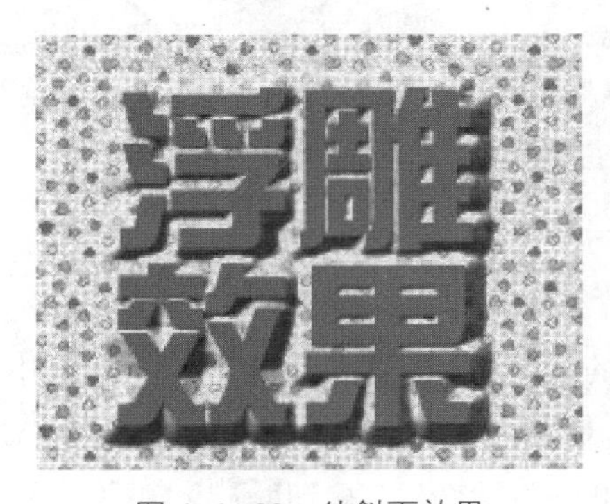

图 4-2-23　外斜面效果

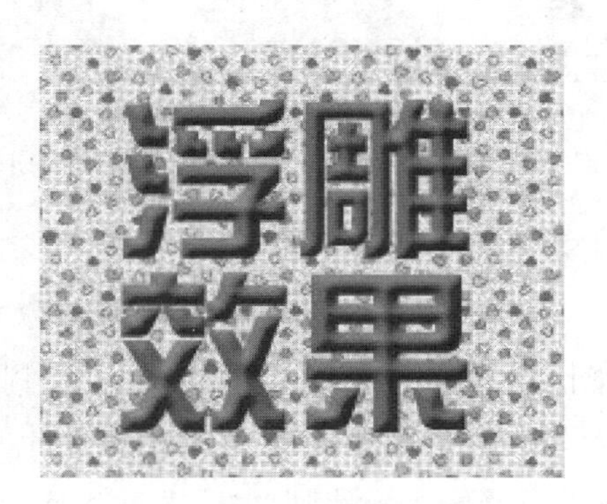

图 4-2-24　内斜面效果

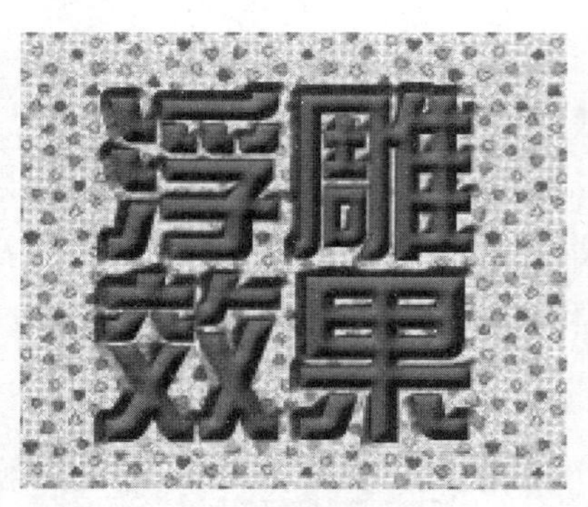

图 4-2-25 枕形浮雕

图 4-2-26 等高线效果

各参数的意义如下：

- 样式：在其下拉列表中可选择斜面和浮雕的样式。
- 方法：在其下拉列表中可选择浮雕的平滑特性。
- 深度：用于设置斜面和浮雕效果的深浅程度。
- 方向：用于切换斜面和浮雕亮部、暗部的方向。
- 软化：用于设置斜面和浮雕效果的柔和度。
- 光泽等高线：用于选择光线的轮廓。
- 高光模式和阴影模式：分别用于设置高光区域和暗部区域的模式。

（4）叠加样式和描边样式

所谓叠加和描边样式，实际上就是向图层内容填充颜色、渐变色或图案等，或为图层内容增加一个边缘。图 4-2-27 所示是为图像分别应用各种叠加与描边样式后的效果。

图 4-2-27 图层应用各种叠加和描边的效果

4. 图层样式的开关与清除

对图层添加了样式之后，还可对其进行查看，以及开、关和清除等操作。

在“图层”面板中单击样式效果列表左侧的眼睛图标可将相应的样式关闭（隐藏），如图 4-2-28 所示；再次单击此处，将打开（显示）该图层样式。

将不需要的样式拖拽到“图层”面板底部的“删除图层”按钮上，可将该样式删除，如图 4-2-29 所示。

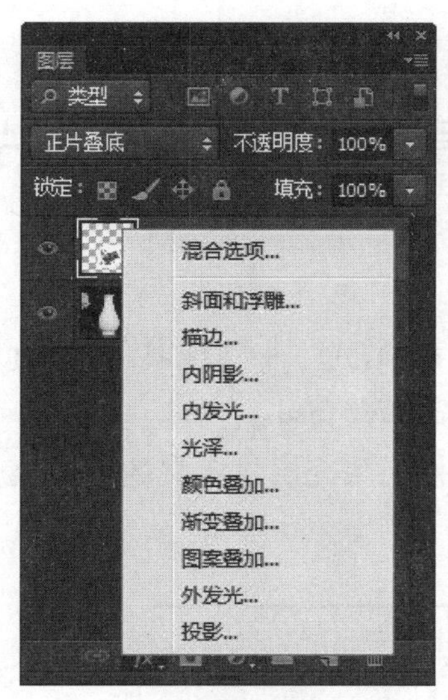

图 4–2–28　隐藏图层样式

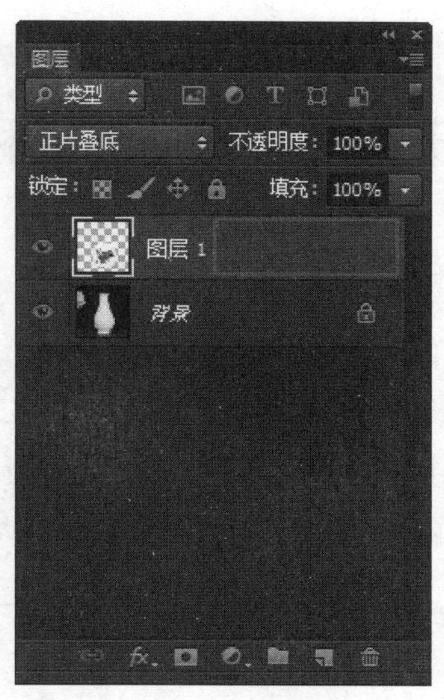

图 4–2–29　清除图层样式

2.6　拓展练习

使用“拓展 4–2 制作双 11 公告海报 .psd”制作如图 4–2–30 所示的双 11 公告海报效果。

图 4–2–30　双 11 公告海报效果图

制作提示：选择文本图层，使用“图层样式”对话框为文字添加投影、斜面和浮雕、颜色叠加、内发光等效果。

任务三　填充图层和调整图层——制作圣诞卡片

3.1　任务描述

素材位置：PS 基础教程 / 素材 /CH04/4–3 圣诞老人 .jpg、4–3 圣诞图案 .jpg。

效果位置：PS 基础教程 / 效果 /CH04/4–3 圣诞背景板 .psd。

任务描述：使用调整层调整圣诞老人的颜色，使用填充层将定义的图案填充到背景板中，最终效果如图 4–3–1 所示。

图 4–3–1　制作圣诞卡片效果图

3.2　任务目标

1. 了解什么是填充图层和调整图层。
2. 掌握填充图层和调整图层的创建方法。

3.3　学习重点和难点

1. 填充图层和调整图层的概念。
2. 填充图层和调整图层的创建方法。
3. 灵活运用填充图层和调整图层。

3.4　任务实施

【关键步骤思维导图】

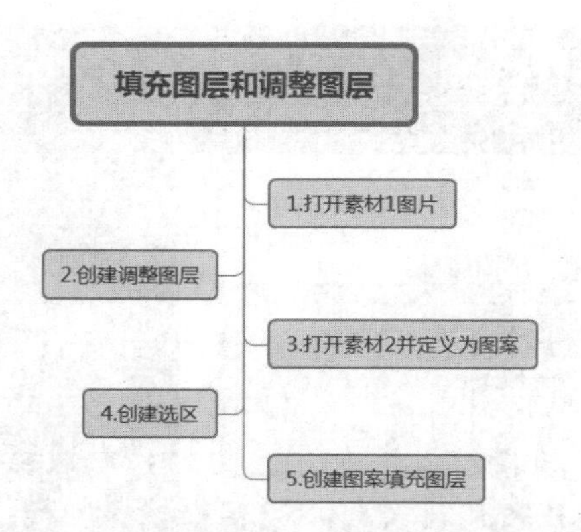

步骤 1：打开素材“4-3 圣诞老人 .jpg”，单击“图层”面板底部的“创建新的填充或调整层”按钮，从弹出的列表中选择“色相 / 饱和度”命令，如图 4-3-2 所示。

图 4-3-2　创建调整图层

步骤 2：在打开的“调整”面板的“色相 / 饱和度”设置界面中设置“色相”为 -120，“饱和度”为 60，此时创建的“色相 / 饱和度”调整层面板及图像效果如图 4-3-3 和图 4-3-4 所示。

图 4-3-3　色相 / 饱和度面板

图 4-3-4　创建调整层后的效果

步骤 3：打开素材“4-3 圣诞图案.jpg”，选择“编辑 > 定义图案”菜单项，打开“图案名称”对话框，输入“圣诞快乐”，单击“确定”按钮，如图 4-3-5 所示。

图 4-3-5　定义图案

步骤 4：切换到“4-3 圣诞老人.jpg”窗口，然后利用“魔棒工具”在背景板的内部创建选区，如图 4-3-6 所示。

图 4-3-6　创建选区

步骤 5：单击“图层”面板底部的“创建新的填充或调整图层”按钮，从弹出的列表中选择“图案”选项，打开“图案填充”对话框，选择前面定义的图案，单击“贴紧原点”按钮，其他参数保持默认，单击“确定”按钮，如图 4-3-7 所示。

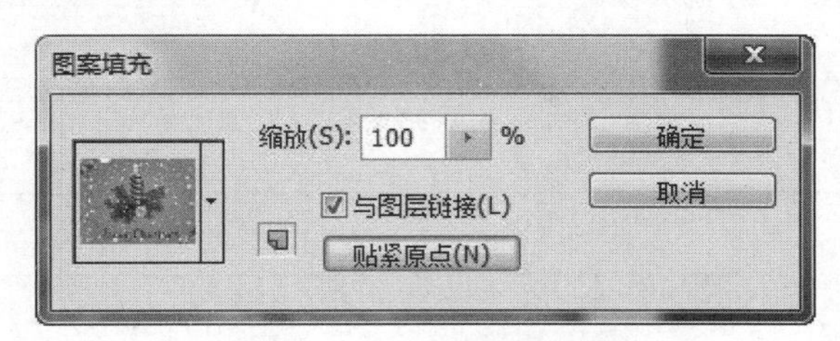

图 4-3-7　创建图案填充层

步骤 6：此时，在当前图层之上自动创建了一个图案填充图层，如图 4-3-8 所示。图像的最终效果如图 4-3-9 所示。

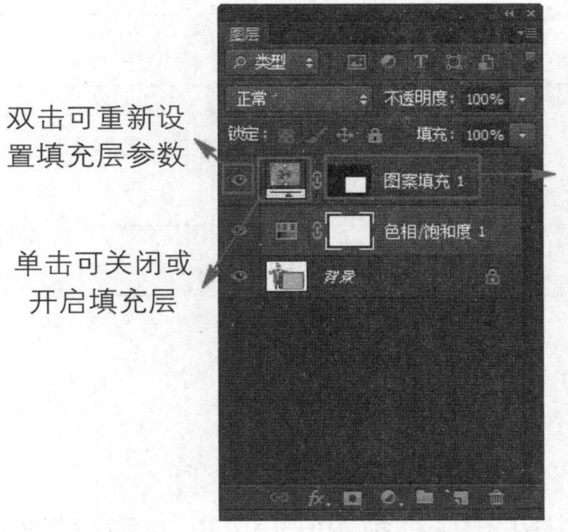

图 4-3-8　图层面板

图 4-3-9　最终效果

【课堂提问】

1. 什么是填充层和调整层?

2. 如何创建填充层和调整层?

【随堂笔记】

3.5 知识要点

1. 填充图层和调整图层简介

调整图层和填充图层都属于带蒙版的图层,利用它们可以在不改变源图像的情况下,调整图像的色彩或者填充图像。

填充图层可以用纯色、渐变或图案填充图层,并且可随时更换其内容,可通过编辑蒙版制作融合效果。与调整图层不同,填充图层不影响它们下面的图层。

调整图层将颜色和色调调整存储在调整图层中并应用于该图层下面的所有图层,可以通过一次调整来校正多个图层,而不用单独对每个图层进行调整。调整层对图像的调整是非破坏性的,不改变源图像。此外,还可以随时重新设置调整层的参数,调整它们的不透明度和混合模式,还可以将它们编组以便将调整应用于特定图层,以及开启、关闭调整层等。

2. 创建填充图层和调整图层的方法

创建填充图层和调整图层有以下几种方法。

方法 1: 选择“图层 > 新建填充图层”或“图层 > 新建调整图层”,然后选择一个选项,命名图层,设置图层选项,单击“确定”按钮,如图 4-3-10、图 4-3-11 和图 4-3-12 所示。

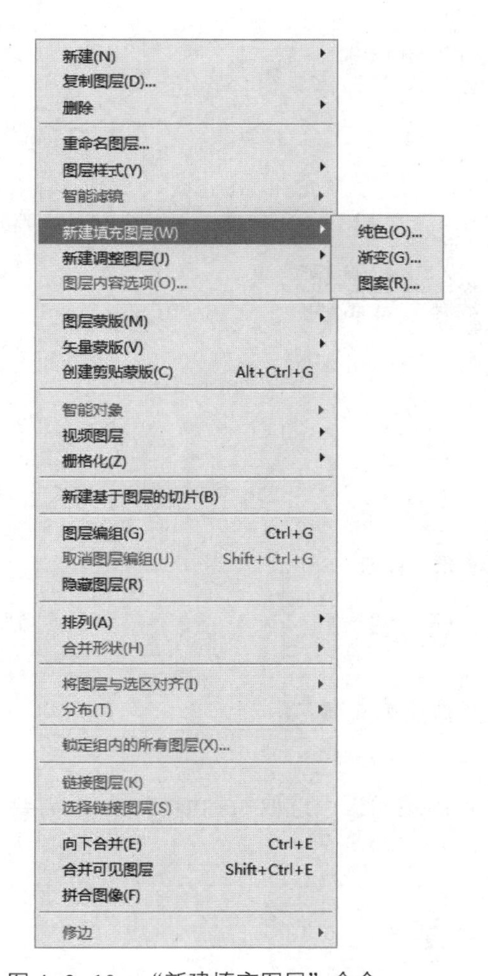

图 4-3-10　“新建填充图层”命令

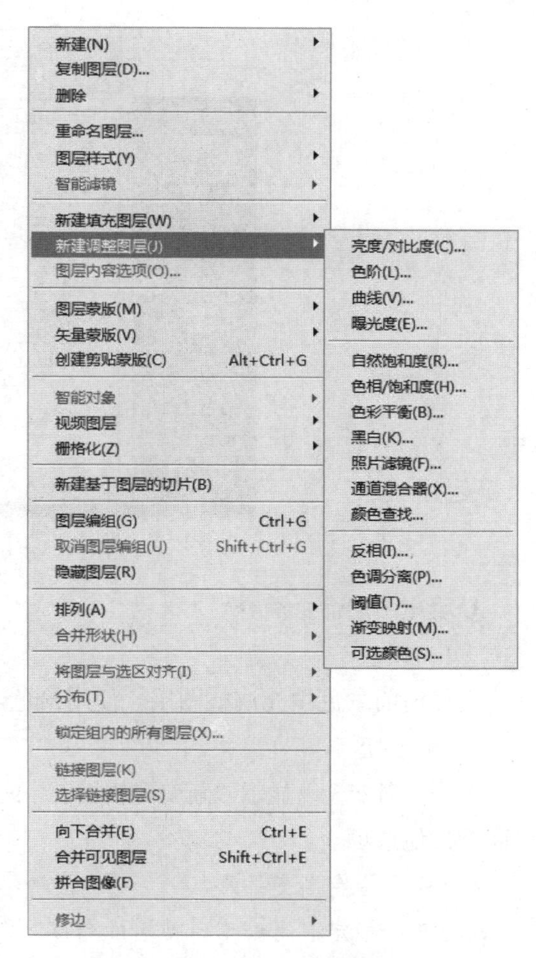

图 4-3-11　“新建调整图层”命令

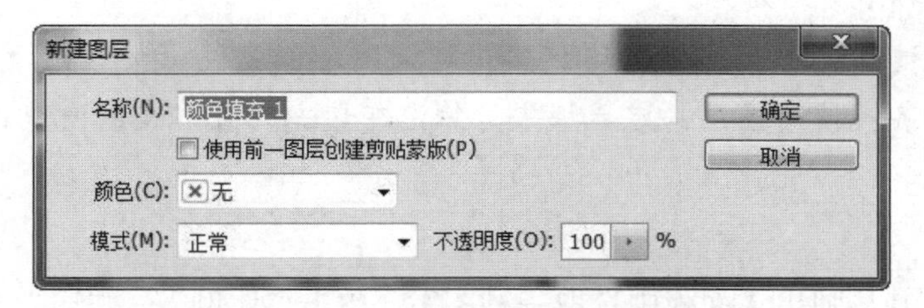

图 4-3-12　“新建图层”对话框

方法 2：单击“图层”面板底部的“新建调整图层”按钮，然后选择填充图层或调整图层类型。

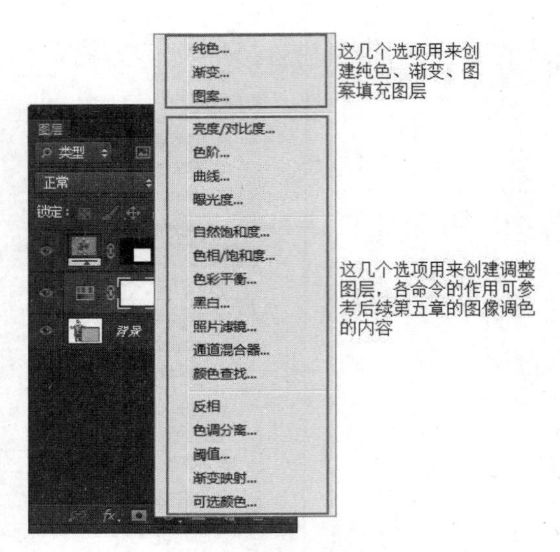

图 4-3-13　“新建调整层”按钮

3. 填充图层命令简介

（1）纯色

用当前前景色填充调整图层。使用拾色器选择其他填充颜色。

（2）渐变

单击“渐变”以显示“渐变编辑器”，或：从弹出式面板中选取一种渐变。如果需要，请设置其他选项。

- 样式：指定渐变的形状。
- 角度：指定应用渐变时使用的角度。
- 缩放：更改渐变的大小。
- 反向：翻转渐变的方向。
- 仿色：通过对渐变应用仿色降低带宽。
- 与图层对齐：使用图层的定界框来计算渐变填充。可以在图像窗口中拖动以移动渐变中心。

（3）图案

单击图案，并从弹出式面板中选取一种图案。单击“比例”，并输入值或拖动滑块。单击“贴紧原点”以使图案的原点与文档的原点相同。如果希望图案在图层移动时随图层一起移动，请选择“与图层链接”。选中“与图层链接”后，当“图案填充”对话框打开时可以在图像中拖移以定位图案。

调整图层各项命令参考后续第五章第三节图像调色内容。

3.6　拓展练习

使用“拓展 4-3 风景 .jpg”制作如图 4-3-14 所示风景调色效果。

图 4-3-14　风景调色效果图

制作提示：复制背景层，创建“色相 / 饱和度”调整图层和“纯色”填充图层，用画笔修改蒙版，并设置合适的图层混合模式，调出深秋红色调风景照。

任务四　图层复合、盖印图层与智能对象图层——制作宝宝相册

4.1　任务描述

素材位置：PS 基础教程 / 素材 /CH04/4-4 宝宝背景 .jpg、4-4 宝宝 1.jpg、4-4 宝宝 2.jpg、4-4 花 1.jpg、4-4 花 2.jpg、4-4 花 3.jpg。

效果位置：PS 基础教程 / 效果 /CH04/4-4 宝宝相册 .psd。

任务描述：使用智能对象置入素材，制作宝宝相册，最后盖印图层，最终效果如图 4-4-1 所示。

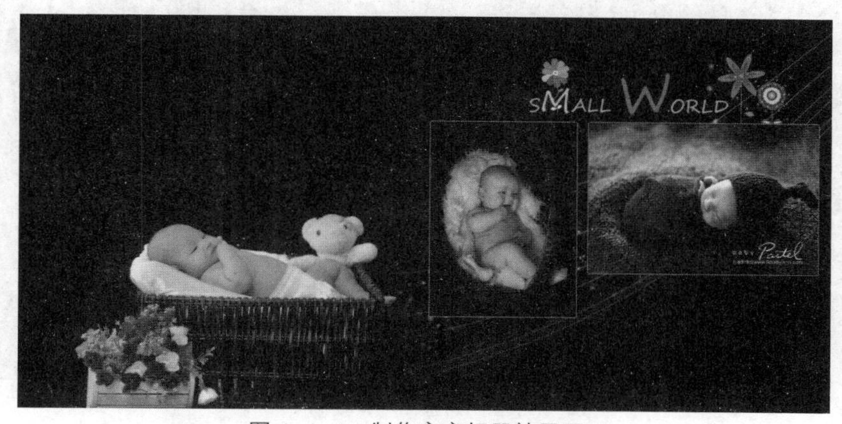

图 4-4-1　制作宝宝相册效果图

4.2 任务目标

1. 了解智能对象及其特点。
2. 掌握图层复合、盖印图层的方法。

4.3 学习重点和难点

1. 智能对象的概念及其特点。
2. 图层复合及盖印图层的方法。

4.4 任务实施

【关键步骤思维导图】

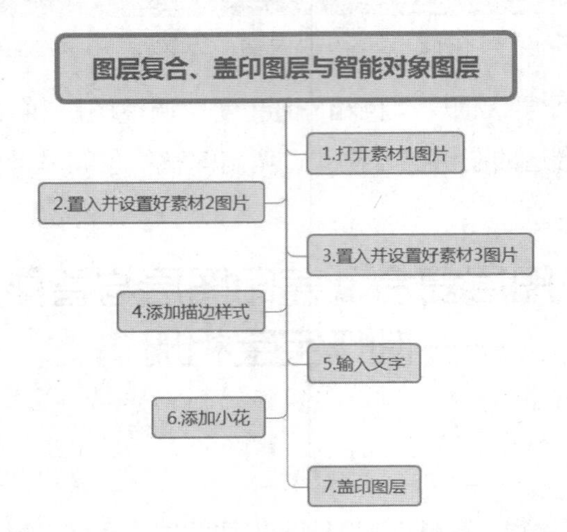

步骤 1：按下【CTRL+O】组合键，打开“4-4 宝宝背景.jpg”，效果如图 4-4-2 所示。

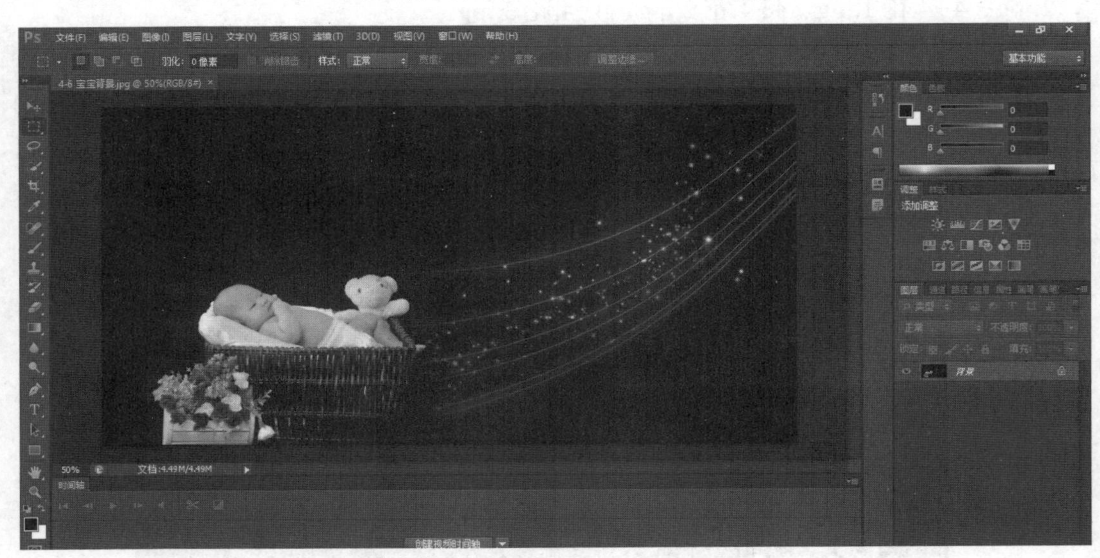

图 4-4-2　打开素材

步骤 2：选择菜单“文件 > 置入”命令，打开“置入”对话框，选择要置入的图片“4-4 宝宝 1.jpg”，单击“置入”按钮，如图 4-4-3 和图 4-4-4 所示。

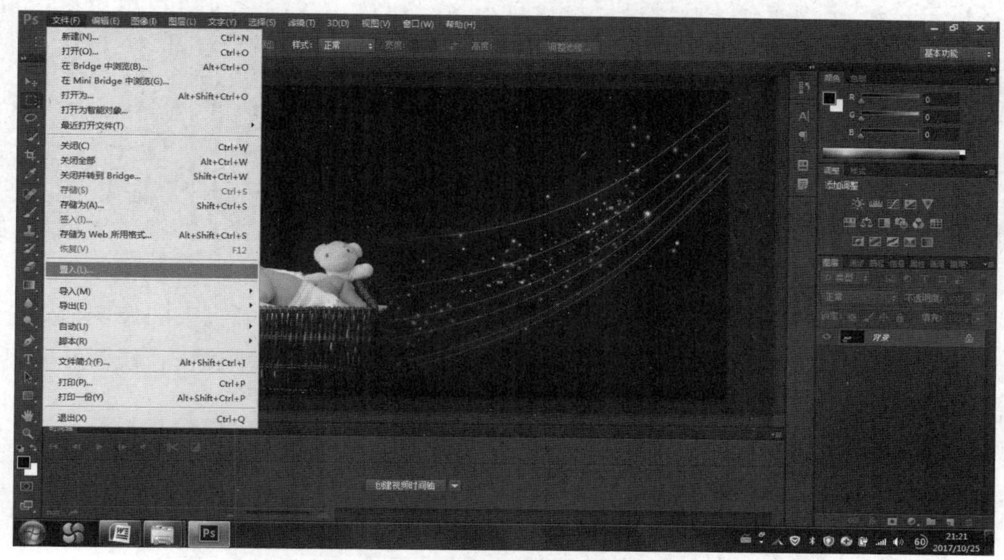

图 4-4-3　置入命令

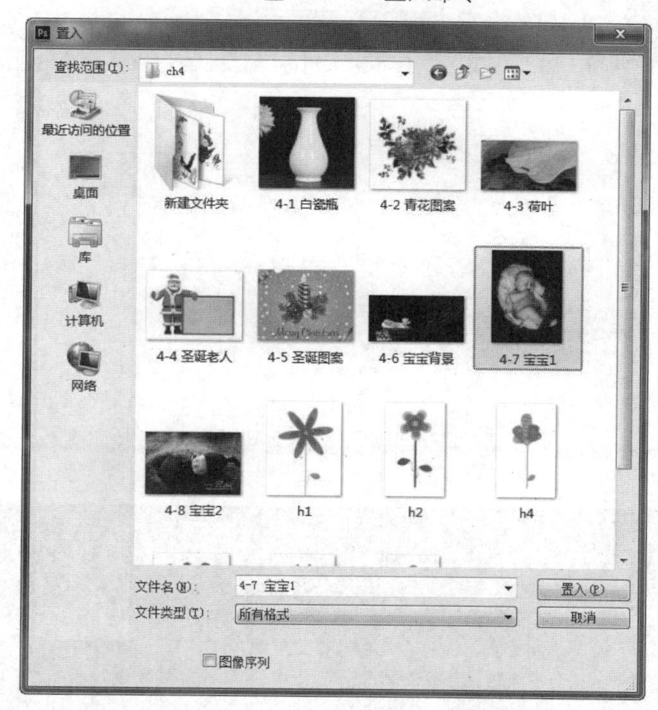

图 4-4-4　选择要置入的图像

步骤 3：被置入的图像导入当前文件后，是一个智能图层对象，会自动显示适应画布大小并显示调整框，进行适当自由变换后，按【ENTER】键确认，完成置入，如图 4-4-5 所示。Photoshop 中有些普通图层能使用的命令，在智能图层对象中不能使用。

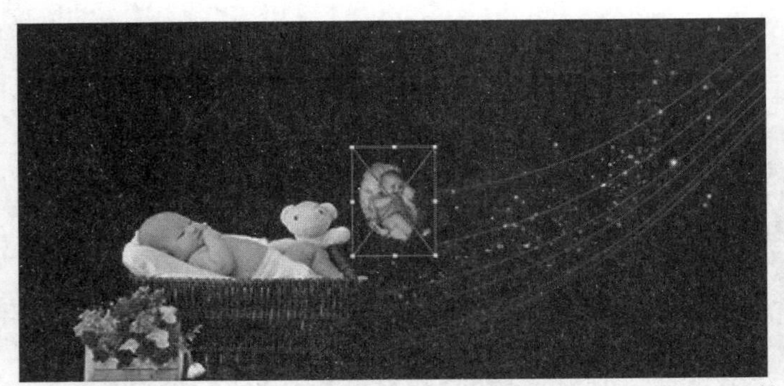
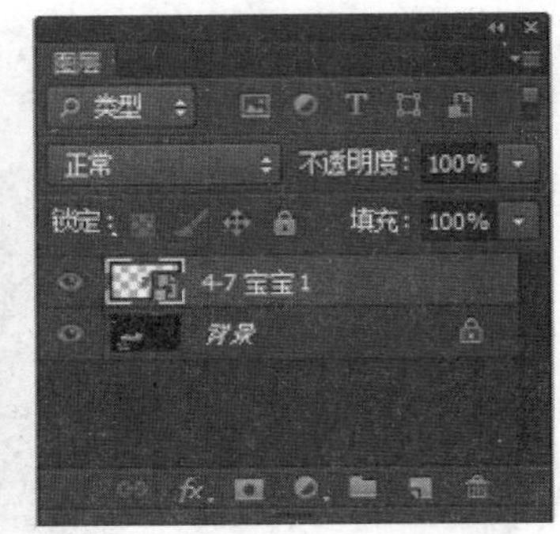

图 4-4-5　置入后的图像和图层效果

步骤 4：按照同样的方法，置入“4-4 宝宝 2.jpg”，并将两幅宝宝图像调整到合适的大小和位置，为两个图层添加描边样式，颜色为白色，大小为 1 像素，操作及效果如图 4-4-6 所示。

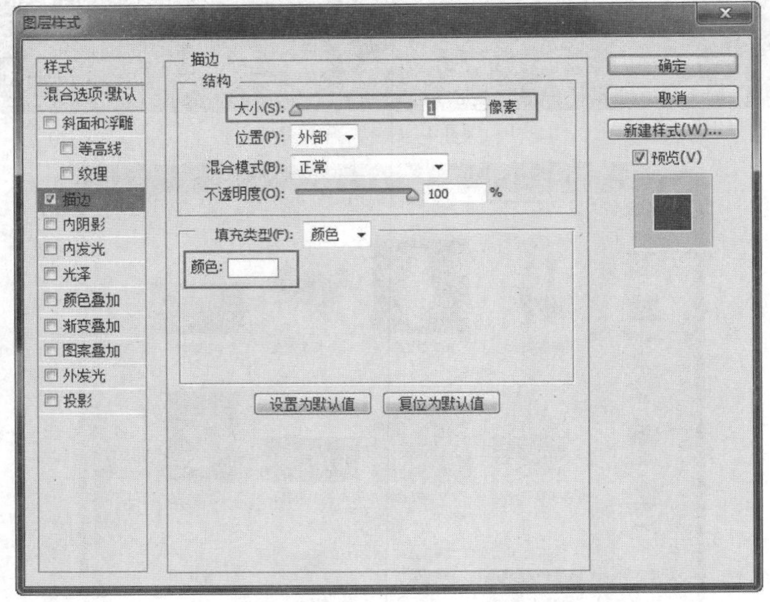

图 4-4-6　描边样式

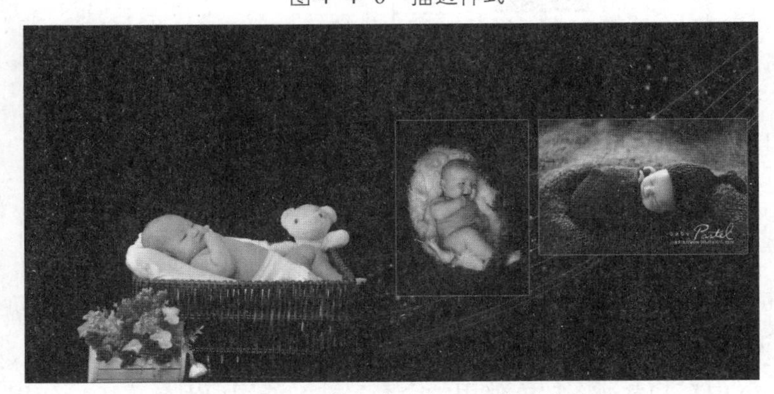

图 4-4-7　调整好大小位置和样式的效果

步骤 5：在两幅小图像的上部输入文字“SMALL WORLD”，并设置适宜的大小和颜色，效果如图 4-4-8 所示。

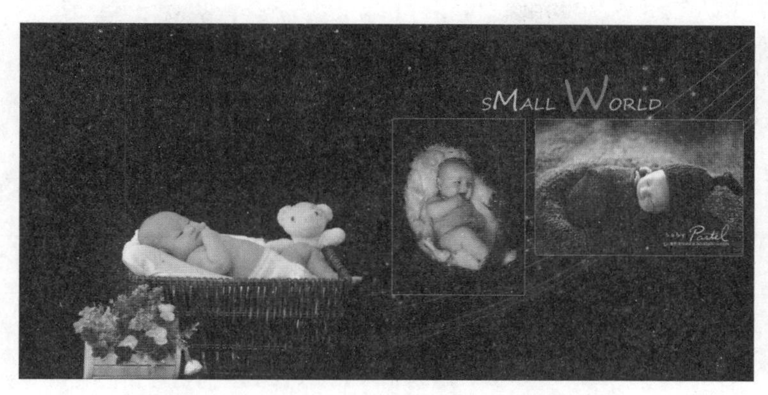

图 4-4-8　添加文字并调整大小和颜色

步骤 6：分别导入素材“4-4 花 1.jpg”“4-4 花 2.jpg”和“4-4 花 3.jpg”，并为其设置合适的大小和位置，如图 4-4-9 所示。

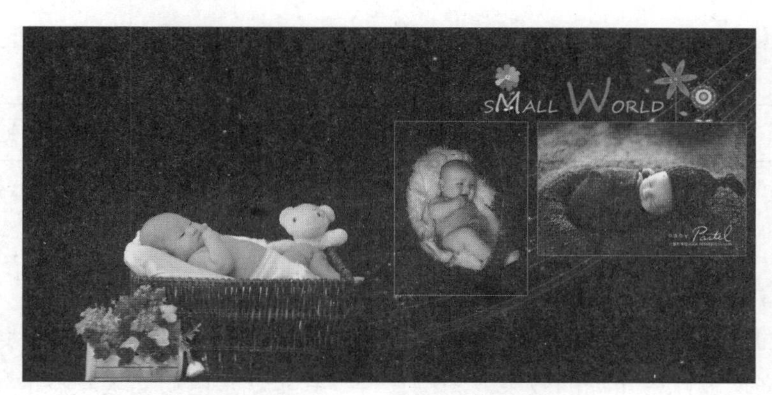

图 4-4-9　为图像添加花朵

步骤 7：按下【CTRL+SHIFT+ALT+E】组合键盖印所有图层，将多个图层的内容合并为一个图层，同时保持其他图层完好，盖印前后的图层面板对比如图 4-4-10 所示。

步骤 8：按【CTRL+S】保存文件，实例制作完成。

盖印图层前

盖印图层

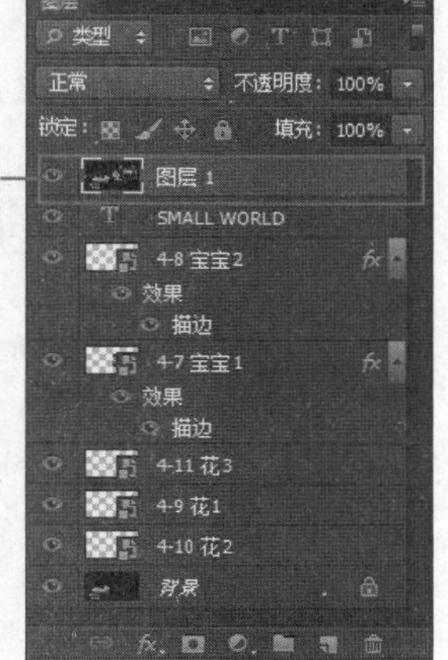

盖印图层后

图 4-4-10　盖印前后图层面板对比

【课堂提问】

1. 什么是智能对象？与普通图层有什么区别？

2. 如何盖印图层？盖印图层后图层面板有什么变化？

【随堂笔记】

4.5 知识要点

1. 图层复合

图层复合的作用就是将各图层的位置、透明度、样式等信息存储起来。之后可以简单地通过切换来比较几种布局的效果。图层复合，其实就是图层面板状态的快照，它记录了当前文件中的图层可视性、位置和外观（如图层的不透明度、混合模式、图层样式）。可视性指的是图层的显示与隐藏，位置指的是图层在图像中的位置，外观指的是图层的图层样式、不透明度以及混合模式。图层复合只能记录这三项，除此之外的其他均不做记录。通过图层复合可以快速地在文档中切换不同版面的显示状态、排版布局。

当图像最终修改完成之后，就可以对它进行图层复合，进行各种各样的布局，以便选择一个最好的。这个功能需通过“图层复合”面板在单个文件中创建，管理和查看版面的多个版本。因此，它的作用就是当我们向客户展示不同的设计方案时不用保存好多个不同的文件以显示不同的效果；我们只要在 PSD 文件中把不同的效果记录为不同的图层复合就可以了，在向客户展示的时候，只要打开 PSD 文件，切换不同的图层复合就可以显示不同的效果了。

图层复合的具体操作是：执行菜单命令“窗口 > 图层复合”面板，在“图层”面板中调整好一个效果后（如一种设计方案），点击“图层复合面板”下方的“创建新的图层复合”，这样就会创建一个图层复合，然后在图层面板中调整另一种显示效果（如另一种设计方案），创建另一个图层复合，如此反复，可创建多个图层复合效果。在展示的时候，只需打开“图层复合”面板，按图层复合最左边的按钮，就可显示不同的显示效果。

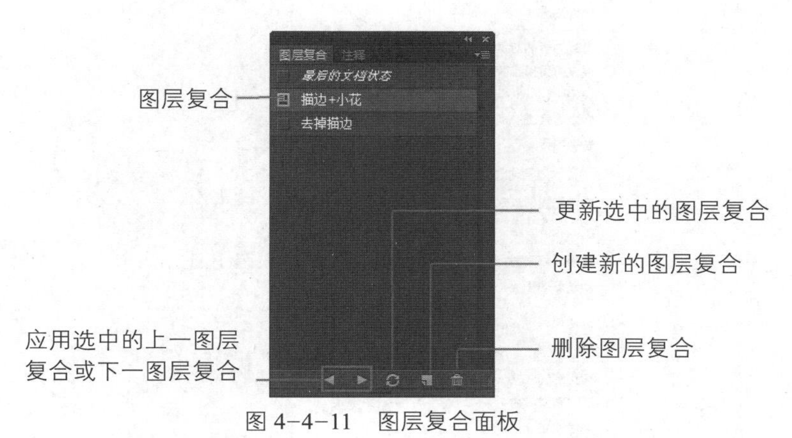

图 4-4-11　图层复合面板

2. 盖印图层

盖印图层就是将多个图层的内容合并到一个新的图层，同时保持其他图层不变。盖印是重新生成一个新的图层，并不会影响你之前所处理的图层，这样做的好处就是，如果你觉得之前处理的效果不太满意，你可以删除盖印图层，之前做效果的图层依然还在。极大程度上方便我们处理图片，也可以节省时间。选择需要盖印的图层，然后按【CTRL+ALT+E】组合键，即可得到包含当前所有选择图层内容的新图层，按【CTRL+SHIFT+ALT+E】组合键，可以自动盖印所有可见图层。

3. 智能对象图层

智能对象图层是对其放大缩小之后，该图层的分辨率也不会发生变化（区别：普通图层缩小之后，再去放大变换，就会发生分辨率的变化）。而且智能图层有“跟着走”的说法，即一个智能图层上发生了变化，对应“智能图层图层副本”也会发生相应的变化。

创建智能对象，可在图层的文字名称上单击右键，即可找到“转换为智能对象”的选项，如图 4-4-12 所示。

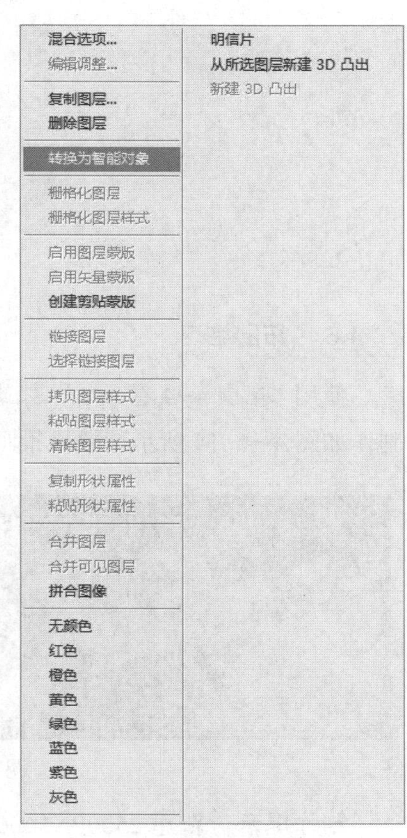

图 4-4-12　转换为智能对象

如果想取消智能对象图层，在智能对象图层上单击右键，单击“图层 > 栅格化图层”即可，如图 4-4-13 所示。

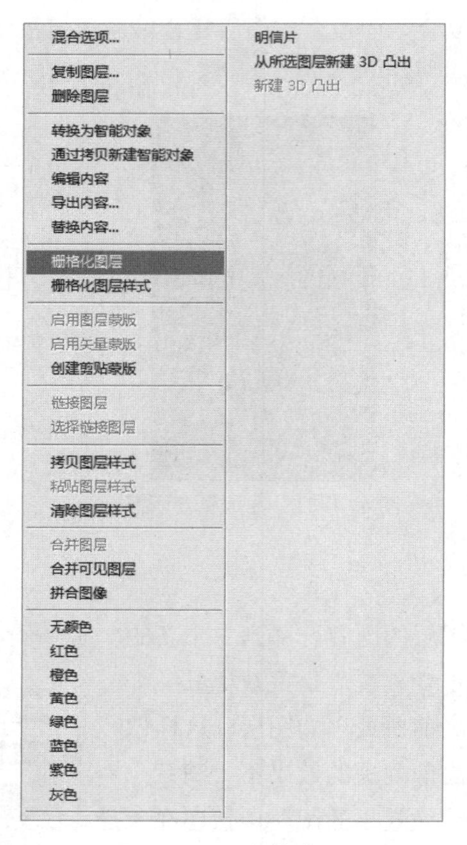

图 4-4-13　栅格化图层

4.6　拓展练习

使用“拓展 4-4 春 .jpg”“拓展 4-4 夏 .jpg”“拓展 4-4 秋 .jpg”和“拓展 4-4 冬 .jpg”制作如图 4-4-14 所示巨幅风景画效果。

图 4-4-14　巨幅风景画效果图

制作提示：新建 2500PX*600PX 大小的文件，置入春、夏、秋、冬四幅图画，调整好大小和位置，为图层添加蒙版，为文字添加图层样式，创建色阶调整图层，盖印图层。

本章小结

本章主要介绍了Photoshop中的图层功能，并对图层面板、图层的混合模式、图层样式、调整图层和填充图层、盖印图层、智能对象、图层复合等做了详细介绍。同时结合实例重点介绍了图层功能的应用。希望大家在学习的过程中能够灵活运用图层及一些相关命令，为今后的学习打下坚固的基础。

学习自测

一、填空题

1. 可以为图层添加各种各样的效果，如投影、________、________、________、________、________、________、________和描边等效果。

2. Photoshop 中的新图像只有一个图层，该图层称为 ________。既不能更改在堆叠顺序中的位置，也不能将混合模式或不透明度直接应用于 ________ 。

二、选择题

1. 按下 ________ 组合键，可以打开图层面板。

A. F5　　B. F7　　C. CTRL+ENTER　　D. ALT

2. Photoshop 中的图层有多种类型，如普通图层、背景图层、________、填充图层、形状图层和文本图层等。

A. 盖印图层　　B. 透明图层　　C. 调整图层　　D. 特殊图层

3. 填充图层分为 ________、渐变、图案三种类型。

A. 纯色　　B. 色阶　　C. 曲线　　D. 纹理

三、简答题

1. 什么是图层混合模式？

2. 智能对象与普通图层的区别是什么？

第5章 图像修饰与调色

Photoshop 提供了许多实用的图像修复修饰工具，利用这些工具可以制作出一些特殊效果的图像或修复图像中存在的缺陷。Photoshop 还提供了很多色彩和色调调整命令，利用这些命令可以轻松改变一幅图像的色彩与色调，使图像符合设计要求。需要注意的是，大多数图像色彩和色调调整命令都是针对当前图层（如果有选区，则是针对选区内的图像）进行的。

学习目标：

◇ 掌握利用修复工具组、图章工具组、加深 / 减淡等工具对照片进行复制、修复和修饰的方法

◇ 能够在实践中灵活地选择不同工具和综合利用多种工具对图像进行处理

◇ 学会使用不同的命令调整图像的色调和色彩，并能在实践中合理地利用调色命令来纠正过亮、过暗、过饱和或偏色的图像等

任务一　修复与修补工具——修复人物图像

1.1　任务描述

素材位置：PS 基础教程 / 素材 /CH05/5-1 模特 .jpg。

效果位置：PS 基础教程 / 效果 / CH05/5-1 模特 .psd。

任务描述：使用修复工具组处理照片中的瑕疵和缺陷，最终效果如图 5-1-1 所示。

图 5-1-1　修复人物图像效果图

1.2　任务目标

1. 了解修复工具的功能。

2. 掌握修复工具的使用方法。

1.3　学习重点和难点

1. 各种修复工具的使用方法。

2. 灵活运用修复工具修复图像。

1.4　任务实施

【关键步骤思维导图】

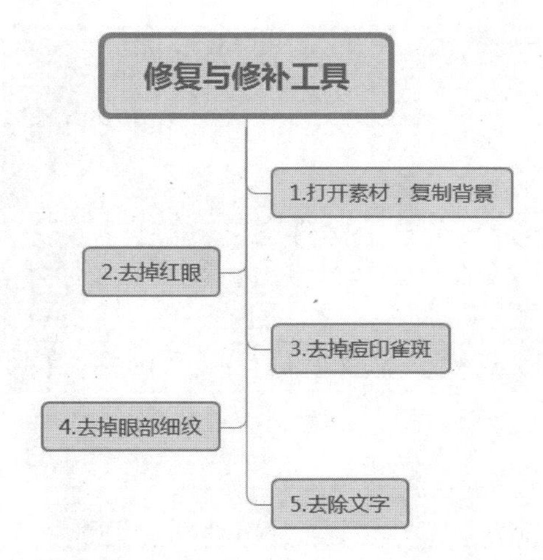

步骤 1：按下【CTRL+O】组合键盘，打开“5–1 模特 .jpg”，按下【CTRL+J】组合键复制“背景”图层，得到“图层 1”，如图 5–1–2 所示。

图 5–1–2　打开素材文件

步骤 2：按下【CTRL++】组合键放大图像，选择红眼工具，在选项栏中设置瞳孔的大小和瞳孔的变暗量，如图 5-1-3 所示。在人物眼睛上单击鼠标左键，去除人物红眼，如图 5-1-4 所示。

瞳孔大小：50%　变暗量：50%

图 5-1-3　红眼工具选项栏

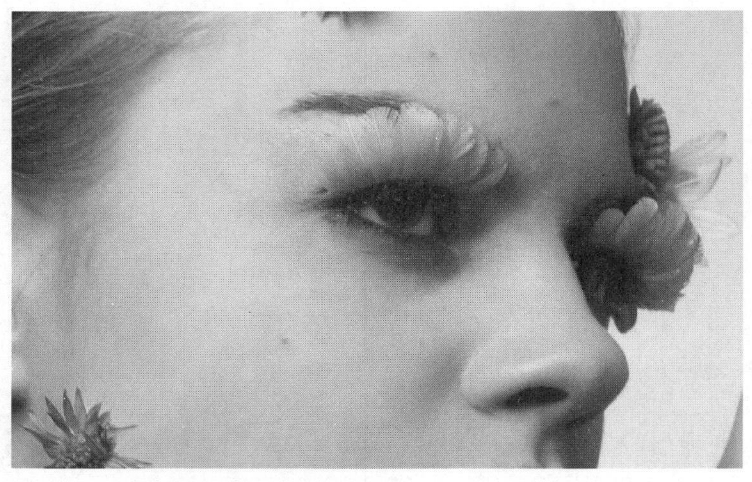

图 5-1-4　去除人物红眼

步骤 3：选择污点修复画笔工具，合理设置笔刷大小、硬度等参数，在模特面部有瑕疵的地方单击鼠标左键进行修复，用相同的方法去除模特面部的所有痘印雀斑，效果如图 5-1-5 所示。

图 5-1-5　修复痘印雀斑后的效果

步骤 4：按下【CTRL++】组合键放大图像，使模特的眼睛处于图像中央。选择修复画笔工具，按住【ALT】键单击皮肤光滑处，设置取样点，如图 5–1–6 所示。松开【ALT】键，然后在眼部细纹处进行涂抹，用采样处的皮肤替换细纹处的皮肤，最终效果如图 5–1–7 所示。

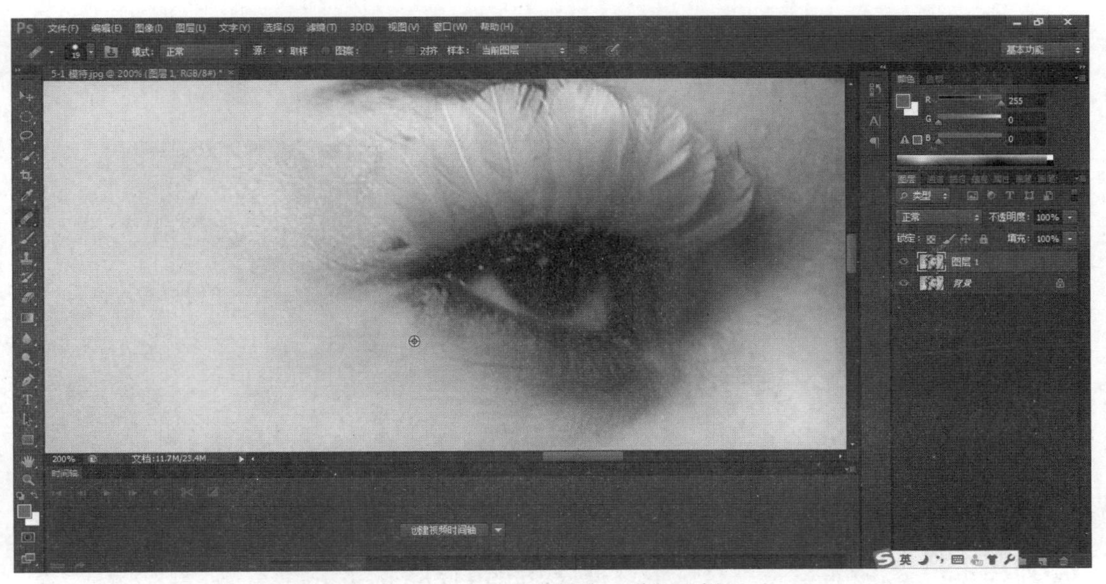

图 5–1–6　放大图像，进行取样

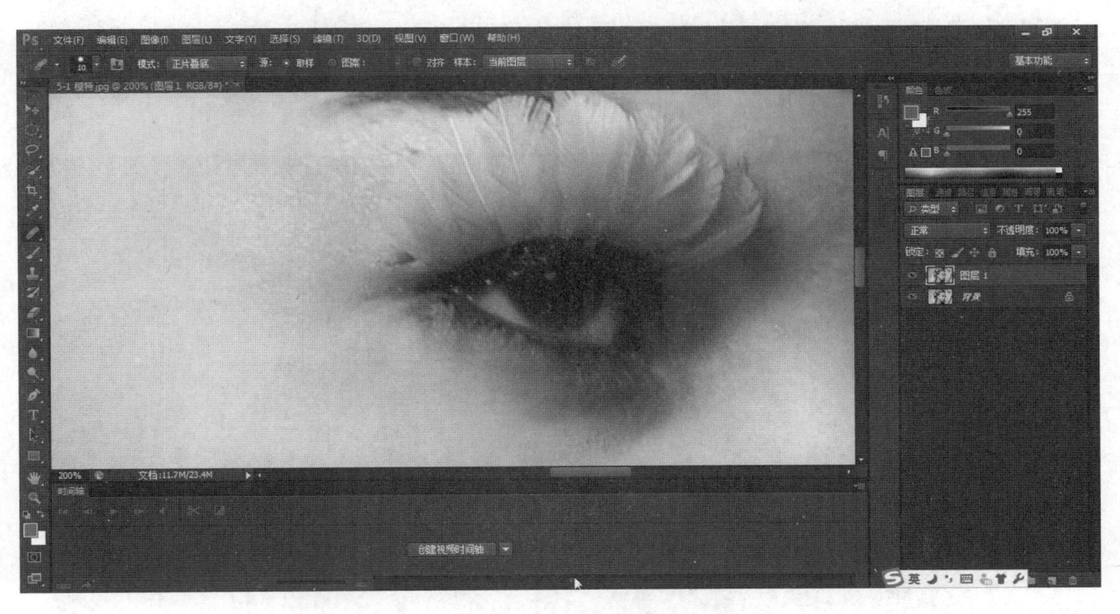

图 5–1–7　去除眼部细纹

步骤 5：按下【CTRL+-】组合键缩小图像，使整个图像显示在视图中。选择修补工具，按图 5-1-8 所示设置工具属性。在图像文字附近绘制适当选区，移动到文字上面，将文字覆盖，松开鼠标，会看到选区内容将文字替换，去除文字，并与周围内容自然融合，操作如图 5-1-9 和 5-1-10 所示。

图 5-1-8　修补工具的属性设置

图 5-1-9　绘制选区

图 5-1-10　将文字去掉

步骤 6：按下【CTRL+S】组合键保存文件，最终效果如图 5-1-11 所示。

图 5-1-11　最终效果

【课堂提问】

1. 修复工具组包含几个工具？

2. 各修复工具的使用方法？

【随堂笔记】

1.5 知识要点

修复工具组包括污点修复画笔工具、修复画笔工具、修补工具、内容感知移动工具和红眼工具。这些工具有很大的相似性。下面来详细讲解一下各个工具的特点及适用范围。

1. 污点修复画笔工具

污点修复画笔工具可以快速移去照片中的污点和其他不理想部分。使用该工具时，只要在图像中有污点的地方单击鼠标左键，即可快速修复污点。污点修复画笔工具可以自动从所修复区域的周围取样来进行修复操作，而不需要用户定义参考点。

选择污点修复画笔工具，其工具选项栏如图 5-1-12 所示。

图 5-1-12　污点修复画笔工具选项栏

其中部分选项的含义如下。

- 模式：从选项栏的“模式”下拉菜单中选取混合模式。选择“替换”可以在使用柔边画笔时，保留画笔描边的边缘处的杂色、胶片颗粒和纹理。
- 类型：近似匹配，使用选区边缘周围的像素来查找要用作选定区域修补的图像区域。如果此选项的修复效果不能令人满意，请还原修复并尝试“创建纹理”选项。创建纹理，使用选区中的所有像素创建一个用于修复该区域的纹理。如果纹理不起作用，请尝试再次拖过该区域。
- 对所有图层取样：如果在选项栏中选择“对所有图层取样”，可从所有可见图层中对数据进行取样。如果取消选择“对所有图层取样”，则只从当前图层中取样。

2. 修复画笔工具

修复画笔工具可用于校正瑕疵，使它们消失在周围的图像中。与仿制工具一样，使用修复画笔工具可以利用图像或图案中的样本像素来绘画。但是，修复画笔工具还可将样本像素的纹理、光照、透明度和阴影与所修复的像素进行匹配。从而使修复后的像素不留痕迹地融入图像的其余部分。

选择修复画笔工具，其工具选项栏如图 5-1-13 所示。

图 5-1-13　修复画笔工具选项栏

其中部分选项的含义如下。

- 模式：指定混合模式。选择“替换”可以在使用柔边画笔时，保留画笔描边的边缘处的杂色、胶片颗粒和纹理。
- 源：指定用于修复像素的源。“取样”可以使用当前图像的像素，而“图案”可以使用某个图案的像素。如果选择了“图案”，请从“图案”弹出面板中选择一个图案。

● 对齐：连续对像素进行取样，即使释放鼠标按钮，也不会丢失当前取样点。如果取消选择“对齐”，则会在每次停止并重新开始绘制时使用初始取样点中的样本像素。

● 样本：从指定的图层中进行数据取样。要从当前图层及其下方的可见图层中取样，请选择“当前和下方图层”。要仅从当前图层中取样，请选择“当前图层”。要从所有可见图层中取样，请选择“所有图层”。要从调整图层以外的所有可见图层中取样，请选择“所有图层”，然后单击“取样”弹出式菜单右侧的“忽略调整图层”图标。

选择修复画笔工具，按住【ALT】键，当鼠标指针呈⊕形状时，在图像中没有污损的地方单击进行取样，然后松开【ALT】键，单击有污损的地方，即可将刚才取样位置的图像复制到当前单击位置。

3. 修补工具

通过使用修补工具，可以用其他区域或图案中的像素来修复选中的区域。像修复画笔工具一样，修补工具会将样本像素的纹理、光照和阴影与源像素进行匹配。您还可以使用修补工具来仿制图像的隔离区域。

修补工具的工具选项栏如图 5−1−14 所示：

图 5−1−14　修补工具的选项栏

其中部分选项的含义如下：

● 源：选中该单选按钮后，如果将源图像选区拖至目标区域，则源区域图像将目标区域图像覆盖。

● 目标：选中该单选按钮，表示将选定区域作为目标区域，用其覆盖需要修补的区域。

● 透明：选中该复选框，可以将图像中差异较大的形状或颜色修补到目标区域中。

● 使用图案：创建选区后该按钮就会被激活，单击其右侧的下拉按钮，可以在弹出的图案列表中选择一种图案，以对选区图像进行图案修复。

4. 内容感知移动工具

使用内容感知移动工具可以移动或复制选中的某个区域的内容。使用内容感知移动工具时先要为需要移动的区域创建选区，然后将选区拖到所需位置即可。

选择内容感知移动工具，其工具选项栏如图 5−1−15 所示。

图 5−1−15　内容感知移动工具选项栏

该工具选项栏中部分选项的含义如下。

• 模式：包含“移动”和“扩展”两种模式。选择“移动”选项，将选取区域内容移到其他位置，并自动填充原来的区域；选择“扩展”选项，则将选取的区域内容复制到其他位置。

• 适应：设置选择区域保留的严格程度，包含“非常严格”“严格”“中”“松散”和“非常松散”5个选项。

4. 红眼工具

红眼工具可移去用闪光灯拍摄的人像或动物照片中的红眼，也可以移去用闪光灯拍摄的动物照片中的白色或绿色反光。

红眼工具的选项栏如图5-1-16所示。

瞳孔大小：50% 变暗量：10%

图5-1-16 红眼工具选项栏

其参数含义如下：

• 瞳孔大小：增大或减小受红眼工具影响的区域。

• 变暗量：设置校正的暗度。

红眼工具的使用方法非常简单，只需要在工具栏中设置好参数，然后在图像中红眼位置单击鼠标左键，即可修复红眼。如果对结果不满意，可还原修正，在选项栏修改参数，然后再次单击红眼。

6. 仿制图章工具

使用仿制图章工具可以从图像中取样，然后将样本应用到其他图像或同一图像的其他部分。也可以将一个图层的一部分仿制到另一个图层。选择仿制图章工具，在其工具选项栏中选择合适的画笔大小，然后将鼠标指针移动到图像窗口中，按住【ALT】键的同时单击取样，然后移动指针到当前图像的其他位置或另一幅图像中，按住鼠标左键并拖动，即可复制取样的图像。

7. 图案图章工具

图案图章工具可以用图案绘画，可以从图案库中选择图案或者创建自己的图案。选择图案图章工具，选择图案库中想要的图案，然后移动指针到图像中，按住鼠标左键并拖动，即可复制取样的图案。

1.6 拓展练习

修复“拓展5-1 修复人物图像.jpg”的瑕疵，制作出如图5-1-17所示的修复人物图像效果。

图 5-1-17　修复人物图像效果图

制作提示：使用污点修复画笔工具去掉黑痣，使用修复画笔工具清除胳膊上的污渍，使用修补工具去掉小船，使用内容感知工具移动鸭子的位置，使用红眼工具去除红眼。

任务二　修饰工具——修饰手表实拍照片

2.1　任务描述

素材位置：PS 基础教程 / 素材 /CH05/5-2 手表 .jpg。

效果位置：PS 基础教程 / 效果 /CH05/5-2 手表 .psd。

任务描述：使用各种加深、减淡、模糊、锐化等工具，修饰手表实拍照片，最终效果如图 5-2-1 所示。

图 5-2-1　修饰手表实拍照片效果图

2.2 任务目标

学习使用多种修饰工具修饰图像。

2.3 学习重点和难点

1. 各种修饰工具的功能与使用方法。
2. 综合灵活应用各种修饰工具对图像进行修饰润色。

2.4 任务实施

【关键步骤思维导图】

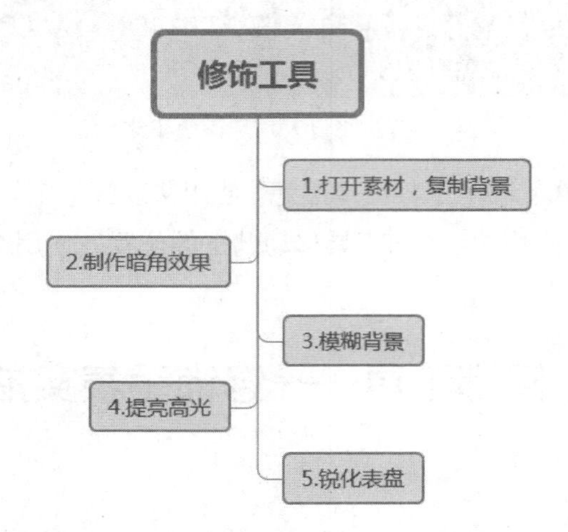

步骤 1：按下【CTRL+O】组合键，打开“5-2 手表.jpg”，按【CTRL+J】组合键，复制“背景”图层，得到“图层 1”，如图 5-2-2 所示。

图 5-2-2　打开素材，复制“背景”层

步骤 2：确认前景色为黑色，选择加深工具，在其工具选项栏中单击“画笔”选项右侧的按钮，在弹出的画笔选择面板中选择需要的画笔形状，将“大小”设置为800像素，如图 5-2-3 所示。在图像背景四角边缘拖动鼠标进行涂抹，制作暗角效果，如图 5-2-4 所示。

图 5-2-3　设置工具属性

图 5-2-4　制作暗角效果

步骤 3：选择模糊工具，在其工具选项栏中单击“画笔”选项右侧的按钮，在弹出的画笔选择面板中选择需要的画笔形状，将大小设置为 175 像素，“强度”设置为 100%，如图 5-2-5 所示。在图像背景区域进行涂抹，如图 5-2-6 所示。

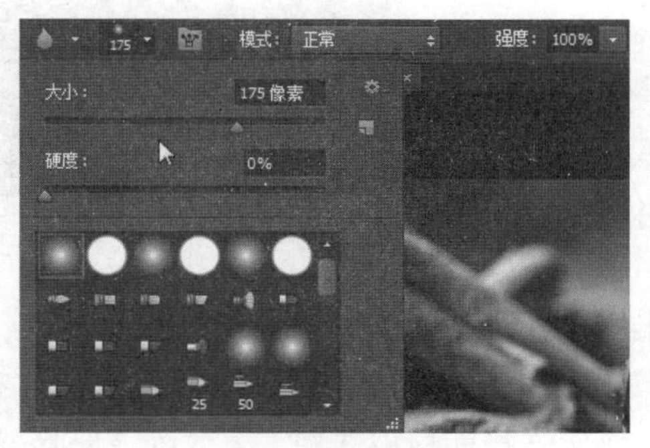

图 5-2-5　设置工具属性

图 5-2-6　模糊背景

步骤4：选择减淡工具，在其工具选项栏中单击“画笔”选项右侧的按钮，在弹出的画笔选择面板中选择需要的画笔形状，将“大小”设置为40像素，“范围”设置为“中间调”，“曝光度”设置为50%，如图5-2-7所示。在手表的高光区域进行涂抹，如图5-2-8所示。

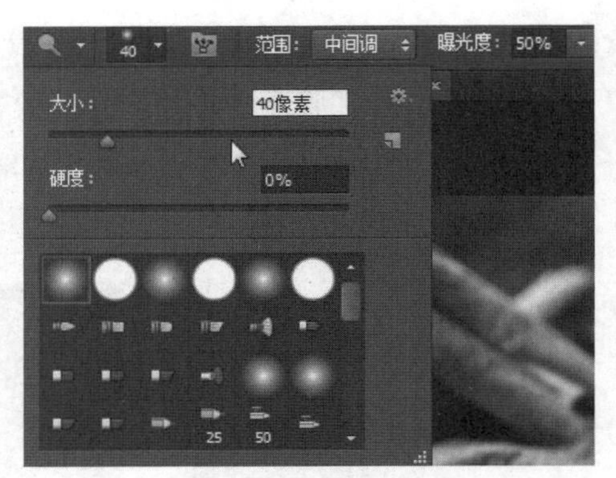

图5-2-7 设置工具属性

图5-2-8 涂抹高光区域

步骤5：选择锐化工具，在其工具选项栏中单击“画笔”选项右侧的按钮，在弹出的画笔选择面板中选择需要的画笔形状，将“大小”设置为125像素，“模式”设置为“正常”，“强度”设置为50%，如图5-2-9所示。在手表区域进行涂抹，尤其是表盘部分可以多次进行锐化，按下【CTRL+S】保存文件，最终效果如图5-2-10所示。

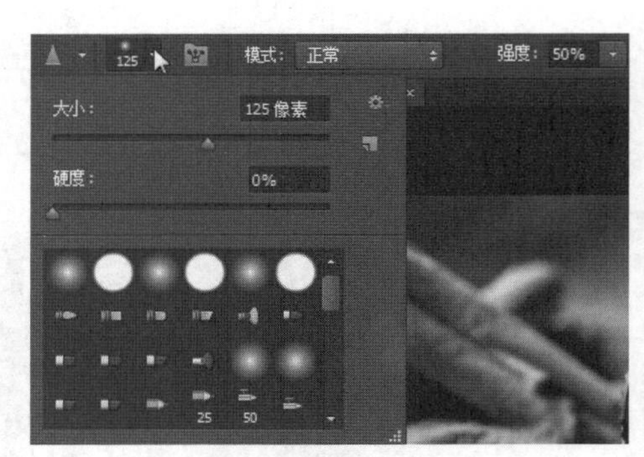

图5-2-9 设置工具属性

图 5-2-10　锐化表盘区域

【课堂提问】

1. 加深工具和减淡工具用法及作用？

2. 模糊工具和锐化工具的用法及作用？

【随堂笔记】

2.5 知识要点

1. 模糊工具

使用模糊工具可以使图像产生模糊效果，从而柔化图像，减少图像细节。选择模糊工具后，在图像中按住鼠标左键并拖动，即可进行模糊操作。

模糊工具选项栏如图 5-2-11 所示。

175 模式：正常 强度：100% 对所有图层取样

图 5-2-11 模糊工具选项栏

其中，部分选项的含义如下。

- 模式：用于设置操作模式，其中包括“正常”“变暗”“变亮”“色相”“饱和度”“颜色”和“亮度”等模式。
- 强度：用于设置模糊的程度，数值越大，模糊的程度就越明显。
- 对所有图层取样：选中该复选框，即可对所有图层中的对象进行模糊操作；取消选择该复选框，则只对当前图层中的对象进行模糊操作。

2. 锐化工具

锐化工具可聚焦软边缘，提高清晰度或聚焦程度。用该工具在某个区域上方绘制的次数越多，增强的锐化效果就越明显。选择锐化工具后，设置好笔刷和其他参数，在图像中按住鼠标左键并拖动，即可进行锐化操作。

3. 涂抹工具

涂抹工具可模拟在湿颜料中拖移手指的绘画效果。也就是说它可拾取描边开始位置的颜色，并沿拖移的方向展开这种颜色。选择涂抹工具后，设置好笔刷和其他参数，在图像中按住鼠标左键拖动，即可进行涂抹操作。

4. 减淡工具

使用减淡工具可以增加图像的曝光度，使图像变亮。选择工具箱中的减淡工具，设置好笔刷和其他参数，在图像中按住鼠标左键并拖动，即可进行减淡操作。

减淡工具选项栏如图 5-2-12 所示。

40 范围：中间调 曝光度：50% 保护色调

图 5-2-12 减淡工具选项栏

其中，部分选项的含义如下。

- 范围：用于设置减淡操作的作用范围，其中，选择“阴影”选项，减淡操作仅对图像暗部区域的像素起作用；选择“中间调”选项，减淡操作仅对图像中间色调区域的像素起作用；选择“高光”选项，减淡操作仅对图像高光区域的像素起作用。

● 曝光度：用于定义曝光的强度，数值越大，曝光度越强，图像变亮的程度就越明显。

● 保护色调：选中该复选框，可以在操作过程中保护画面的亮部和暗部尽量不受影响，以保护图像的原始色调和饱和度。

5. 加深工具

使用加深工具可以降低图像的曝光度，使图像变暗。加深工具和减淡工具是一组相反的工具。选择工具箱中的加深工具，设置好笔刷和其他参数，在图像中按住鼠标左键并拖动，即可进行加深操作。

6. 海绵工具

使用海绵工具可以降低或提高图像的色彩饱和度。选择工具箱中的海绵工具，其工具选项栏如图 5-2-13 所示。

图 5-2-13　海绵工具选项栏

其中部分选项含义如下。

● 模式：若选择“去色”模式，然后使用该工具在图像中涂抹，可以看到相应区域的颜色变暗且纯度降低；若选择“加色”模式，涂抹后相应区域的颜色会变亮且纯度提高。

● 流量：用于设置饱和度的更改力量。

● 自然饱和度：选中该复选框，可以在增加饱和度时防止颜色过度饱和而出现溢色。

2.6　拓展练习

使用修饰工具处理“拓展 5-2 珠宝广告 .psd”，制作出如图 5-2-14 所示的珠宝广告效果。

图 5-2-14　珠宝广告效果图

制作提示：使用减淡工具淡化背景颜色，涂抹工具修饰背景，海绵工具为绸缎上色，锐化工具使项链清晰，加深工具使头发颜色更深。

任务三　图像调色——调整照片色调

3.1　任务描述

素材位置：PS 基础教程 / 素材 /CH04/5-3 调出优雅暖色调 .jpg。

效果位置：PS 基础教程 / 效果 /CH04/5-3 调出优雅暖色调 .psd。

任务描述：综合使用各种调色命令，将图片调出暖色调，最终效果如图 5-3-1 所示。

图 5-3-1　调整照片色调效果图

3.2　任务目标

1. 了解通道、直方图、色阶等概念。
2. 掌握各种调色命令的使用方法。

3.3　学习重点和难点

1. 通道、直方图、色阶的概念。
2. 调色命令的用法。

3.4　任务实施

【关键步骤思维导图】

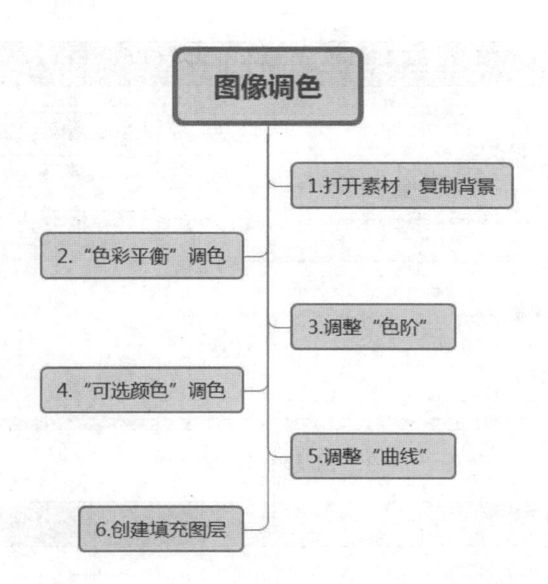

步骤 1：按下【CTRL+O】组合键，打开“5-3 调出优雅暖色调 .jpg”，按【CTRL+J】组合键复制“背景”层，得到“图层 1”，效果如图 5-3-2 所示。

图 5-3-2　打开素材，复制图层

步骤 2：单击“图像 > 调整 > 色彩平衡”命令，弹出“色彩平衡”对话框，选中“阴影”单选按钮，设置各项参数，如图 5-3-3 所示。选中“中间调”单选按钮，设置各项参数，如图 5-3-4 所示。

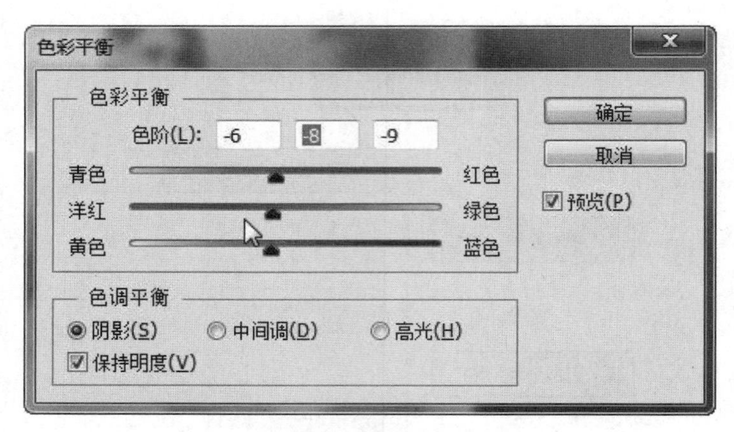

图 5-3-3 调整阴影区域色调

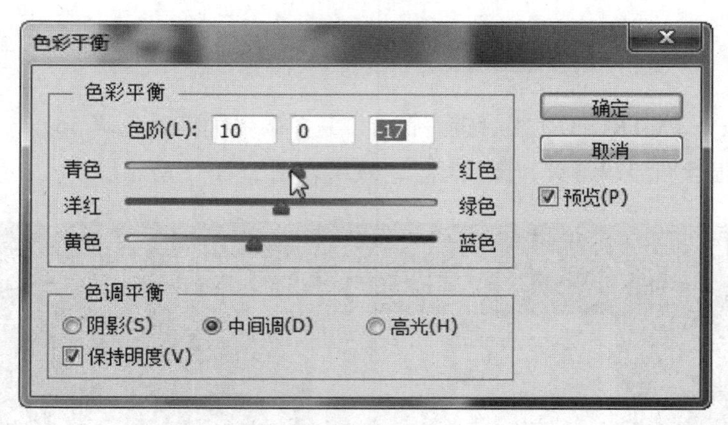

图 5-3-4 调整中间调色调

步骤 3：选中“高光”单选按钮，设置各项参数，如图 5-3-5 所示。单击“确定”按钮，即可调整图像的色调，效果如图 5-3-6 所示。

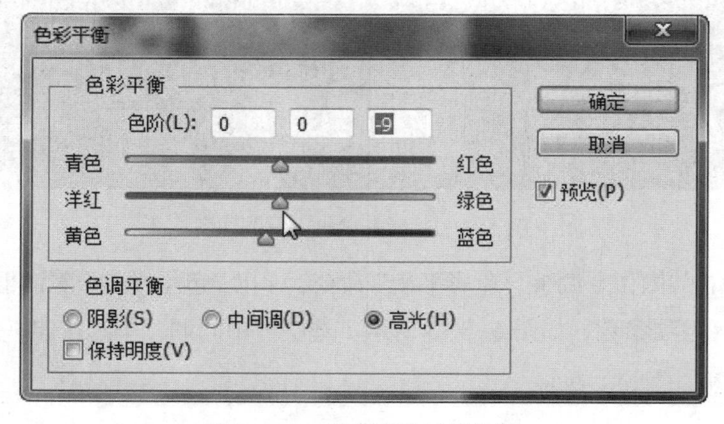

图 5-3-5 调整高光区域色调

图 5–3–6　调整色调效果

步骤 4：单击“图像 > 调整 > 色阶”命令，弹出“色阶”对话框，设置各项参数，如图 5–3–7 所示。单击“确定”按钮，效果如图 5–3–8 所示。

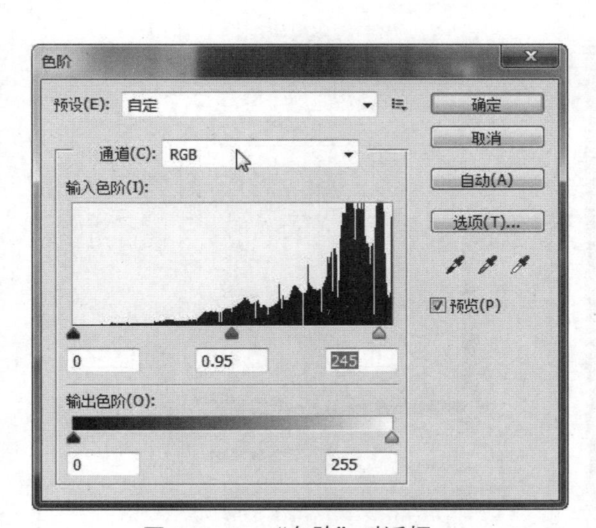

图 5–3–7　“色阶”对话框

图 5–3–8　调整色阶效果

步骤 4：单击“图像 > 调整 > 可选颜色”命令，弹出“可选颜色”对话框，设置各项参数，如图 5–3–9 所示。单击“确定”按钮，效果如图 5–3–10 所示。

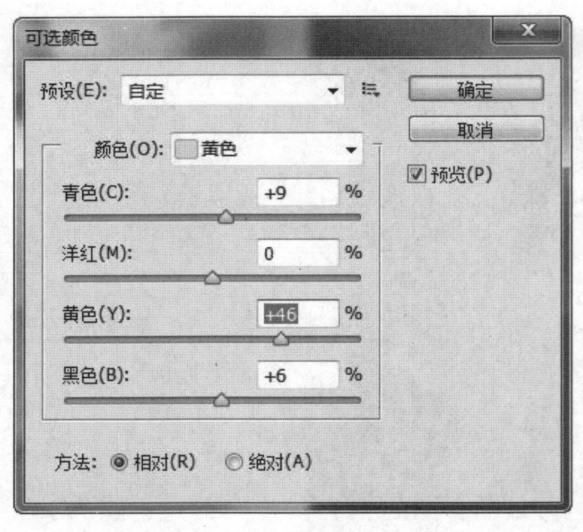

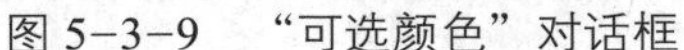

图 5-3-9 “可选颜色”对话框　　图 5-3-10 调整可选颜色效果

步骤 4：单击“图像 > 调整 > 曲线”命令，弹出“曲线”对话框，设置“红”通道的参数，如图 5-3-11 所示。继续设置“蓝”通道的参数，如图 5-3-12 所示，以调整该颜色区域的色调，单击“确定”按钮。

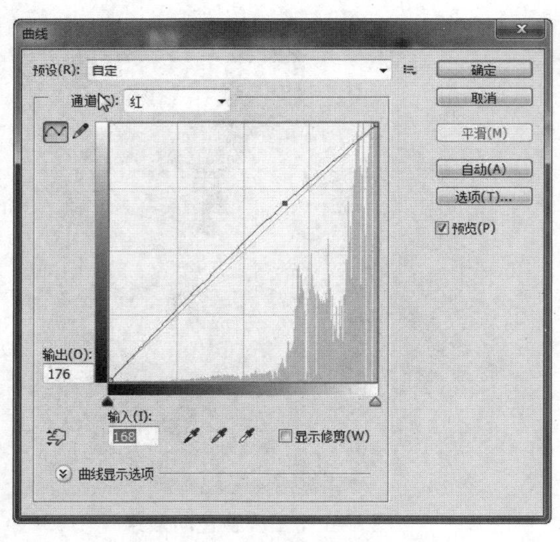

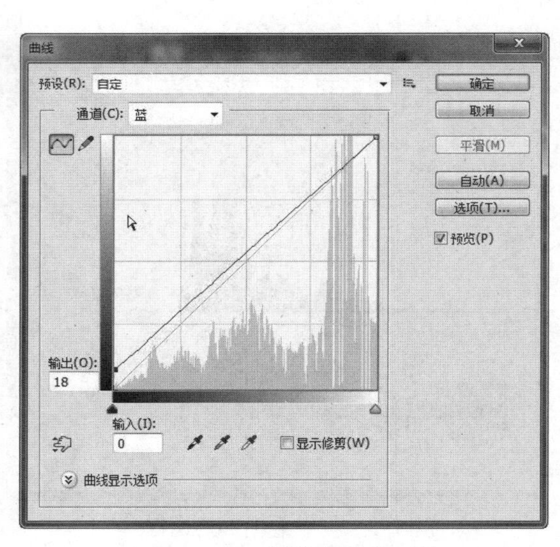

图 5-3-11 调整红通道色调　　图 5-3-12 调整蓝通道色调

步骤 4：单击创建新的填充或调整图层 按钮，选择“纯色”选项，在弹出的“拾色器（纯色）”对话框中设置各项参数，单击“确定”按钮，如图 5-3-13 所示。设置“颜色填充 1”图层的混合模式为“柔光”，“不透明度”为 25%，即可得到最终效果，按下【CTRL+S】组合键保存文件，如图 5-3-14 所示。

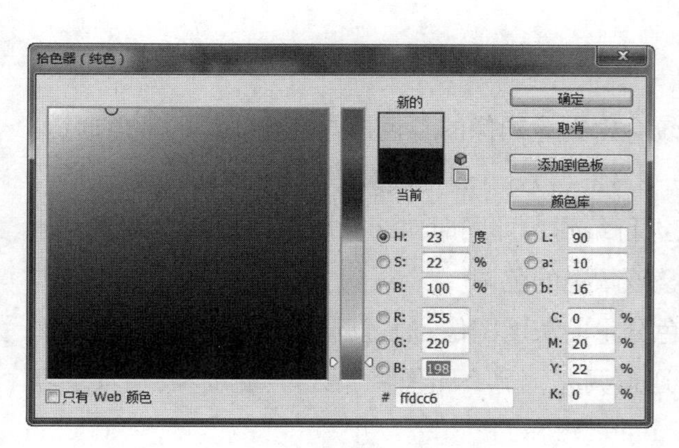

图 5-3-13　“拾色器（纯色）”对话框

图 5-3-14　设置图层混合模式

【课堂提问】

1. 如何使用色彩平衡调色？
2. 色阶和曲线如何调整？

【随堂笔记】

3.5 知识要点

1. 相关概念

（1）通道

在Photoshop中打开一幅图像后，系统会根据该图像的颜色模式创建相应的颜色通道。例如，RGB图像包含R（红）、G（绿）、B（蓝）3个颜色通道和一个RGB复合通道。调整图像的色调时，默认是对复合通道进行编辑（即同时对3个颜色通道进行调整），我们也可以选择某个颜色通道，单独调整该颜色的色调。

各颜色通道实质上是代表图像中颜色分量的灰度图像，通过调整各颜色通道的色调，就能改变图像的颜色。例如，将“红”通道调亮，那么图像将偏红。我们将在后面的项目中详细讲解通道的应用。

（2）直方图

直方图从理论上说，一张曝光良好的照片，在不同的亮度级别下细节都应该非常丰富，各亮度值上都有像素分布，像一座起伏波荡的小山丘，为了方便观察，把直方图划分为5个区：每个区代表一个亮度范围，左边为极暗部、暗部，中间为中间调，右边是亮部和极亮部，根据这些不同亮度范围下像素出现的数量，对于高调照片（明亮调子且细节丰富的图片）山丘的峰顶应该集中在直方图右边的亮部区，对于低调照片（深色调子且细节丰富的图片）山丘的峰顶应该集中在直方图左边的暗部区域，如果山丘覆盖了整个区域，说明曝光情况正好且细节清晰可见。

直方图能够显示一张照片中色调的分布情况，揭示了照片中每一个亮度级别下像素出现的数量，根据这些数值所绘出的图像形态，可以初步判断照片的曝光情况，直方图是照片曝光情况最好的回馈。无论照片是有丰富的高光表现还是曝光过度了，还是有饱满的细部暗调，或者是细节根本分辨不清，直方图都能很直观地显示。

（3）色阶

色阶是表示图像亮度强弱的指数标准，也就是我们说的色彩指数，在数字图像处理教程中，指的是灰度分辨率（又称为灰度级分辨率或者幅度分辨率）。图像的色彩丰满度和精细度是由色阶决定的。色阶指亮度，和颜色无关，但最亮的只有白色，最不亮的只有黑色。

色阶表现了一幅图的明暗关系。可以使用“色阶”调整图像的阴影、中间调和高光的强度级别，从而校正图像的色调范围和色彩平衡。“色阶”直方图用作调整图像基本色调的直观参考。

2. 调整色彩色调的常用命令

（1）调整色阶

“色阶”调整命令允许通过调整图像的暗调、中间调和高光等强度级别，校正图像

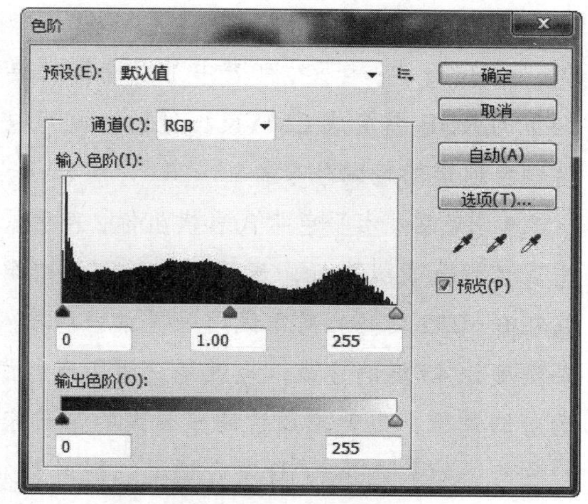

图 5-3-15　色阶对话框

的色调范围和色彩平衡。“色阶”直方图用作调整图像基本色调的直观参考。

具体做法：在菜单中执行“图像 > 调整 > 色阶”命令，或者按【CTRL+L】组合键，弹出如图 5-3-15 所示的对话框。

其中几个参数的含义如下：

● 通道：在下拉列表中可以选择所要进行色调调整的颜色通道。

● 输入色阶：在“输入色阶”的文本框中可以输入所需的数值或拖移直方图下方的滑块来分别设置图像的暗调、中间调和高光。将“输入色阶”的黑部和亮部滑块拖移到直方图的任意一端的第一组像素的边缘，或直接在第一个和第三个“输入色阶”文本框中输入值来调整暗调和高光。

● 输出色阶：拖移“输出色阶”的黑部和亮部滑块或在文本框中输入数值可以定义新的暗调和高光值。拖动“输出色阶”的亮部滑块向右到适当位置，即可把图像整体调亮。

（2）调整曲线

“曲线”命令与“色阶”命令类似，都可以调整图像的整个色调范围，是应用非常广泛的色调调整命令。不同的是“曲线”命令不仅仅使用三个变量（高光、暗调、中间调）进行调整，而且还可以调整 0—255 范围内的任意点，同时保持 15 个其他值不变。也可以使用“曲线”命令对图像中的个别颜色通道进行精确的调整。在实际运用中用的比较多。

具体做法：在菜单中选择“图像 > 调整 > 曲线”命令，或者按【CTRL+M】组合键，弹出如图 5-3-16 所示的对话框。

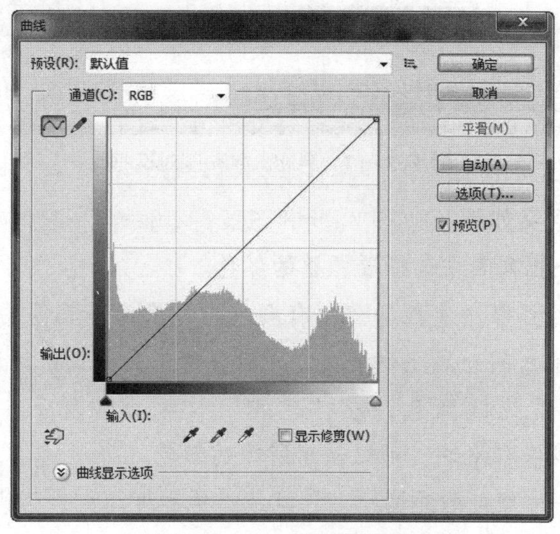

图 5-3-16　曲线对话框

其中几个选项的含义如下。

• 通道：在其下拉列表中可以选择需要调整色调的通道。如在处理某一通道色明显偏重的 RGB 图像或 CMYK 图像时，就可以只选择这个通道进行调整，而不会影响到其他颜色通道的色调分布。

• 调整区：水平色带代表横坐标，表示原始图像中像素的亮度分布，也就是输入色阶。垂直色带代表纵坐标，表示调整后图像中像素亮度分布，也就是输出色阶，其变化范围均在 0—255 之间。对角线用来显示当前输入和输出数值之间的关系，调整前的曲线是一条角度为 45 度的直线，也就是说明所有的像素的输入与输出亮度相同。用曲线调整图像色阶的过程，也就是通过调整曲线的形状来改变输入输出亮度，从而达到更改整个图像的色阶。如果选择 RGB 复合通道，则对整个图像进行调整。

（3）色相 / 饱和度

利用“色相 / 饱和度”命令可以调整图像整体颜色或单个颜色成分的“色相”、“饱和度”和“明度”，从而改变图像的颜色，或为黑白图片上色等。

具体操作：选择“图像 > 调整 > 色相 / 饱和度”菜单项，或者按【CTRL+U】组合键，打开“色相 / 饱和度”对话框，如图 5-3-17 所示，左右拖动“色相”“饱和度”和“明度”滑块，即可调整图像色彩。

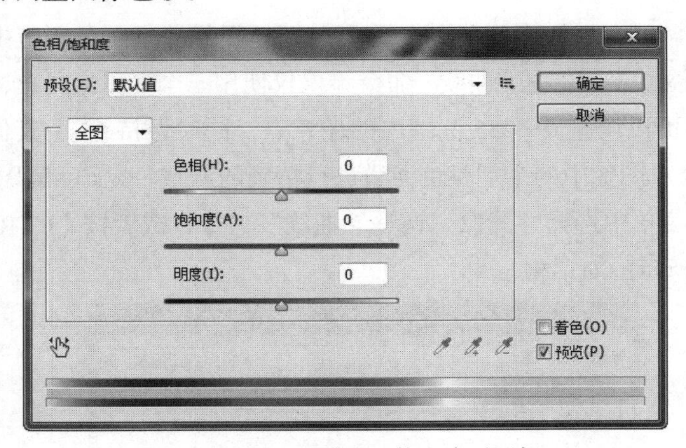

图 5-3-17　色相 / 饱和度对话框

其中几个选项的含义如下。

• 工作区：在该下拉列表中选择要调整的颜色。

• 全图：选择全图可以一次性调整所有颜色。如果选择其他的单色（如红色），则会在下方的两个颜色条之间出现几个滑块，同时吸管工具也成为活动显示。

• 色相：也就是常说的颜色，在“色相”文本框中输入一个数值（数值范围为 -180—+180），或拖移滑块，可以显示所需的颜色。

• 饱和度：是指一种颜色的纯度，颜色越纯，饱和度越大，否则相反。

• 明度：是指色调，即图像的明暗度。将“明度”滑块向右拖移增加明度，向左拖移减少明度，也可以在文本框中输入 -100—+100 之间的数值。

● 着色：勾选“着色”复选框则图像被转换为当前前景色的色相，如果前景色不是黑色或白色，每个像素的明度值不改变。

（4）自然饱和度

利用“自然饱和度”命令可以将图像的色彩调整到自然的鲜艳状态。具体操作是：选择“图像 > 调整 > 自然饱和度”菜单项，打开“自然饱和度”对话框，左右拖动“自然饱和度”或“饱和度”滑块，即可调整图像饱和度。

（5）色彩平衡

利用“色彩平衡”命令可以快速调整偏色的图片。它可以单独调整图像的暗调、中间调和高光的色彩，使图像恢复正常的色彩平衡关系。

具体操作：选择“图像 > 调整 > 色彩平衡”菜单项，或者按【CTRL+B】组合键，打开“色彩平衡”对话框，如图 5-3-18 所示，在“色彩平衡”设置区选择需要调整的色调范围，然后拖动相应滑块，即可调整图像色彩。

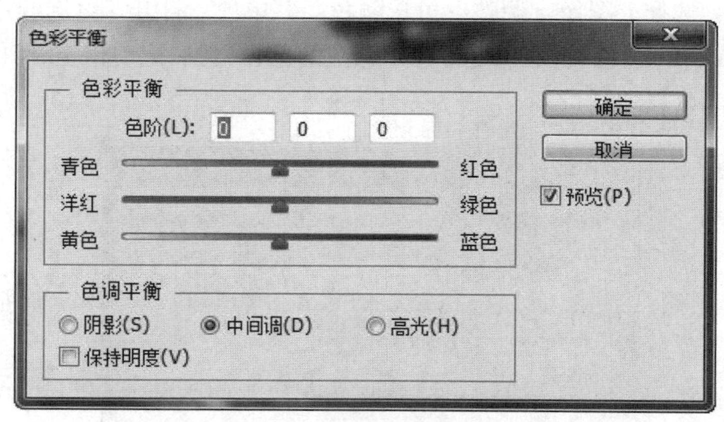

图 5-3-18　色彩平衡对话框

其中几个参数的含义如下。

● 色阶：在三个文本框中输入所需的数值或拖动滑杆上的滑块，可以增加或减少图像中的颜色。

● 色调平衡：在该栏中可以选择阴影、中间调和高光选项，来控制校正图像的范围。其中的“保持明度”选项，默认情况下是勾选的，以防止更改颜色时同时亮度值会发生变化。

（6）亮度 / 对比度

“亮度 / 对比度”命令是调整图像色调最简单的方法，利用它可以一次性调整图像中所有像素（包括高光、暗调和中间调）的亮度和对比度。

具体操作：选择“图像 > 调整 > 亮度 / 对比度”菜单项，打开“亮度 / 对比度”对话框，分别拖动滑块或输入数值增加或降低“亮度”和“对比度”的值，然后单击确定即可。

（7）黑白与去色

• 黑白：利用“黑白”命令可以将彩色图像转换为黑白图像，并可调整黑白图像的色相和饱和度，以及单个颜色成分的亮度等。

具体操作：选择“图像 > 调整 > 黑白”菜单项，打开“黑白”对话框，此时图像已经变为黑白效果，勾选“色调”复选框，然后拖动相应滑块调整各颜色成分的亮度。

• 去色：利用“去色”命令可以去除当前图层或选区内图像的色彩，从而在不更改图像颜色模式的情况下将图像转换为灰色图像。

具体操作：打开图像后，选择“图像 > 调整 > 去色”菜单项，或者按【SHIFT+CTRL+U】组合键即可。

（8）可选颜色

可选颜色校正是高端扫描仪和分色程序使用的一项技术，它在图像中的每个加色和减色的原色图素中增加和减少印刷色的量。“可选颜色”使用 CMYK 颜色校正图像，也可用于校正 RGB 图像以及将要打印的图像。在校正图像时请确保选择了复合通道。

具体操作：选择“图像 > 调整 > 可选颜色”菜单项，打开“可选颜色”对话框。如图 5-3-19 所示，在“颜色”设置区选择需要调整的色彩，然后拖动相应滑块设置不同数值，即可调整图像的色彩。

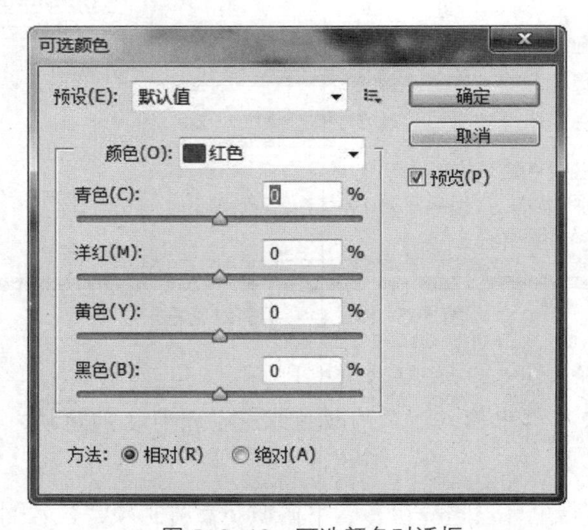

图 5-3-19　可选颜色对话框

“可选颜色”对话框的选项说明如下：

• 颜色：在“颜色”下拉列表中选择要调整的颜色。

• 方法：在此选择调整颜色的方法，如相对或绝对。

• 相对：按照总量的百分比更改现有的青色、洋红、黄色或黑色的量。例如，从 50% 洋红的像素开始添加 20%，则 10%（50%×20%=10%）将添加到洋红。结果为 60% 的洋红（该选项不能调整纯反白光，因为它不包含颜色成分）。

• 绝对：按绝对值调整颜色。例如，从 50% 的洋红的像素开始添加 20%，则洋红油墨的总量将设置为 70%。

（9）照片滤镜

使用“照片滤镜”命令可以模仿在相机镜头前面加彩色滤镜，以便调整通过镜头传输的光的色彩平衡和色温，使胶片曝光。

具体做法：选择“图像 > 调整 > 照片滤镜”菜单项，打开“照片滤镜”对话框。如图 5-3-20 所示，选择“滤镜”或“颜色”，在设定好“浓度”，即可调整图像的色彩。

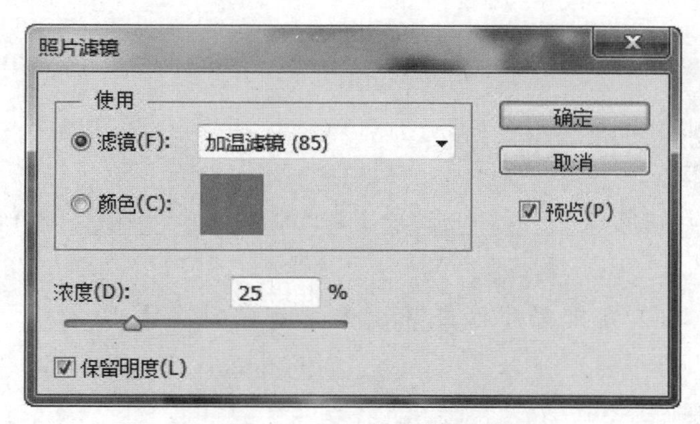

图 5-3-20　照片滤镜对话框

“照片滤镜”对话框中选项说明如下。

• 使用：在该栏中可以选择滤镜颜色（包括自定滤镜或预设值）。

• 浓度：拖动“浓度”滑块或在“浓度”文本框中输入一个百分比。浓度越高，颜色调整幅度就越大。

• 保留明度：选中该选项可以在添加颜色滤镜时不使图像变暗。

3.6　拓展练习

将素材“拓展 5-3 处理曝光过度的宝贝照片 .psd”调整出如图 5-3-21 所示的效果。

图 5-3-21　处理曝光过度的宝贝照片

制作提示：复制背景层，使用“曲线”命令压暗图像，再使用“色阶”命令，设置“预设”为“中间调较暗”，改善照片过度曝光的情况。

本章小结

本章主要学习了修复工具、图章工具、加深与减淡工具、海绵工具、模糊工具以及图像调色工具的使用方法与技巧，并结合实例重点讲解了用修复工具修复图像的方法。

学习自测

一、填空题

1. 修复工具组包括________、修复画笔工具、________、内容感知移动工具和________。

2. 修复画笔工具中用于修复像素的源有两种方式：________和________。

二、选择题

1. 使用________可以从图像中取样，然后将样本应用到其他图像或同一图像的其他部分？

A. 图案图章工具　　B. 修复画笔工具
C. 修补工具　　D. 颜色替换工具

2. ________可柔化图像中的硬边缘或区域，以减少细节。

A. 锐化工具　　B. 模糊工具
C. 涂抹工具　　D. 加深工具

3. ________可将选区的像素用其他区域的像素或图案来修补？

A. 污点修复画笔工具　　B. 修补工具
C. 仿制图章工具　　D. 修复画笔工具

4. 图像的色彩丰满度和精细度是由________决定的。

A. 明度　　B. 饱和度　　C. 色阶　　D. 色相

三、简答题

1. 仿制图章工具的功能是什么？

2. 什么是通道？

3. 什么是色阶？

文字的应用

虽然 Photoshop 是一款专业的图像处理软件，但 Photoshop 也具有文字编辑功能，用户可以为图像增加具有艺术感的文字，从而增强图像的表现力。本章将针对文字的输入方式、文字大小和颜色的设置、文字编排样式，以及文字的相关编辑操作、变形设计、文字蒙版等进行分类介绍，以帮助读者掌握文字工具的具体操作，更好地对图像进行处理和设计，从而使文字体现引导价值、增强图像的视觉效果。

学习目标：

◇ 了解文字工具的特点

◇ 掌握文字工具的使用方法和技巧

任务一　创建点文字和段落文字——制作歌曲海报

1.1　任务描述

素材位置：PS 基础教程 / 素材 /CH06/6-1 素材 .jpg。

效果位置：PS 基础教程 / 效果 /CH06/6-1 歌曲海报 .psd。

任务描述：使用点文字和段落文字创建歌曲海报，最终效果如图 6-1-1 所示。

图 6-1-1　歌曲海报效果图

1.2　任务目标

1. 了解文字工具选项栏设置。

2. 掌握点文字和段落文字的创建方法。

1.3　学习重点和难点

1. 点文字和段落文字的创建方法。

2. 字符面板设置。

1.4 任务实施

【关键步骤思维导图】

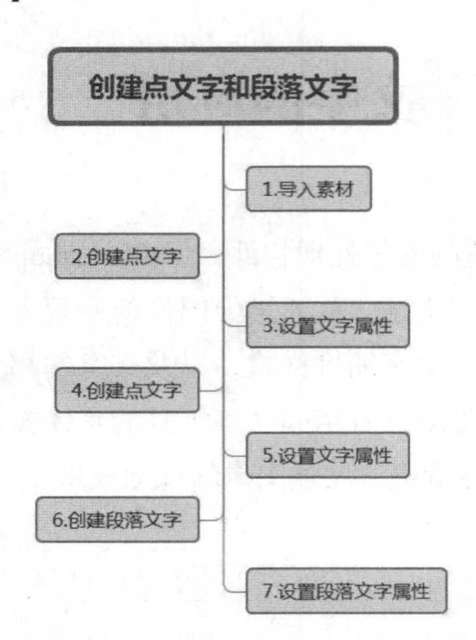

步骤 1：按快捷键【CTRL+O】，在配套光盘的素材库中打开“6-1 素材 .jpg”，选择工具箱中的横排文字工具T，选项栏中就会显示它的相关属性，如图 6-1-2 所示。

图 6-1-2　字符选项栏

步骤 2：在字符属性中设置字体为“华文细黑”，字号为“30 点”，消除锯齿方式为“锐利”，对齐方式为“左对齐”，文本颜色为 RGB（172,109,0），如图 6-1-3 所示。

图 6-1-3　设置文字选项栏

步骤 3：设置好后，按快捷键【CTRL+R】打开标尺，在工作区纵向居中位置拖置辅助线，移动鼠标指针至画面合适位置，显示一闪一闪的光标后，输入文字“九重宫阙”（注意在两字之间键入合适数量的空格），单击选项栏中的提交所有当前编辑✓按钮，也可以按快捷键【CTRL+ENTER】完成输入，确认完成输入，此时系统会自动创建一个文字图层，这样点文字就创建完成，如图 6-1-4 所示。

图 6-1-4　输入点文字

步骤 4：输入海报主标题“青末”，选择直排文字工具，将光标移至纵向居中位置单击，待光标闪烁后输入“青末”，输入完毕后按快捷键【CTRL+ENTER】完成输入。

步骤 5：选中刚输入的“青末”文字图层，选择“窗口 > 字符”打开字符窗口，在字符属性窗口中设置字体为“华康金文体 W3”，字号为“300 点”，设置所选字符的字距调整为“200”，垂直缩放为“120%”，颜色为“RGB（50,15,15）”，消除锯齿的方法为“平滑”，如图 6-1-5 所示。设置完成后，调整文字至合适位置。效果如图 6-1-6 所示。

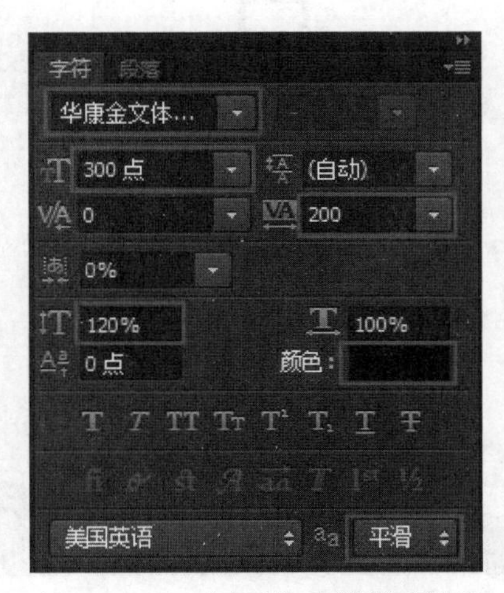

图 6-1-5　“青末”字符样式设置

图 6-1-6　输入“青末”效果图

步骤 6：选择直排文字工具 ，将鼠标光标移至工作区合适的位置，按住鼠标左键不放拖动至合适的位置后释放鼠标，绘制一个文本框，绘制完成后，文本框右上角出现闪烁的光标时，此时可以输入文字，如图 6-1-7 所示。

图 6-1-7　段落文本框

步骤 7：在字符选项栏中，设置字体为“张海山锐线体间”，字号为“30 点”，设置消除锯齿的方法为“锐利”，对齐方式为“顶对齐文本”，颜色为“RGB（90,50,50）”，如图 6-1-8 所示。

图 6-1-8　段落文字选项栏设置

步骤 8：设置完成后，可输入段落文字，输入过程中可按【ENTER】键开始一个新的段落，输入完成后，然后利用拖动方式选中全部段落文字，选择“窗口 > 字符”菜单，打开字符面板，进一步设置行距为“48 点”，设置所选字符的字距调整为“25”，垂直缩放为“120%”，如图 6-1-9 所示。

步骤 9：将光标放置在文本框的右下角，当光标呈↖↘形状时，单击并拖动鼠标将文本框调整至合适大小。设置完成后效果如图 6-1-10 所示。

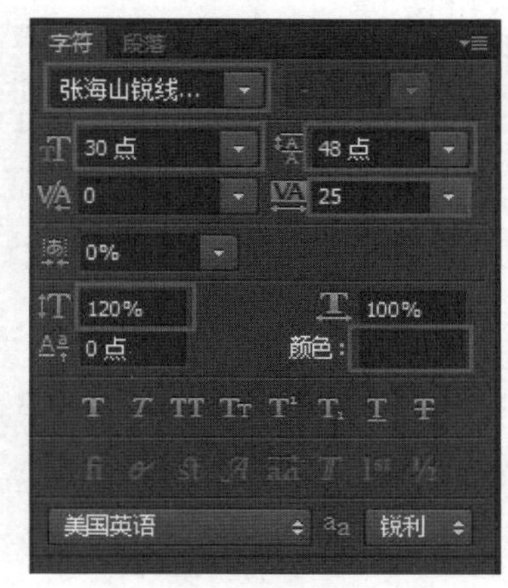

图 6-1-9　段落字符格式设置

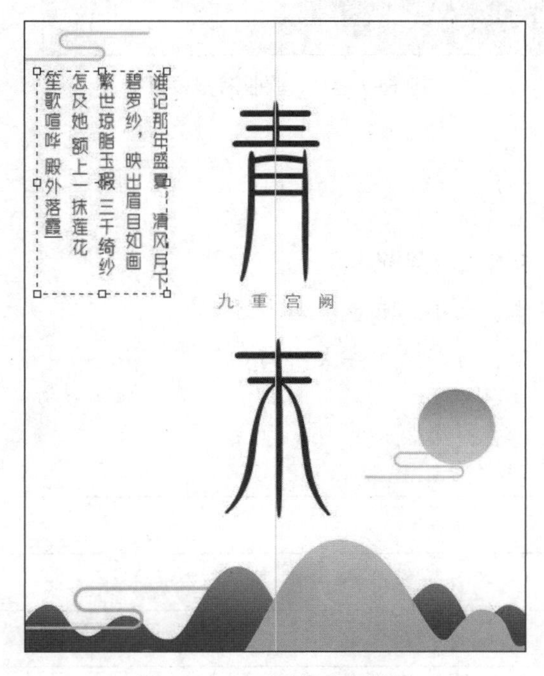

图 6-1-10　段落文本效果

步骤 10：将光标放置在文本框内部，按住【CTRL】键，当光标呈现黑色斜向上箭头时，将文本框移动至满意位置后，再按快捷键【CTRL+ENTER】确认输入，完成段落文字输入。最后将图像存储，即可完成制作。最终效果如图 6-1-11 所示。

图 6-1-11　歌曲海报效果图

【课堂提问】

1. 文字工具有几种主要形式？
2. 如何完成点文字和段落文字的输入？
3. 如何设置文字字体、大小、颜色、对齐方式？
4. 如何设置文字间距、行距、文字大小写？

【随堂笔记】

1.5　知识要点

1. 点文字

点文字是一个水平或垂直的文本行或单个文字，即选择文字工具后在图像窗口中直接单击，可创建输入点，并自动建立文本图层，然后在文本输入点输入文字即可。输入点文字时，每行文字都是独立的，行的长度随编辑增加或缩短，但不能自动换行，可以在键盘上按【ENTER】键来另起一行，按快捷键【CTRL+ENTER】结束输入，输入的文字较少时可以采用此种方式。

2. 段落文字

选择相应的文字工具，在图像中拖动以绘制出文本框，文本插入点会自动出现在文本框的前端，段落文字用于以一个或多个段落的形式输入文字，一般在输入的文字内容较多时用。当输入的文字到达文本框边缘时会自动换行，按【ENTER】键可以也可进行手动换行。

输入段落文字时，文字基于定界框的尺寸换行，如果刚开始绘制的文本框过小，会导致输入的文字内容不能完全显示在文本框中。此时，可以移动光标至文本框边缘，选中文本框的节点并向外拖动，改变文本框的大小，使文字全部显示出来。可以输入多个段落并对段落进行格式化；可以调整文本框的大小，使文字在调整后的矩形中重新排列；也可以使用文本框旋转、缩放和斜切文字。

3. 点文字和段落文字之间切换

要将点文字转换为带文本框的段落文字，只需执行“文字 > 转换为段落文本”命令；要将段落文字转换为点文字，只需执行“文字 > 转换为点文本”命令，即可完成转换。

4. 选择文字

要对输入的文字进行编辑或设置格式等操作，首先要选取文字。选择横排文字工具 T 或直排文字工具 ↓T，然后将光标移至文字区单击，系统会自动将文字图层设置为当前图层，并进入文字编辑状态，此时即可按住鼠标左键不放拖动选中单个或多个文字。双击文字图层的缩略图可以选中图层中的所有文字。

5. 文字工具选项栏

选择横排文字工具工具后，文本选项栏各项设置如图 6-1-12 所示。

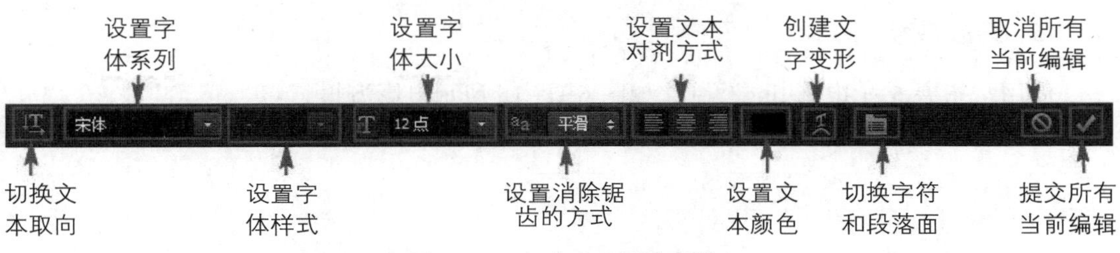

图 6-1-12　文字工具选项栏

6. “字符” 面板

选中要设置字符格式的文本，然后单击工具属性栏中的切换字符和段落面板按钮，或选择 “窗口 > 字符” 菜单项，打开 “字符” 面板，在其中可更改文字的字体、大小、颜色、行距、间距等属性，如图 6-1-13 所示。

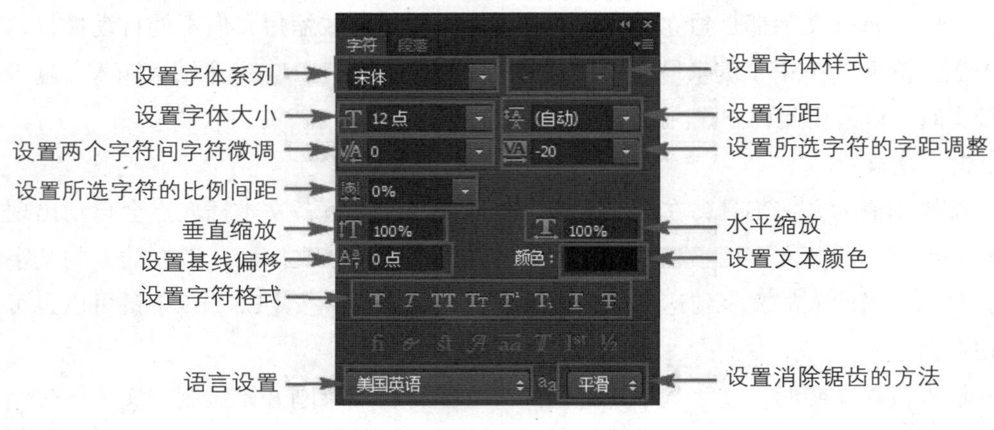

图 6-1-13　“字符” 面板

7. 设置段落格式

选中要设置段落格式的文本，选择 “窗口 > 段落” 菜单项，打开 “字符” 面板，利用 “段落” 面板可设置所选段落或光标所在段落的格式，如图 6-1-14 所示。

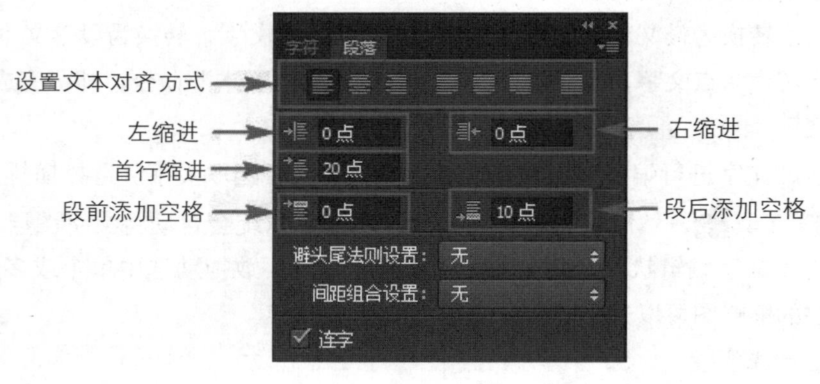

图 6-1-14　“段落” 面板

1.6　拓展练习

使用 “拓展 6-1 电影 .jpg” 制作如图 6-1-15 所示电影海报。

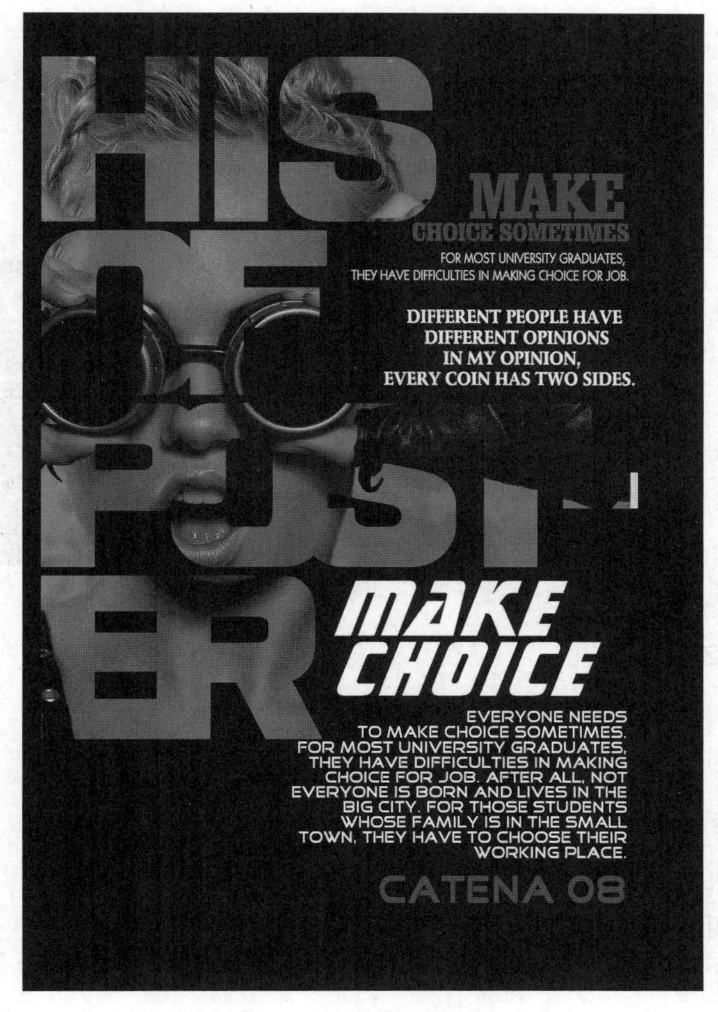

图 6-1-15　电影海报效果图

制作提示：

根据图示效果输入点文字和段落文字并设置相应的字符格式。

任务二　创建变形文字——青春集结号

2.1　任务描述

素材位置：PS 基础教程 / 素材 /CH06/6-2 素材 .jpg。

效果位置：PS 基础教程 / 效果 /CH06/6-2 青春集结号 .psd。

任务描述：使用文字工具，创建青春集结号变形文字，最终效果如图 6-2-1 所示。

图 6-2-1　青春集结号效果图

2.2　任务目标

1. 了解文字变形的基本特点。
2. 掌握文字变形的创建方法。

2.3　学习重点和难点

1. 文字变形特效的设置。
2. 灵活运用文字变形命令，创建具有艺术美感的文字。

2.4　任务实施

【关键步骤思维导图】

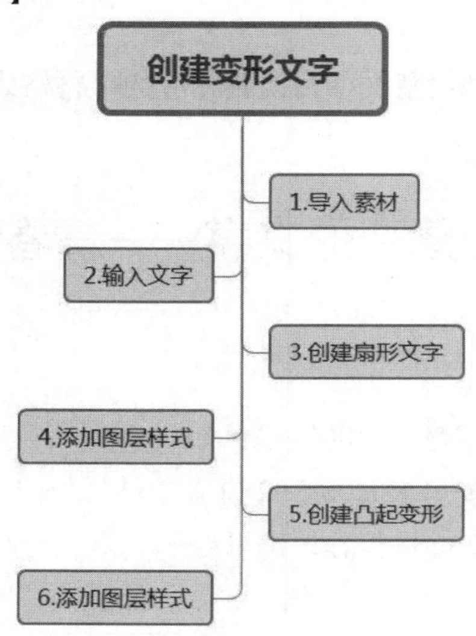

步骤 1：按快捷键【CTRL+O】，打开“6-2 素材 .jpg”，选中横排文字工具 ，在页面合适的位置输入文字“梦想在路上 青春不散场”输入完成后，选中刚输入的文字图层，选择“窗口 > 字符”菜单，设置字体为“叶友根毛笔行书”，字号为“60 点”，字距调整为“−100”垂直缩放为“150%”，颜色为“RGB（255,249,0）”，如图 6-2-2 所示。

步骤 2：保持选中文字图层，选择 “图层 > 文字 > 文字变形”菜单项，或者单击文字工具选项栏中的创建变形文字按钮 ，打开如图 6-2-3 所示“变形文字”对话框，然后在“样式”下拉列表中选择“扇形”样式，并设置弯曲为“50%”，单击“确定”按钮，即可创建变形文字。效果如图 6-2-4 所示。

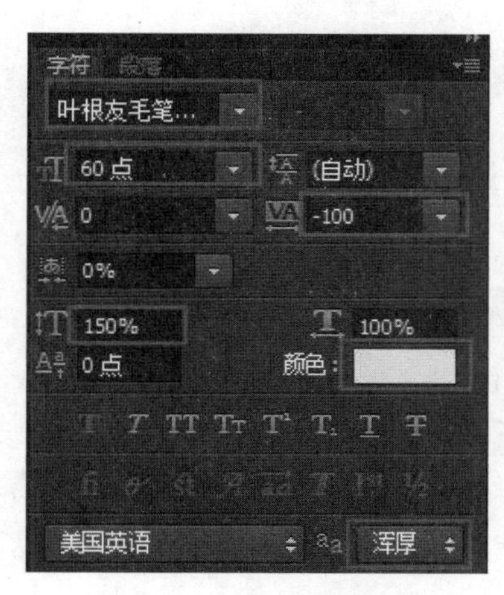

图 6-2-2　字符属性设置

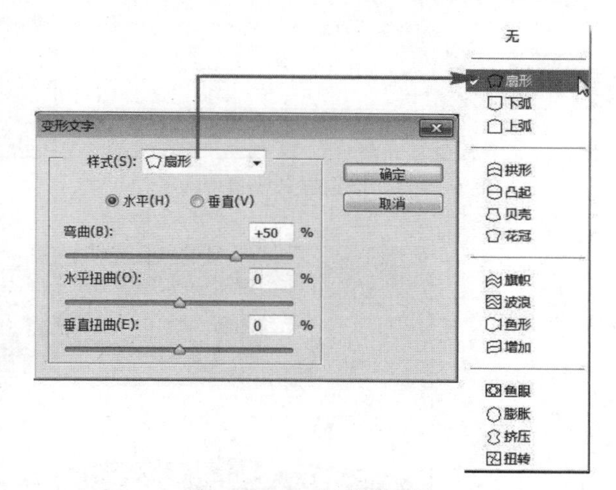

图 6-2-3　变形对话框

图 6-2-4　扇形效果

步骤 3：添加图层样式。继续保持选中文字图层，单击图层下方的图层样式按钮 fx，为文字图层添加“描边”样式，具体设置如图 6-2-5 所示。同时，为图层添加“投影”样式，具体设置如图 6-2-6 所示，设置完成后效果如图 6-2-7 所示。

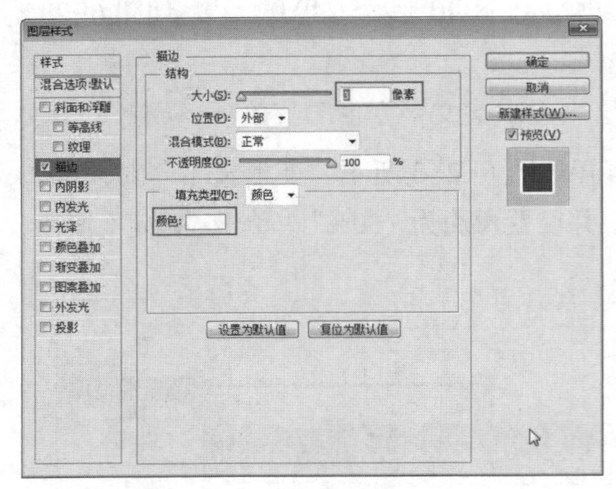

图 6-2-5　描边样式设置

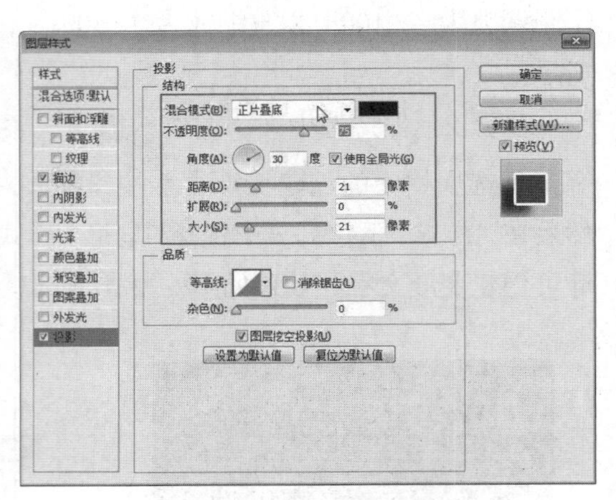

图 6-2-6　投影样式设置

图 6-2-7　添加图层样式后效果

步骤 4：继续使用横排文字工具 T，在页面合适的位置输入文字“青春集结号”，输入完成后，选中刚输入的文字图层，选择“窗口 > 字符”菜单，设置字体为“长城新艺体”，字号为“120 点”，字距调整为“-100”垂直缩放为“150%”，颜色为“RGB（182,6,0）”，如图 6-2-8 所示。

步骤 5：保持选中文字图层，单击创建文字变形按钮，打开“变形文字”对话框，具体设置如图 6-2-9 所示，单击“确定”按钮，再次创建变形文字。

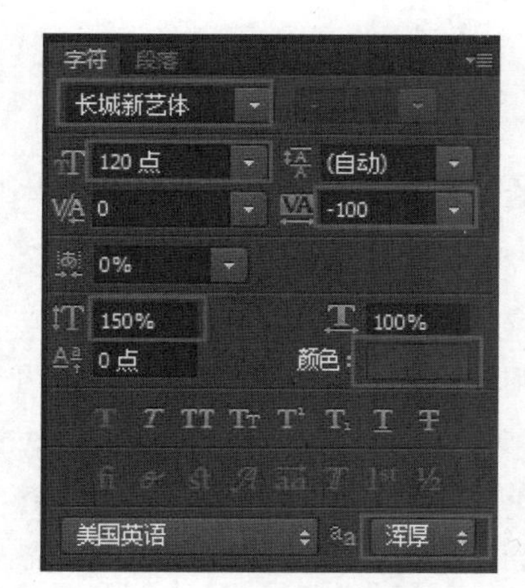

图 6-2-8　“青春集结号”属性设置

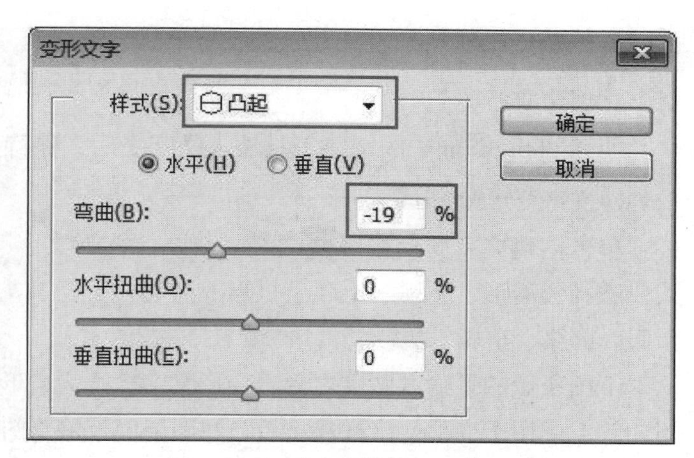

图 6-2-9　“青春集结号”变形设置

步骤 6：为文字图层添加同样的图层样式，具体设置参看图 6-2-5 和图 6-2-6 所示。设置完成后，完成变形文字创建，最后将图像另存即可。效果如图 6-2-10 所示。

图 6-2-10　“变形文字”最终效果

【课堂提问】

1. 文字变形有哪几种打开形式？

2. Photoshop 中可以创建的变形文字共有那些？

【随堂笔记】

2.5 知识要点

1. 创建变形文字

使用 Photoshop 中的文字工具输入文字之后，保持文字工具状态，单击上面选项栏的创建文字变形按钮。

单击创建文字变形按钮之后，弹出“变形文字”对话框，在样式下面有 15 种样式供选择：扇形，下弧、上弧、拱形、凸起，贝壳、花冠、旗帜、波浪、鱼形、增加、鱼眼、膨胀、挤压、扭转。

下图所示的是输入文字之后，变形文字样式为扇形的效果，在下面的参数可以调整扭曲等。应用了变形文字样式之后，在图层面板缩览图会看到一个弧形 T 字。如果不需要使用变形文字样式了，在样式下面选择第一个：无。

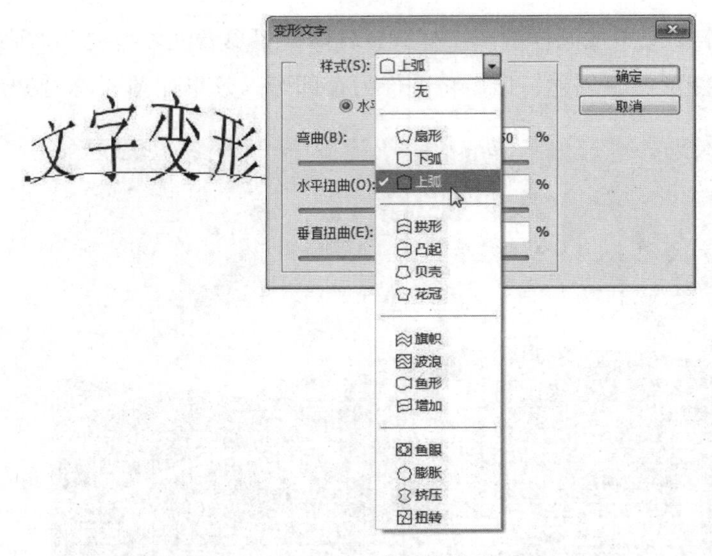

图 6-2-11 “变形文字”对话框

2. 转换为形状或者创建工作路径

同样的，我们输入文字之后，在文字图层面板单击鼠标右键，选择“转换为形状”或者“创建工作路径”，又或者保持文字工具状态在输入的文字中，单击鼠标右键，选择“变形文字”。

文字转换为路径之后，单击工具箱中的“直接选择工具”或者“钢笔工具”可以进行文字路径的编辑修改，如图 6-2-12 所示。

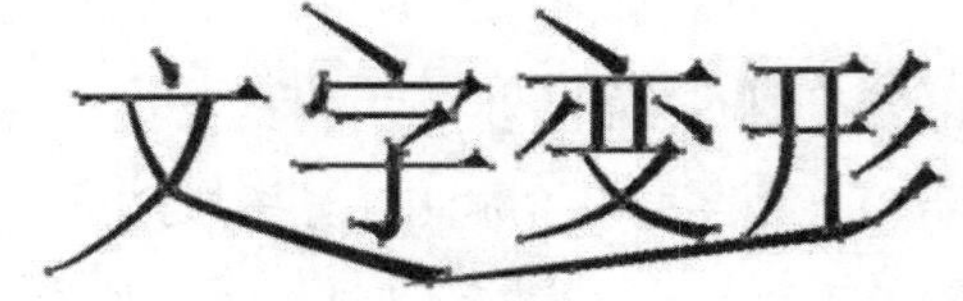

图 6-2-12 “直接选择工具”编辑路径

3. 自由变换创建变形

输入文字之后，将文字栅格化处理，转换为普通图层之后，按下【CTRL+T】进行自由变换，自由变换操作包括：透视、缩放、旋转、扭曲等等。

2.6 拓展练习

使用“拓展 6-2 摩托车 .jpg”制作如图 6-2-13 所示摩托车宣传画效果。

图 6-2-13 摩托车宣传画效果图

制作提示：

自上而下，分别创建波浪、凸起、扇形三种变形文字，注意设置字符属性并调节弯曲参数。

任务三 创建路径文字——绘制兰草图案

3.1 任务描述

素材位置：PS 基础教程 / 素材 /CH06/6-3 兰草 .jpg。

效果位置：PS 基础教程 / 效果 /CH06/6-3 兰草 .psd。

任务描述：创建沿路径或路径内部放置文字，完成兰草图案的绘制，最终效果如图 6-3-1 所示。

图 6-3-1　兰草效果图

3.2　任务目标

1. 了解钢笔工具或形状绘制工具绘制路径的方法。
2. 掌握用钢笔工具或形状工具创建路径文字的方法。

3.3　学习重点和难点

1. 路径创建方法。
2. 特殊效果路径文字创建方法。

3.4　任务实施

【关键步骤思维导图】

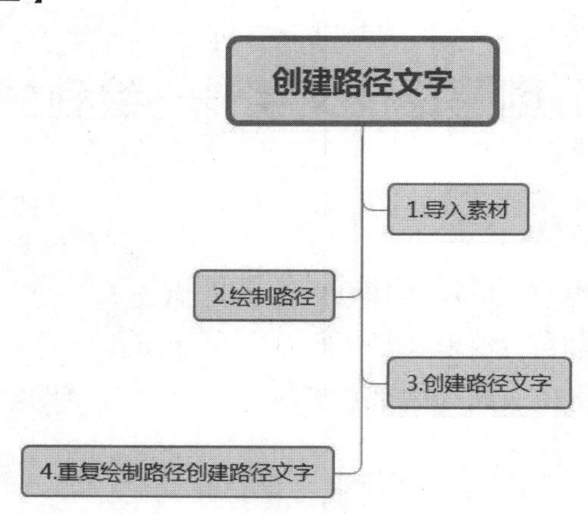

步骤 1：按快捷键【CTRL+O】，打开“6-3 兰草 .jpg”，点击工具箱中钢笔工具选择钢笔工具，沿图 6-3-2 所示位置绘制路径，绘制完成后按【ESC】键切断路径绘制。

图 6-3-2　绘制钢笔路径

步骤 2：选择横排文字工具，在工具选项栏中设置字体为“Jasminum”，字号为“60”，对齐方式为“左对齐”，字体颜色为“黑色”，然后将光标移至刚绘制的路径上，待光标呈现下方出现一条波浪线时单击，此时可以沿路径输入文字，如图 6-3-3 所示。

图 6-3-3　沿路径输入文字

步骤 3：重复执行“步骤 1”和“步骤 2”两次，只需更改字体大小，其余不变，完成其余钢笔路径文字绘制。效果如图 6-3-4 所示。

图 6-3-4　钢笔路径文字效果

步骤 4：在工具箱中点选椭圆工具，在上方的属性窗口中设置选择工具模式为“路径”，在画面中绘制一个椭圆路径。效果如图 6-3-5 所示。

图 6-3-5　绘制椭圆路径

步骤 5：选择横排文字工具 ，在工具选项栏中设置字体为 “Flame” ，字号为 “30” ，对齐方式为“左对齐”，字体颜色为“黑色”，沿刚绘制的椭圆路径输入文字。效果如图 6-3-6 所示。

图 6-3-6　椭圆路径文字效果

步骤 6：按快捷键【CTRL+ENTER】确认操作，完成路径文字创建，最后将图像另存即可。效果如图 6-3-7 所示。

图 6-3-7　兰草效果图

【课堂提问】

1. 如何使用钢笔工具创建和结束创建路径？

2. 形状路径的绘制方法？

【随堂笔记】

3.5 知识要点

1. 路径文字

Photoshop 路径文字就是让文字跟随路径的轮廓进行自由排列。这个功能将文字和路径进行了有效的结合，在很大程度上丰富了文字的图像效果。

沿路径绕排文字的方法：使用钢笔工具或形状工具在图像中绘制出路径，然后选择横排文字工具，将光标移动至绘制的路径上，当光标变成 形状时在路径上单击鼠标，光标会自动吸附到路径上，形成文本插入点，此时在文本插入点输入文字，文字会自动围绕路径排列。

2. 沿路径或图形内部创建路径文字

若要将路径文字放置在路径或图形内部，必须保证绘制的路径或图形是封闭状态，然后选择横排文字工具，将光标移动至绘制的路径上，当光标变成 形状时在路径上单击鼠标，可以让文字沿路径或图形内部排列。

3. 用文字创建工作路径

在 Photoshop 中，可以将文字转换为路径或形状，然后对齐进行各种变形操作，从而得到各种异形文字或艺术字。创建方法只需在“图层”面板中选择要转换为工作路径的文字图层，再在菜单中执行“文字 > 创建工作路径”命令，即可在文字的边缘创建工作路径。转换为工作路径后，可以使用路径选择工具对单个路径进行移动，还可以通过添加锚点工具调整路径的位置。此外，还能通过按快捷键【CTRL+ENTER】将路径转换为选区，让文字在文字型选区、文字路径以及文字型形状之间进行互相转换，变换出更多的文字效果。

4. 沿路径移动文字

输入文字后，使用直接选择工具，将光标移至路径文字上方，待光标呈形状后按住鼠标左键不放并沿路径拖动，可沿路径移动文字；如果沿垂直于文字的方向拖动，可翻转文字。

3.6 拓展练习

使用“拓展 6-3 素材 .jpg”制作如图 6-3-8 所示自行车文字路径效果。

图 6-3-8 自行车文字路径效果图

制作提示：

前后车轮的圆形路径文字用椭圆工具绘制，需设置椭圆工具选项栏中选择工具模式为“路径”，然后沿路径内部输入文字。

任务四　创建文字蒙版——制作自然海报

4.1　任务描述

素材位置：PS 基础教程 / 素材 /CH06/6-4 自然 .jpg。

效果位置：PS 基础教程 / 效果 /CH06/6-4 自然 .psd。

任务描述：使用文字蒙版工具，创建自然海报，最终效果如图 6-4-1 所示。

图 6-4-1　自然海报效果图

4.2　任务目标

1. 了解横排文字蒙版和直排文字蒙版工具的区别。
2. 掌握文字蒙版工具的使用方法。

4.3　学习重点和难点

1. 文字蒙版工具的创建方法。
2. 用文字蒙版工具制作特效字。

4.4　任务实施

【关键步骤思维导图】

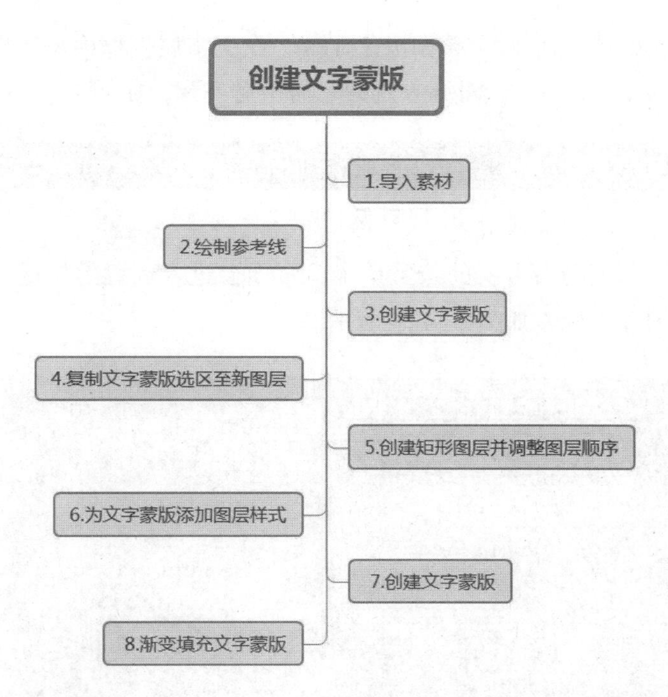

步骤 1：按快捷键【CTRL+O】，打开“6-4 自然 .jpg”，按快捷键【CTRL+R】，打开标尺，根据标尺在横向 150PX、800PX、1450PX 处，纵向 100PX、700PX 处分别拖拽参考线。效果如图 6-4-2 所示。

图 6-4-2　拖拽参考线

步骤 2：点选工具箱中横排文字蒙版工具，在文字属性框中设置字体为“叶友根毛笔行书”，字号为“300 点”，对齐方式为“居中对齐”，如图 6-4-3 所示。

图 6-4-3　“蒙版文字工具”选项栏

步骤 3：在图片上中间参考线的位置单击，页面会进入红色的快速文字蒙版状态，同时出现输入点的闪烁光标，如图 6-4-4 所示。

图 6-4-4　文字蒙版状态

步骤 4：输入文字“大自然”，输入完成后移动鼠标至文字区域外，当鼠标变成形状时，按下鼠标，将文字拖动至理想位置后松开鼠标，如图 6-4-5 所示。

图 6-4-5　文字蒙版状态

步骤 5：点击提交当前所有编辑按钮✓或按快捷键【CTRL+ENTER】完成文字蒙版输入，可退出文字蒙版，原先输入的文字以选区显示，如图 6-4-6 所示。

图 6-4-6　创建文字选区

步骤 6：按快捷键【CTRL+J】将选区复制到新图层“图层 1”，将“图层 1”重命名为“大自然”，选中“背景”图层，点图层框下方的创建新图层按钮或按快捷键【CTRL+SHIFT+N】，新建一个图层“图层 2”，将“图层 2”重命名为“矩形”，如图 6-4-7 所示。

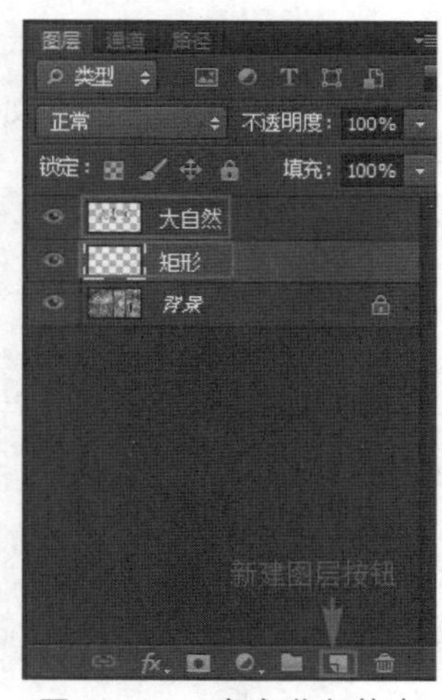

图 6-4-7　文字蒙版状态

步骤 7：选中“矩形”图层，选择工具箱中矩形选框工具，沿参考线位置绘制出矩形选区，设置前景色为白色，按快捷键【ALT+DELETE】将矩形选区填充白色，按快捷键【CTRL+D】取消选区，此时“大自然”三个字显现出来，如图 6-4-8 所示。

图 6-4-8　绘制并填充矩形选区

步骤 8：选中“矩形”图层，调整“矩形”图层的不透明度为“65%”，设置完成后效果如图 6-4-9 所示。

图 6-4-9　图层不透明度调整

步骤 9：按选中“大自然”图层，为图层添加投影样式，投影参数设置如图 6-4-10 所示。设置完成后效果如图 6-4-11 所示。

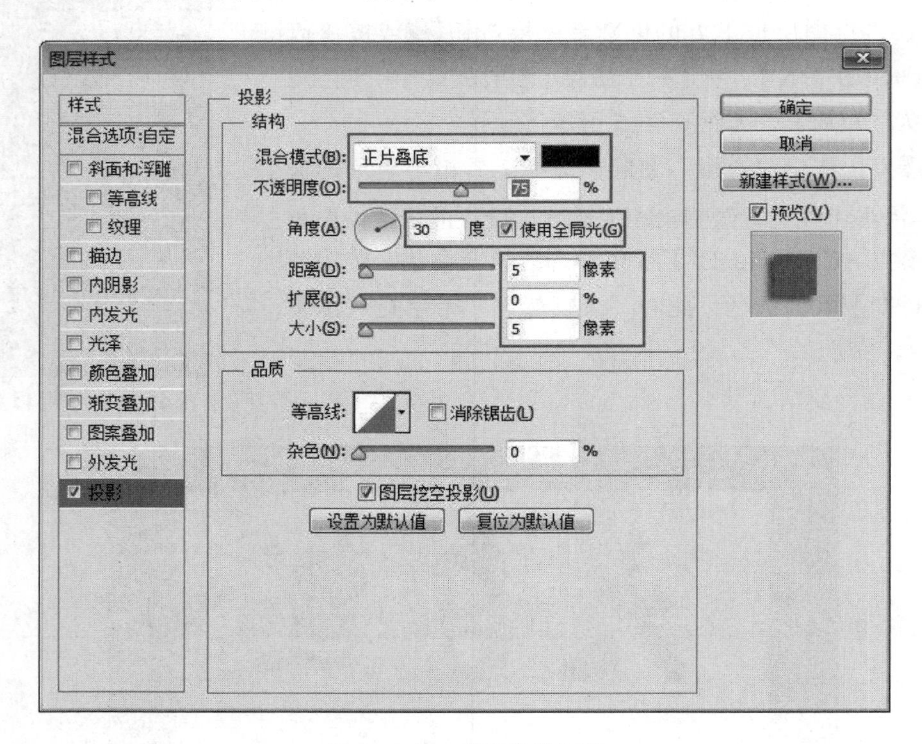

图 6-4-10　投影参数设置

图 6-4-11　投影效果图

步骤 10：按快捷键【CTRL+SHIFT+N】新建图层，将新图层重命名为“渐变文字”，点选工具箱中横排文字蒙版工具，设置字符选项栏如图 6-4-12 所示。

图 6-4-12　设置“字符”选项栏

步骤 11：将光标定位至横向 800PX 位置，输入蒙版文字“让自然回到城市，让人回到自然”，输入完成后，拖选输入文字，打开“窗口 > 字符”，设置属性如图 6-4-13 所示。

步骤 12：按照“步骤 4”所示方法，将文字移至合适位置，按快捷键【CTRL+ENTER】确认完成文字蒙版输入，如图 6-4-14 所示。

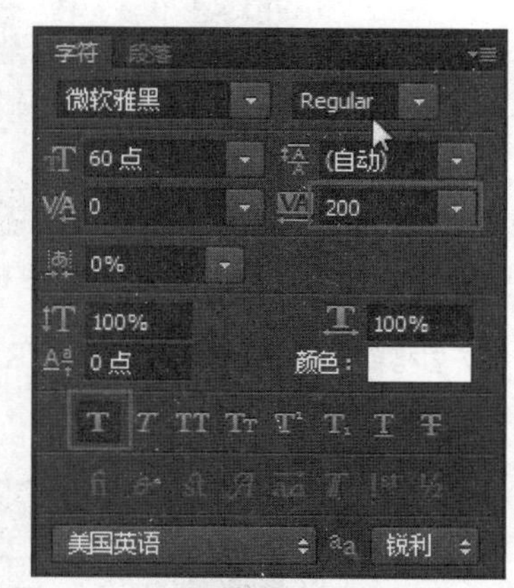

图 6-4-13　调整字符间距和仿粗体

图 6-4-14　设置投影参数

步骤 13：设置前景色为“RGB（255,0,0）”，背景色为“RGB（85,3,3）”，选择渐变工具，在渐变工具的属性栏中点按可编辑渐变的下拉箭头，双击选择“前景色到背景色渐变”，如图 6-4-15 所示。

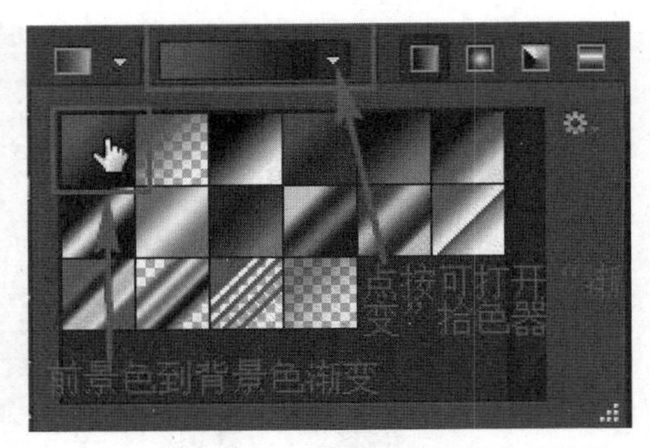

图 6-4-15　选中前景色到背景色的渐变

步骤 14：在刚建好的文字蒙版选区中，垂直下拉拖动，为文字蒙版填充前景色到背景色的渐变，填好渐变后，按快捷键【CTRL+D】取消选区，如图 6-4-16 所示。

图 6-4-16　为文字蒙版填充渐变颜色

步骤 15：按快捷键【CTRL+;】将参考线隐藏，最后将图像文件存储，最终效果如图 6-4-17 所示。

图 6-4-17　自然效果图

【课堂提问】

1. 文字蒙版工具有几种？
2. 如何设置文字蒙版工具字符属性？
3. 如何为蒙版文字填充渐变色？
4. 如何移动文字蒙版？

【随堂笔记】

4.5　知识要点

1. 横排文字蒙版工具

横排文字蒙版工具用于在图像中创建文字选区。当使用横排文字蒙版工具编辑文字时，是在蒙版状态下进行编辑的，退出蒙版后，原先输入的文字以选区的形式显示。

在文字选项栏中可以对文字的字体与大小进行设置，在“字符”面板中也可以对文字的字体和大小进行设置。通过更改文字的字体、大小等属性可以改变视觉效果。

2. 直排文字蒙版工具

直排文字蒙版工具用于输入垂直方向的文字，在其他方面和横排文字蒙版工具的使用方法一样。

3. 文字蒙版工具与普通文字工具的区别

两者之间最大的区别在于文字蒙版工具可以用来创建未填充颜色的、以文字为轮廓边缘的选区，可以通过为文字选区填充颜色、渐变颜色或图案，来制作更多、更特别的文字效果。

4.6 拓展练习

使用“拓展 6-4 彩女郎 .jpg”和“拓展 6-4 光圈 .jpg”制作如图 6-4-18 所示 CD 封面效果。

图 6-4-18　CD 封面效果图

制作提示：

用文字蒙版工具在上面的图层创建选区并删除，制作镂空文字，将镂空添加投影效果即可。

本章小结

本章主要讲解了文字工具（包括横排文字工具、直排文字工具、横排文字蒙版工具与直排文字蒙版工具）的使用方法和使用技巧。结合实例介绍了如何使用文字工具创建点文字与段落文字、变形文字、路径文字和文字蒙版。

学习自测

一、填空题

1. 文字工具的快捷键是 ________。

2. Photoshop 中有四种文字工具，包括 ________、________、横排文字蒙版工具和 ________。

3. 根据使用文字工具的不同可以输入 ________ 或 ________。

4. 字符面板主要用于设置文本的 ________、________、________、________、________、颜色等属性。

二、选择题

1. ________ 主要用于设置段落文本的对齐、缩进、段前 / 段后间距等属性。

A. 路径面板　　B. 图层面板　　C. 字符面板　　D. 段落面板

2. 在创建 ________ 时，文字基于定界框的尺寸换行；可以输入多个段落并对段落进行格式化。

A. 点文字　　B. 路径文字　　C. 段落文字　　D. 变形文字

3. 输入文字时，如果希望改变文字位置，可按住 ________ 键单击并拖动文字。

A. SHIFT　　B. CTRL　　C. ALT　　D. ENTER

4. 将文字沿路径放置后，若要改变文字在路径上的位置，且不移动路径，需要使用 ________。

A. 路径选择工具　　B. 直接选择工具

C. 选择工具　　D. 抓手工具

三、简答题

1. 如何创建变形文字？

2. 简述创建文字蒙版的操作方法？

3. 简述创建路径文字的操作方法？

路径与形状

本章主要介绍 Photoshop 中绘制矢量图形时经常用到的工具的使用方法，例如，用形状工具绘制像素图形与形状图形，用路径类工具绘制路径并对路径进行编辑与应用，等等，从而帮助用户了解其使用方法，以便在实际操作中能应用自如。

学习目标：

◇ 了解形状工具
◇ 了解路径的含义
◇ 掌握形状图形的绘制方法
◇ 掌握路径的基本编辑方法

任务一　绘制形状——绘制铅笔

1.1　任务描述

效果位置：PS 基础教程 / 效果 /CH07/7−1 铅笔 .psd。

任务描述：使用形状工具，绘制卡通铅笔图标，最终效果如图 7−1−1 所示。

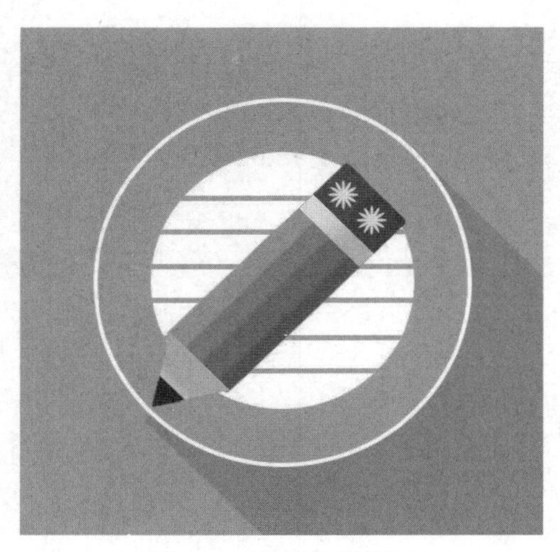

图 7−1−1　铅笔效果图

1.2　任务目标

1. 了解形状工具的特点。
2. 掌握形状工具的使用方法。

1.3　学习重点和难点

1. 形状工具的使用方法。
2. 形状工具的路径操作。

1.4　任务实施

【关键步骤思维导图】

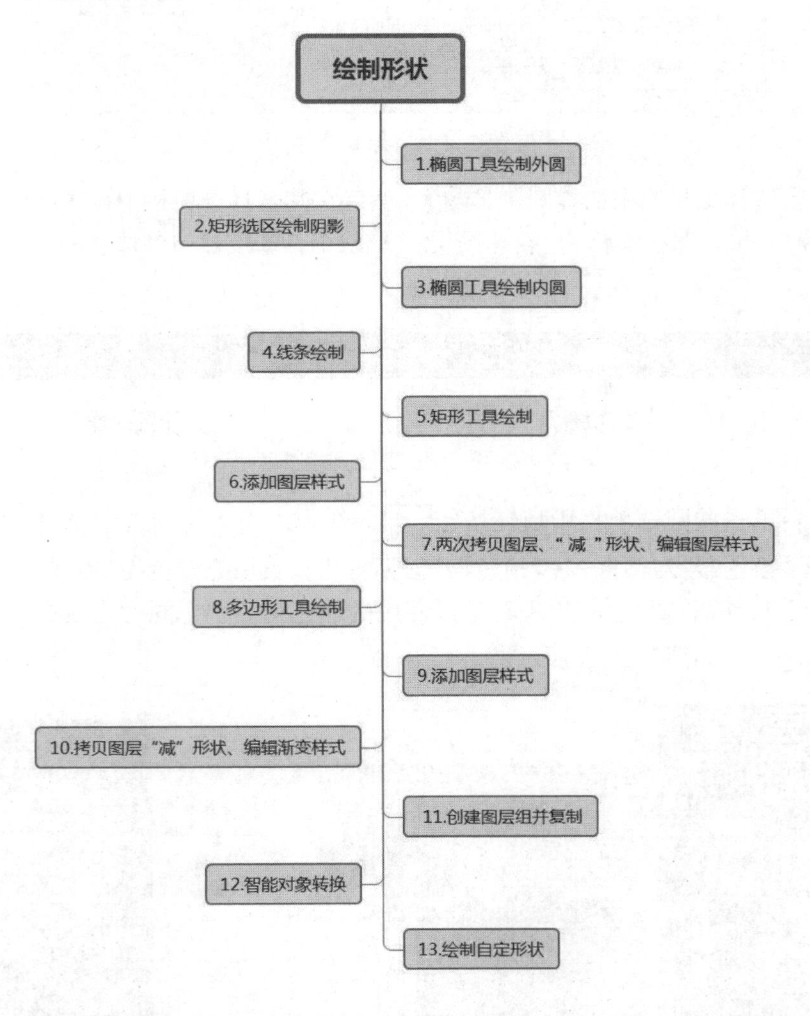

步骤 1：按快捷键【CTRL+N】新建 500PX * 500PX 画布，将背景层填充为 RGB（2,220,206），如图 7-1-2 所示。

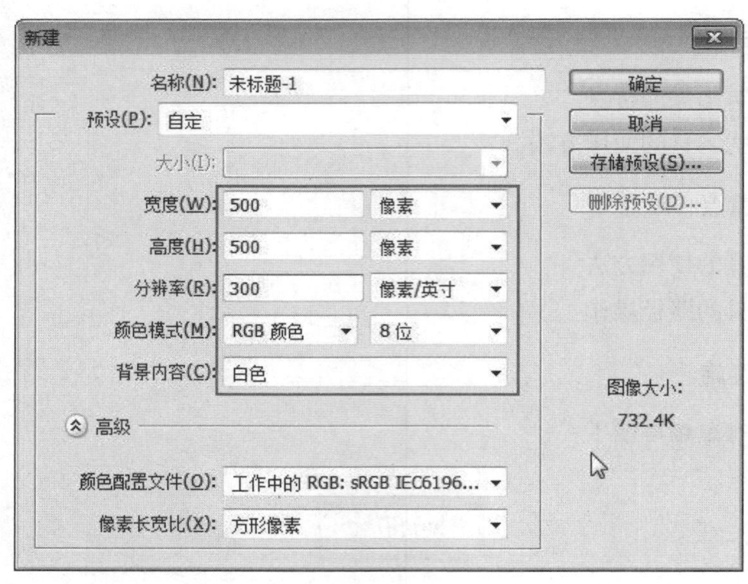

图 7-1-2 新建文件

步骤 2：选择工具箱中的椭圆工具，然后在其工具选项栏中设置绘图模式为“形状”，描边为“1 点”，路径操作为“新建图层”。形状工具选项栏中各选项的意义如图 7-1-3 所示。

图 7-1-3 “椭圆工具”选项栏

步骤 3：单击椭圆选项栏中填充按钮，在弹出的下拉列表中单击“拾色器”按钮，打开“拾色器”对话框，在“拾色器”对话框中设置填充颜色为“RGB(2,220,206)”，单击“确定”按钮后该颜色将出现在最近使用的颜色列表中，同时“填充”按钮也会变为刚设置的颜色，如图 7-1-4 所示。

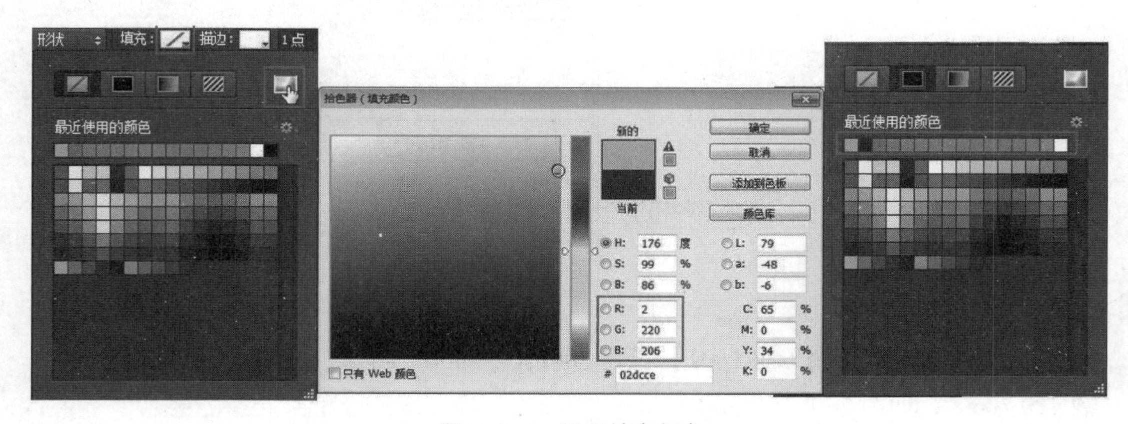

图 7-1-4 设置填充颜色

步骤 4：按快捷键【CTRL+R】打开标尺，在横向和纵向居中的位置分别拖拽参考线，按住【SHIFT】键单击并拖动鼠标绘制一个 362PX*362PX 的正圆形，如图 7–1–5 所示。此时，在“图层”面板中自动生成一个“椭圆 1”形状图层，将图层重命名为“圆”。

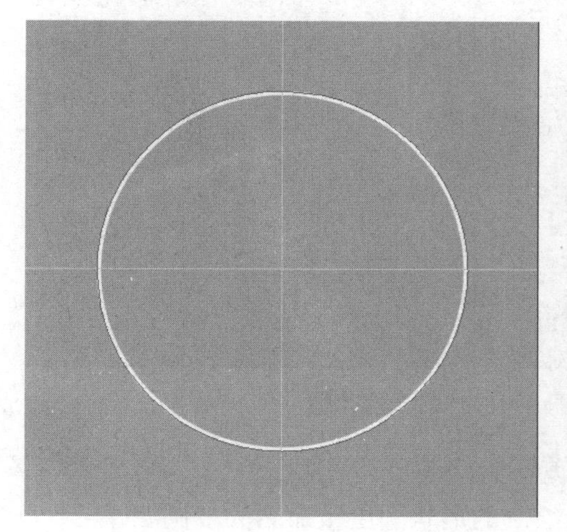

图 7–1–5　绘制圆形

步骤 5：按快捷键【CTRL+SHIFT+N】新建一个图层，选择工具箱中矩形选框工具，画一个长方形，填充为“RGB（0,0,0）”，然后按快捷键【CTRL + T】显示自由变换框，将图形旋转 45 度左右，大小自己调到合适，然后调到恰当位置，将图层重命名为“阴影”，如图 7–1–6 所示。

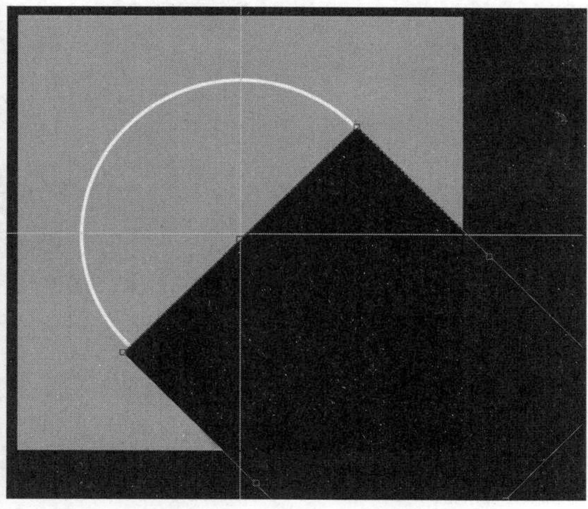

图 7–1–6　绘制阴影区域

步骤 6：调整图层顺序，将“阴影”图层移到“圆”图层下方，设置阴影图层的不透明度为“8%”，如图 7–1–7 所示。

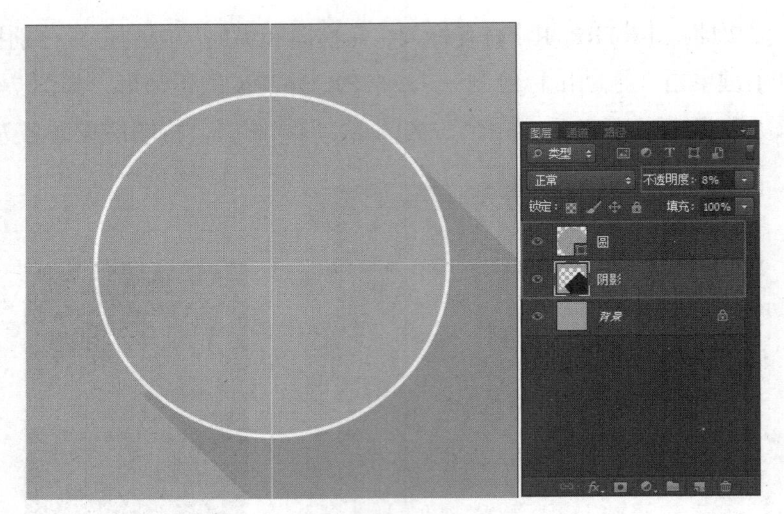

图 7-1-7　段落文本框

步骤 7：选择椭圆工具，以参考线中心为中心，画一个 252PX * 252PX 的正圆，填充为白色，如图 7-1-8 所示。将新绘制的形状图层重命名为“圆 2”。

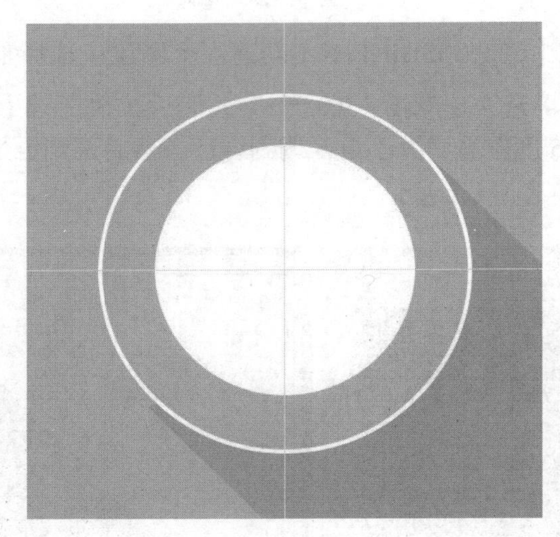

图 7-1-8　绘制内圆

步骤 8：按快捷键【CTRL+SHIFT+ALT】新建图层，用矩形选框工具画一个细长的长方形，填充颜色为“RGB（194,200,200）”，然后按快捷键【CTRL+J】复制多个并移动至合适位置，如图 7-1-9 所示。

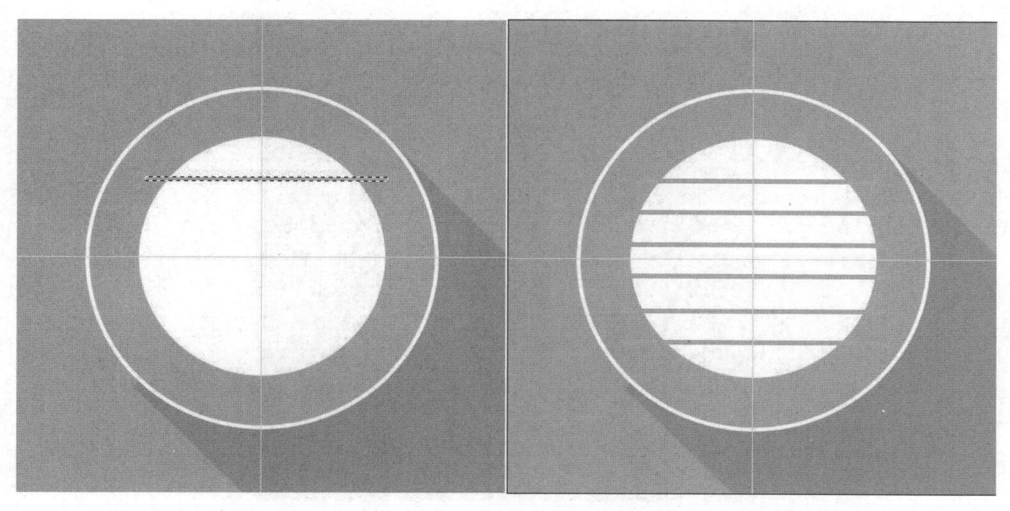

图 7–1–9　绘制线条

步骤 9：选中这几个长条图层，按快捷键【CTRL + E】合并图层，将合并后的图层重命名为“线条”，然后选中“线条”图层，按住【CTRL】键同时用鼠标单击“圆 2”图层缩略图，按快捷键【CTRL + SHIFT + I】反选，按【DELETE】键删除圆外多出的线条。设置完成后效果如图 7–1–10 所示。

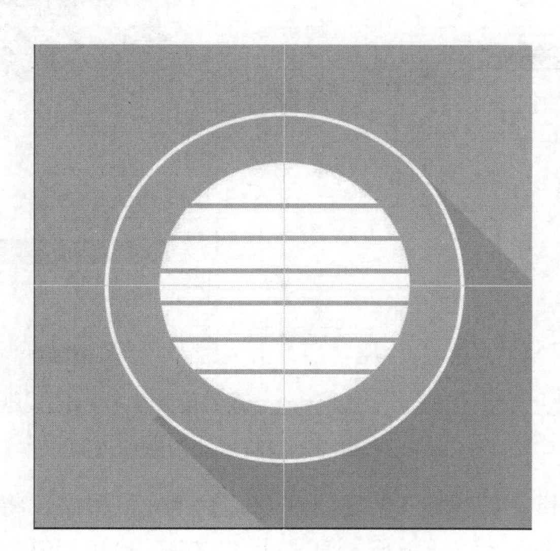

图 7–1–10　线条绘制效果

步骤 10：选择工具箱中圆角矩形工具，设置填充颜色为“RGB（228,70,61）”，半径为“5 像素”。矩形工具箱各项属性设置如图 7–1–11 所示。绘制一个长方形，将新图层重命名为“铅笔 1”，如图 7–1–12 所示。

图 7–1–11　矩形工具属性

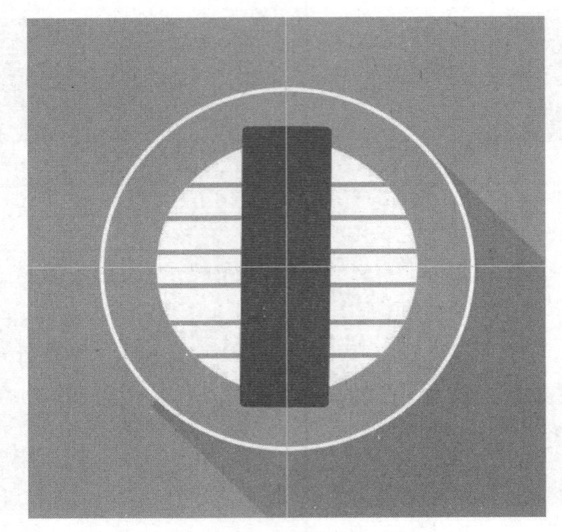

图 7-1-12 绘制矩形

步骤 11：为“铅笔 1”图层添加“渐变叠加”的图层样式。双击可编辑渐变颜色，渐变编辑器详细设置如图 7-1-13 所示。

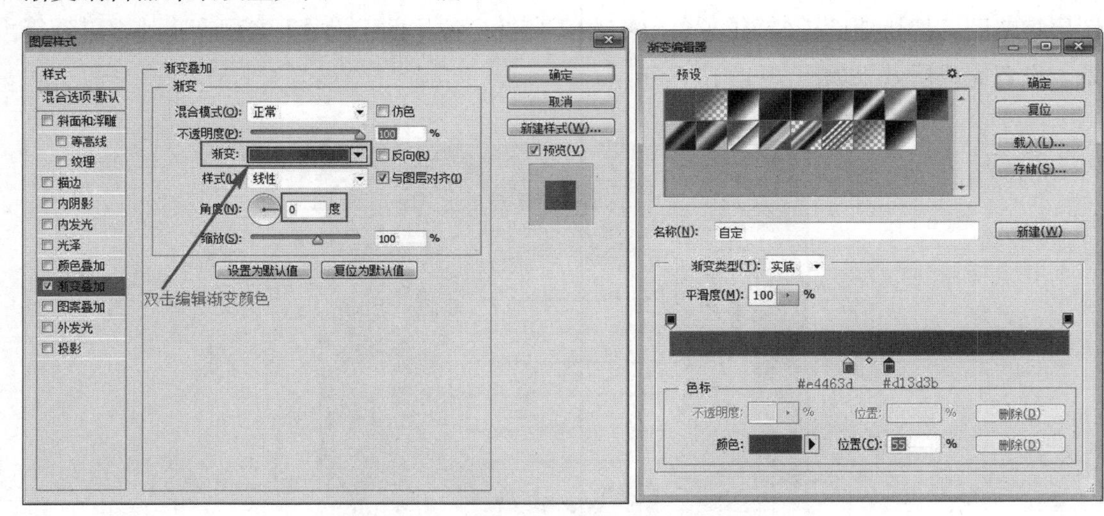

图 7-1-13 设置渐变样式和渐变编辑器

步骤 12：按快捷键【CTRL+J】复制这个“铅笔 1”图层，将新图层重命名为“铅笔 2”，按住【ALT】键同时拖动矩形工具减去一部分，编辑“铅笔 2”图层的图层样式，渐变编辑器设置和完成效果如图 7-1-14 所示。

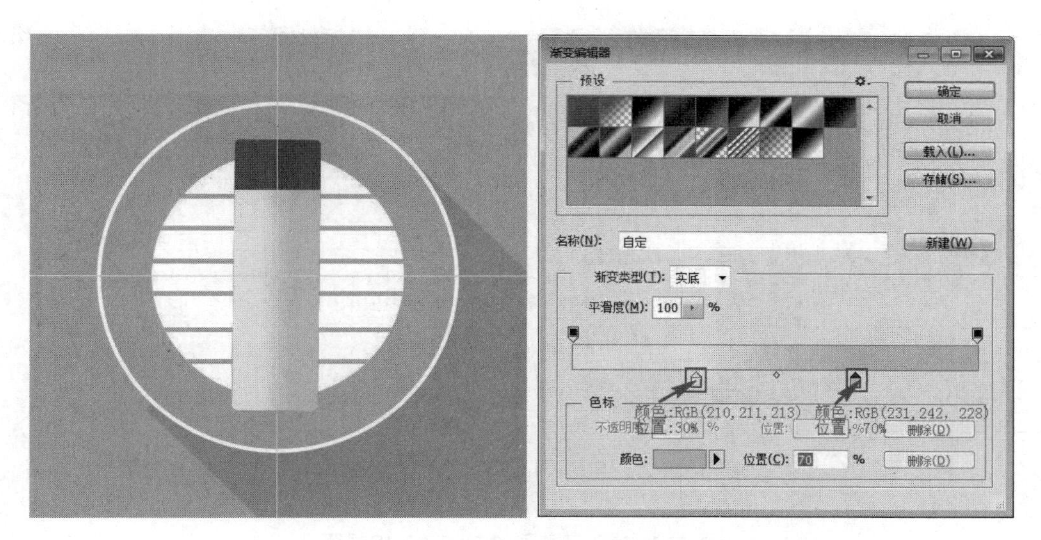

图 7-1-14　第一次“减去”矩形和渐变编辑器设置

步骤 13：按快捷键【CTRL+J】复制这个“铅笔 2”图层，将新图层重命名为“铅笔 3”，重复“步骤 12”中减去一部分矩形并设置渐变编辑器如图 7-1-15 所示。

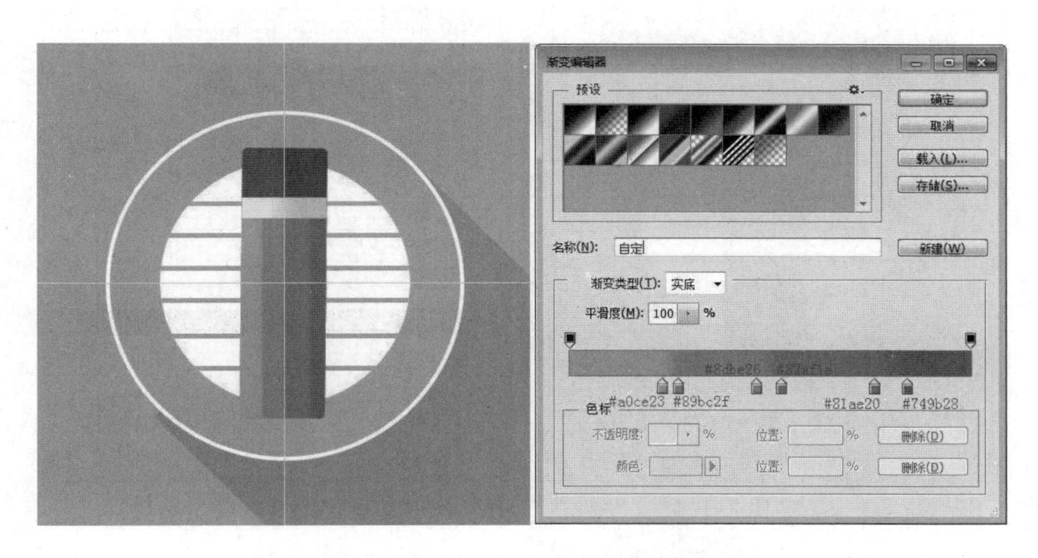

图 7-1-15　第二次“减去”矩形和渐变编辑器设置

步骤 14：选择工具箱中多边形工具，设置边为“3”。在图中绘制一个三角，将新图层重命名为“铅笔 4”，如图 7-1-16 所示。

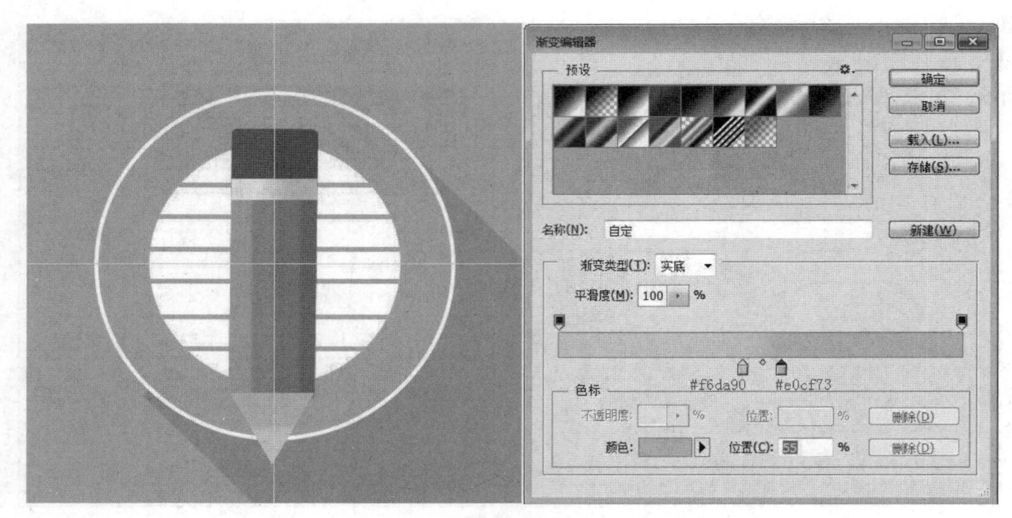

图 7-1-16 三角形绘制和渐变编辑器

步骤 15：按快捷键【CTRL+J】复制“铅笔 4”至新图层，继续按下【ALT】键 + 矩形工具拖动减去上面一部分，将新图层重命名为“铅笔 5”，设置完成后如图 7-1-17 所示。

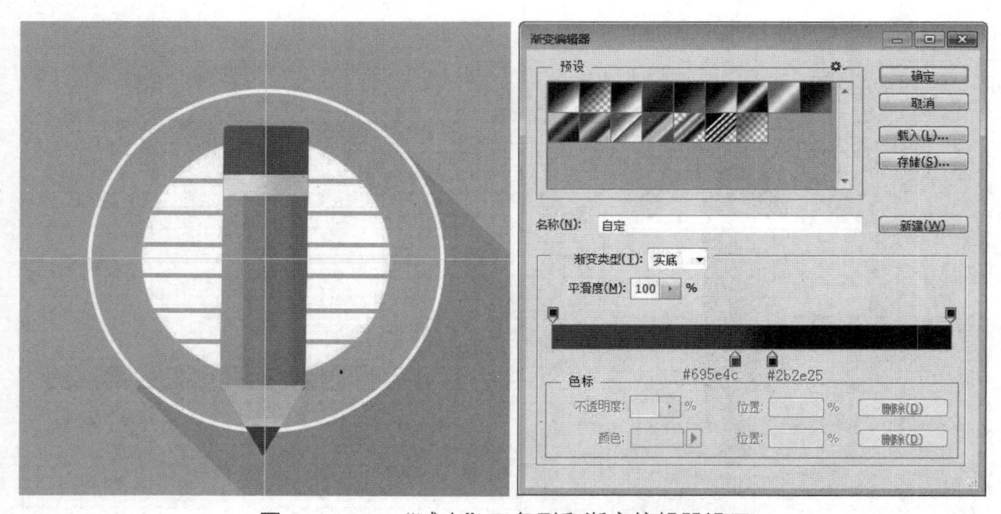

图 7-1-17 “减去”三角形和渐变编辑器设置

步骤 16：新建一个组，命名“铅笔”，将“铅笔 1”至“铅笔 5”放进组里，按快捷键【CTRL+J】复制一个，命名为“铅笔副本”，在弹出的快捷菜单中右键单击，选择“转换为智能对象”，旋转“铅笔副本”图层 45 度左右并调整大小，关闭铅笔组的眼睛让其隐藏，如图 7-1-18 所示。

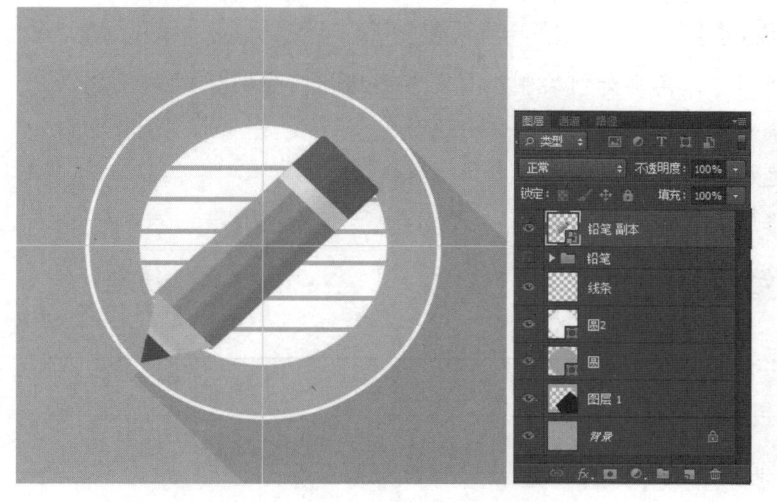

图 7-1-18　旋转“铅笔”和图层排列

步骤 17：选择工具箱中的自定形状工具，单击选项栏“形状”右侧的下拉三角按钮，在弹出的“自定形状”面板中选择“花 5”，如图 7-1-19 所示。接着在工具选项栏中设置“填充”颜色为“RGB（255,241,0）”，在铅笔的顶部绘制两次花朵形状并调整至合适的位置。

图 7-1-19　选择“形状”形状类型

步骤 18：绘制完成后，选中新绘制的“形状 1”“形状 2”图层，按快捷键【CTRL+E】，将图层合并，将图层重命名为“花朵”，最后将图像另存。最终效果如图 7-1-20 所示。

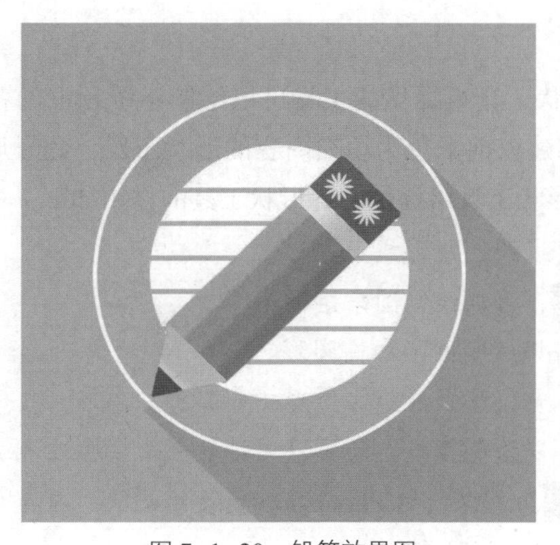

图 7-1-20　铅笔效果图

【课堂提问】

1. 圆角矩形、三角形如何绘制？自定义形状如何绘制？

2. 形状绘制中如何“减去”一部分区域？

3. 如何追加自定义形状？

4. 如何将组转化为智能对象？

【随堂笔记】

1.5 知识要点

1. 形状工具

使用 Photoshop 形状工具组提供的工具可以绘制系统预设的各种形状或路径。绘制形状时，系统将自动创建以前景色为填充内容的形状图层，此时形状被保存在图层的矢量蒙版中。Photoshop 形状工具组提供的各形状工具的作用如下：

- 矩形工具：可以绘制矩形或正方形。
- 圆角矩形工具：可以绘制圆角矩形。
- 椭圆工具：可以绘制圆形和椭圆形。
- 多边形工具：可以绘制等边多边形，如等边三角形、五角星和星形。
- 直线工具：可以绘制直线，还可以通过设置工具属性来绘制带箭头的直线。
- 自定形状工具：可以绘制 Photoshop 预设的形状、自定义的形状或者是外部提供的形状，如箭头、花朵、心形等。

2. 工具选项栏

形状工具箱各选项的意义如图 7-1-21 所示。

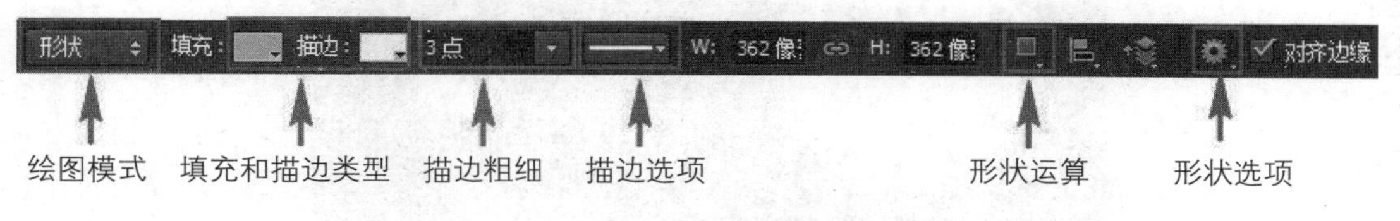

图 7-1-21　工具箱属性

● 绘图模式：在“绘图模式”下拉列表中，“形状”表示绘制图形时将创建形状层，此时所绘制的形状将被放置在形状层的蒙版中；“路径”表示绘制时将创建路径，不生成形状；“像素”表示绘制时生成位图。

● 填充和描边类型：若设置的绘图模式为“形状”，可分别单击选项栏中的“填充”填充：按钮和“描边”描边：按钮，在弹出的下拉面板中选择用纯色、渐变或图案对图形进行填充和描边。

● 描边粗细：在 3点 编辑框中输入数值可设置描边粗细，单位为像素。

● 描边选项：单击下拉按钮可打开一个下拉面板，在该面板中可以设置描边的线形和端点形状。

● 形状运算：当需要在一个形状图层中绘制多个形状时，单击形状运算按钮，可在弹出的下拉列表中选择形状的运算方式。

● 形状选项：单击工具选项栏中的按钮，可在弹出的对话框中设置相关工具的参数。

3. “加”区域和“减”区域

在原来绘制的形状区域上，若按住【SHIFT】键之后再进行绘制，可同时保留原绘制形状和新绘制形状；若按住【ALT】之后再进行绘制，最终得到的形状就是在原选区的基础上减去重合的部分。简言之，按下【SHIFT】键是加的关系，按下【ALT】键是减的关系。

4. 形状绘制技巧

（1）选择“图层 > 栅格化 > 形状”菜单可将形状图层转换为普通图层。

（2）按住【CTRL】键同时单击形状图层缩略图或者在选中形状图层后按快捷键【CTRL+ENTER】可将形状转换为选区。

（3）在绘制形状的过程中按住【SHIFT】键，将等比例绘制图形，如正圆、正方形等。

1.6　拓展练习

使用“拓展 7-1 素材 .jpg”制作如图 7-1-22 所示卡通钟表效果。

图 7-1-22　卡通钟表效果图

制作提示：

利用“椭圆工具”绘制钟表的底盘，然后利用“直线工具”绘制钟表的刻度和指针，最后利用“自定形状工具”绘制月亮和星星。

任务二　绘制和选取路径——绘制卡通猫

2.1　任务描述

效果位置：PS 基础教程 / 效果 /CH07/7-2 卡通猫 .psd。

任务描述：使用钢笔工具配合其他工具绘制卡通猫轮廓，最终效果如图 7-2-1 所示。

图 7-2-1　卡通猫效果图

2.2　任务目标

1. 了解路径类工具与路径。
2. 掌握路径类工具的绘制方法。
3. 掌握选取路径的方法。

2.3　学习重点和难点

1. 钢笔工具组的使用方法。
2. 直接选择工具和路径选择工具的使用方法。

2.4　任务实施

【关键步骤思维导图】

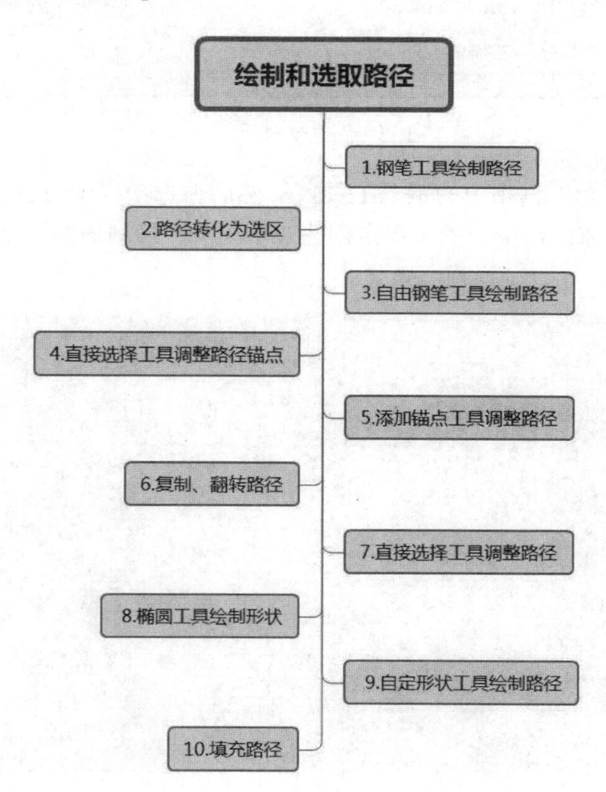

步骤 1：设置背景颜色为 RGB（117, 201, 172），然后接快捷键【CTRL+N】新建 500 PX*300PX，颜色模式为“RGB 颜色”，背景内容为“背景色”的文件，如图 7-2-2 所示。

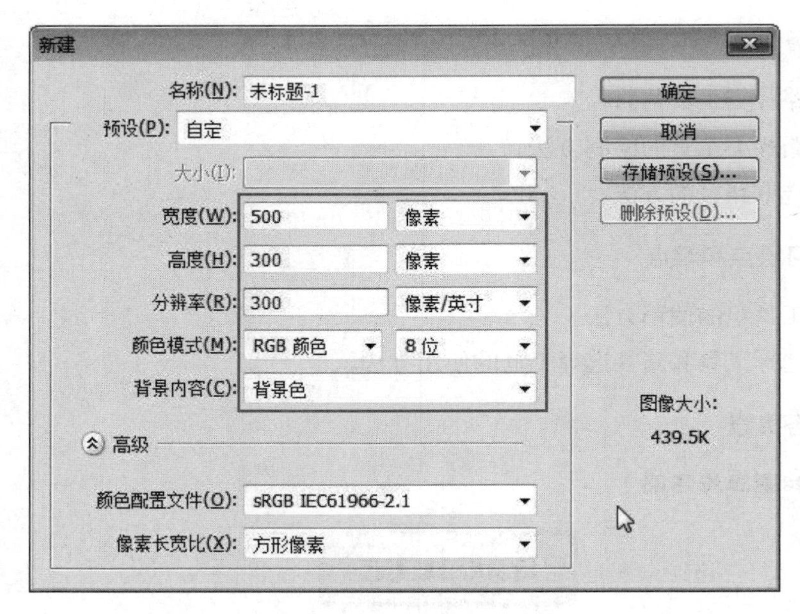

图 7-2-2　新建文件

步骤 2: 新建图层，选择工具箱中的钢笔工具，然后在选项栏中设置工具模式为“路径”。把鼠标光标移至图像窗口中，依次单击创建 3 个锚点，绘制猫的耳朵，如图 7-2-3 所示。

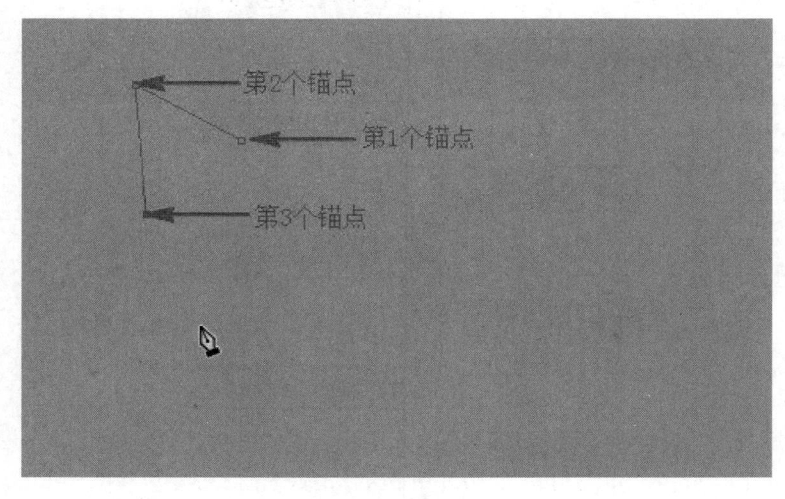

图 7-2-3　绘制锚点

步骤 3：在图 7-2-4 所示位置单击并按住鼠标左键不放向右拖动，拖出两个方向控制杆，这样小猫咪的左半边脸的轮廓就绘制出来了。

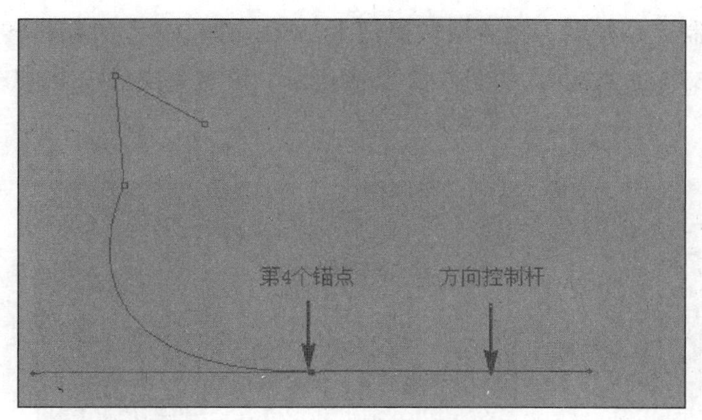

图 7-2-4　绘制猫脸轮廓

步骤 4：按快捷键【CTRL+R】在图像窗口中显示标尺，然后分别在第 1、2 和 3 个锚点处创建水平参考线，再将光标移至图 7-2-5 所示位置单击，绘制第 5、6、7 个锚点。

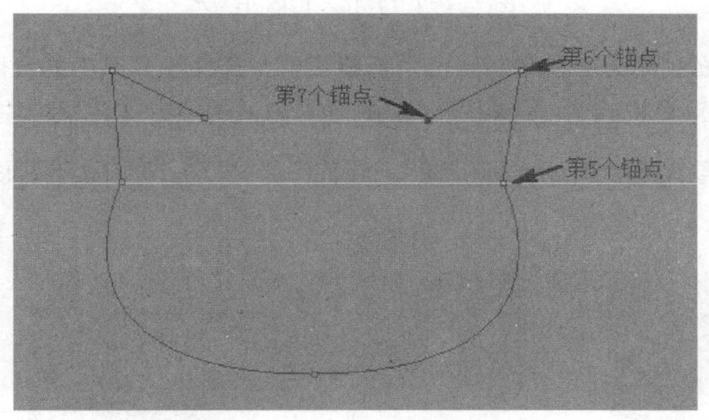

图 7-2-5　创建其他锚点

步骤 5：将光标移至起点，此时光标呈 形状，单击，封闭形状，这样小猫的脸的轮廓就绘制好了，按快捷键【CTRL+;】隐藏参考线，如图 7-2-6 所示。

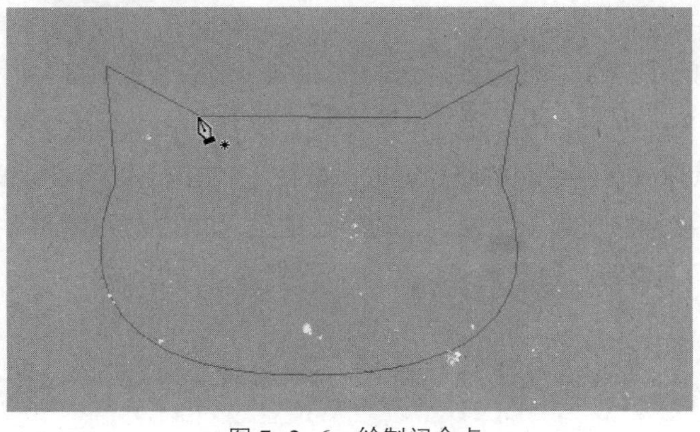

图 7-2-6　绘制闭合点

步骤 6：绘制完路径后，接着按快捷键【CTRL+ENTER】将路径转化为选区，并填充白色 RGB（255,255,255），如图 7-2-7 图所示。填充完成后按快捷键【CTRL+D】取消选区。

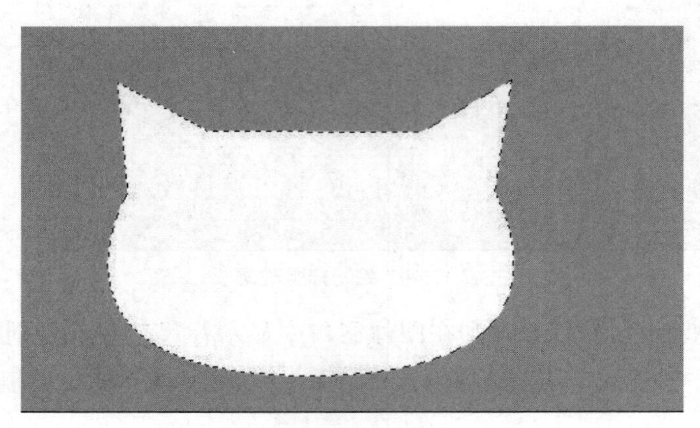

图 7-2-7　转化为选区并填充

步骤 7：下面我们为小猫绘制尾巴。新建图层，选择工具箱中的自由钢笔工具，设置选项栏选择工具模式为“路径”。在图像中合适的位置按住鼠标左键并拖动绘制出猫尾巴，注意到绘制起点时，光标呈现。形状，释放鼠标即可闭合图形并结束绘制，如图 7-2-8 所示。

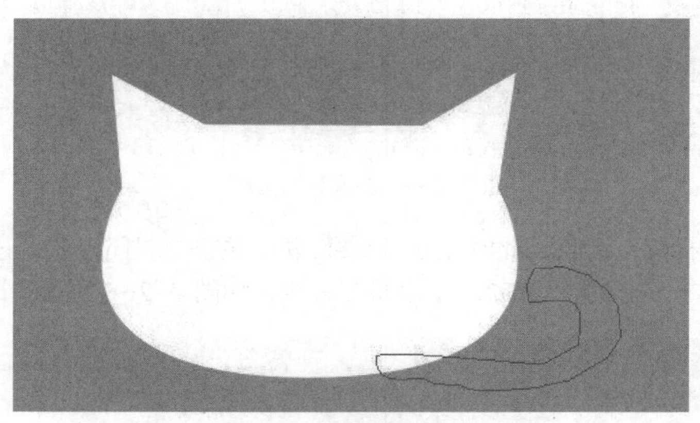

图 7-2-8　绘制猫尾巴

步骤 8：将鼠标放在刚绘制的路径上方，按住【CTRL】键当鼠标变成形状时单击路径(此时进入直接选择工具)，路径上自动生成锚点，如图 7-2-9 所示。保持按住【CTRL】不动，拖动锚点，调整路径使其平滑。

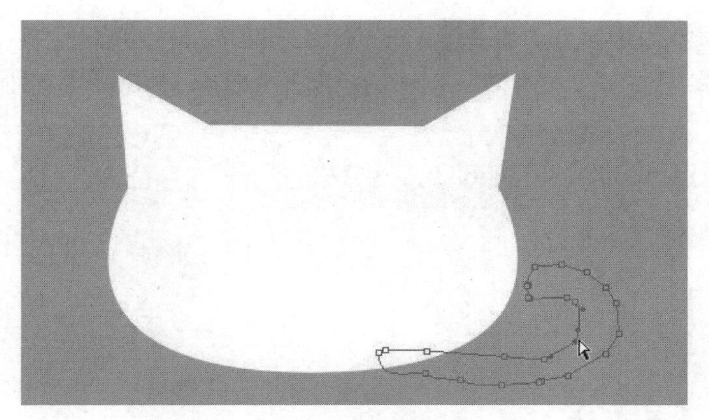

图 7-2-9　编辑路径

步骤 9：调整完成后，按快捷键【CTRL+ENTER】将路径转化为选区，并填充白色 RGB（255,255,255），填充完成后按快捷键【CTRL+D】取消选区，如图 7-2-10 所示。

图 7-2-10　填充路径

步骤 10：新建图层，选择工具箱中钢笔工具，在选项栏中设置选择工具模式为“路径”，在图中位置绘制小猫左侧耳心（注意封闭路径）的大致轮廓，如图 7-2-11 所示。

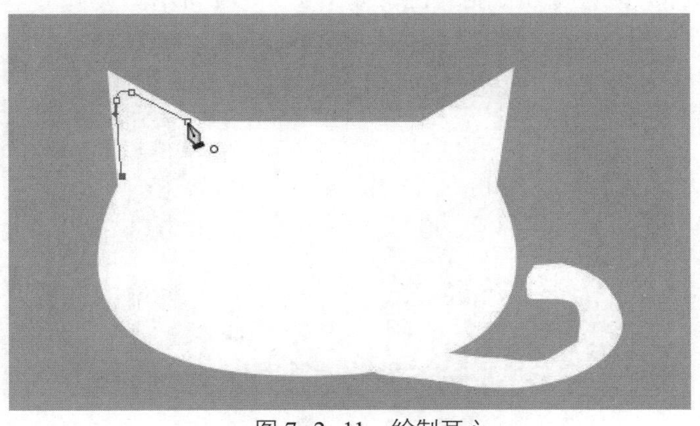

图 7-2-11　绘制耳心

步骤 11：选择添加锚点工具 ，将鼠标移至图 7-2-12 所示位置，当其变成 形状时，单击添加一个锚点。必须显示图形的轮廓并在轮廓上单击才能添加锚点。

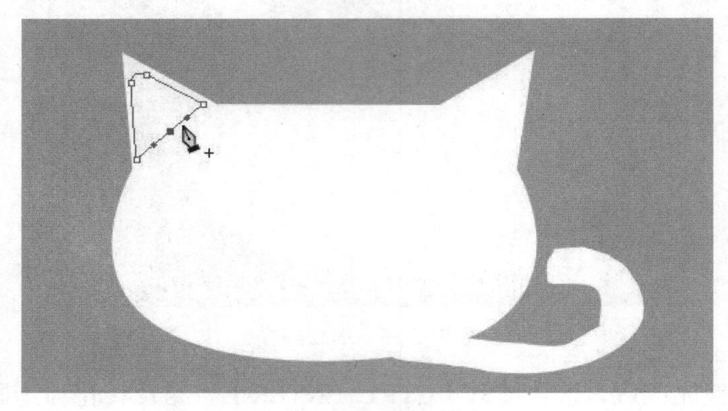

图 7-2-12　添加锚点

步骤 12：将鼠标指针移至添加的锚点上方，当其变为 形状时适当的向左上方拖动，效果如图 7-2-13 所示。由于系统默认情况下添加的是曲线锚点，因此直线变成了弧线曲线。

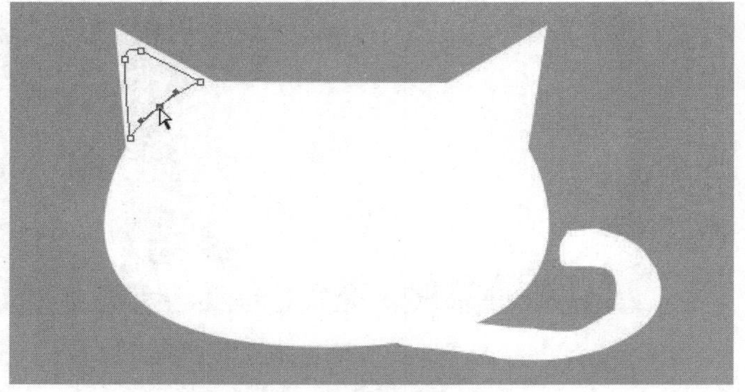

图 7-2-13　移动锚点位置

步骤 13：选择路径选择工具 ，单击耳心图形将其选中，然后按住【ALT】键同时拖动，释放鼠标后即可将其复制一份，如图 7-2-14 所示。

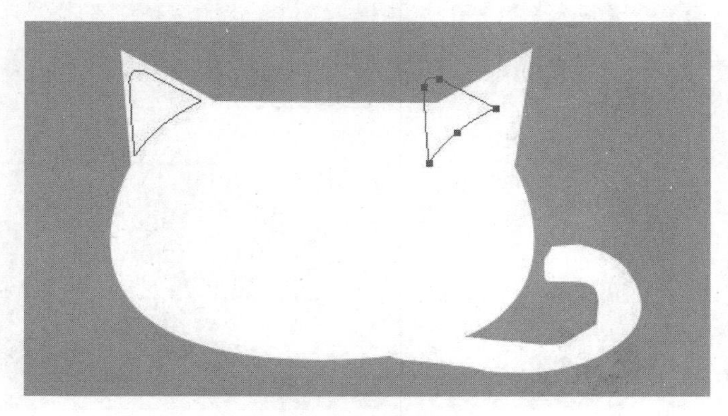

图 7-2-14　复制耳心

步骤 14：选择“编辑 > 变换路径 > 水平翻转”菜单，将复制的形状水平翻转，然后使用路径选择工具移动至合适的位置，如图 7–2–15 所示。

图 7–2–15　翻转并调整位置

步骤 15：选择工具箱中直接选择工具，首先在蓝色背景区域单击，取消耳心选中状态，然后再单击该图形的轮廓将其选中，此时将显示空心锚点，将光标分别移动至右耳心下方的左右两个锚点上，单击并适当向内拖动，微调右耳心形状，如图 7–2–16 所示。

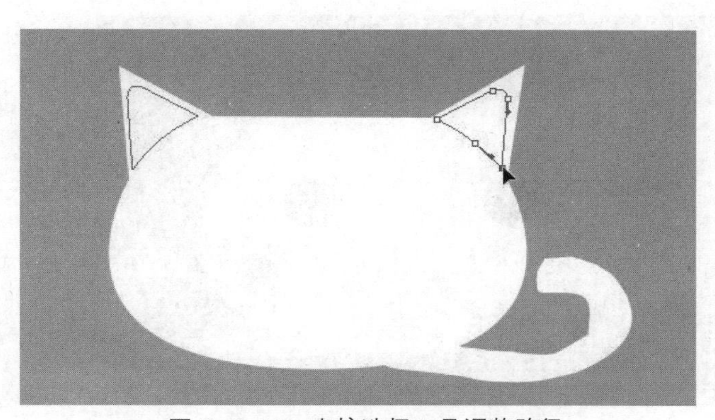

图 7–2–16　直接选择工具调整路径

步骤 16：调整完成后，按快捷键【CTRL+ENTER】，将路径转化为选区，填充颜色为 RGB（255,158,158），填充完成后按快捷键【CTRL+D】取消选区，如图 7–2–17 所示。

图 7–2–17　填充耳朵颜色

步骤 17：新建一个图层，选择工具箱中椭圆工具 ，选择工具模式为“形状”，设置填充颜色为 RGB（255,158,158），接着将鼠标光标移至小猫的脸部，绘制两个圆形作为小猫的腮红，效果如图 7-2-18 所示。

图 7-2-18　绘制腮红

步骤 18：新建一个图层，然后设置填充颜色为黑色 RGB（0,0,0），在图 7-2-19 所示位置继续使用椭圆工具 绘制两个圆形作为小猫的眼睛。

图 7-2-19　绘制小猫的眼睛

步骤 19：新建一个图层，然后选择工具箱中钢笔工具 ，选择工具模式为“路径”，将鼠标移至眼睛和腮红之间合适的位置，绘制如图 7-2-20 所示的小猫的嘴巴。绘制完成后按快捷键【CTRL+ENTER】将路径转化为选区，并填充黑色 RGB（0,0,0），按快捷键【CTRL+D】取消选区，如图 7-2-21 所示。

图 7-2-20　绘制小猫嘴巴路径

图 7-2-21　填充小猫嘴巴

步骤 20：新建一个图层，选择工具箱中的自定形状工具，选择工具模式为“路径”。在“自定形状”下拉面板中将“自然”形状类型加载到“自定形状”面板中，然后选择“花 4”形状，将鼠标光标移至合适的位置，按住鼠标左键并拖动绘制小花图形，如图 7-2-22 所示。绘制完成后将图像保存。

图 7-2-22　绘制小花

步骤 21：将前颜色设置为紫色 RGB（216,34,167），选择路径选择工具，选中刚绘制的路径右键单击，在弹出的快捷菜单中选择填充路径，打开“填充路径”对话框，使用选择“前景色”，如图 7-2-23 所示。完成填充，卡通猫绘制完成，效果如图 7-2-24 所示。将图像另存即可。

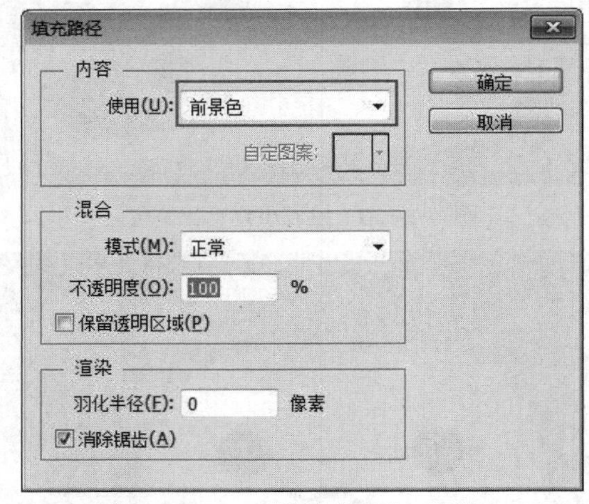

图 7-2-23　“填充路径”对话框

图 7-2-24　卡通猫效果图

【课堂提问】

1. 钢笔工具、自由钢笔工具、添加锚点工具的快捷键是什么，如何在其中切换？
2. 直接选择工具和路径选择工具的快捷键是什么？
3. 如何复制、翻转路径图形？
4. 什么是锚点？

【随堂笔记】

2.5　知识要点

1. 钢笔工具组

Photoshop 钢笔工具可在图像窗口中单击会创建直线锚点，直线锚点之间的连线为直线；若单击鼠标并拖动，则会创建曲线锚点，曲线锚点的两侧有方向控制杆，拖动方向控制杆可调整曲线形状。钢笔工具选项栏如图 7-2-25 所示。

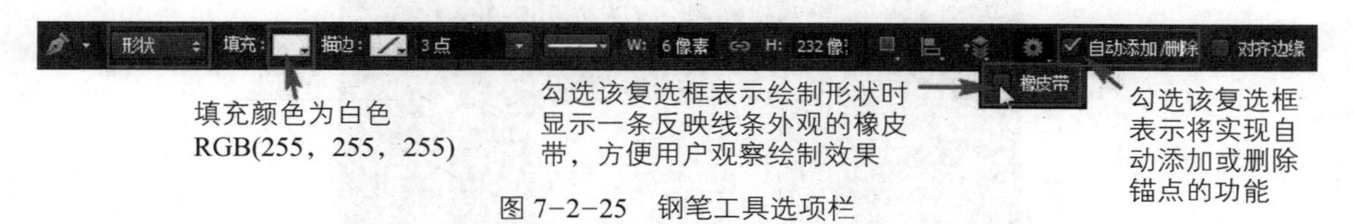

图 7-2-25　钢笔工具选项栏

- 钢笔工具：可以通过创建直线锚点和曲线锚点来绘制连续的直线或曲线。
- 自由钢笔工具：可以想使用铅笔在纸上绘图一样来绘制图形。
- 添加锚点工具、删除锚点工具、转换点工具：用来添加、删除锚点或转换锚点类型，从而方便调整图形的形状。

2. 路径选择工具组

- 直接选择工具：用来选择、移动锚点或锚点的方向控制杆，从而改变图形的形状。
- 路径选择工具：用来选择、移动或复制形状或路径。

3. 直接选择工具和路径选择工具区别

使用“直接选择工具”可以选中图形上的单个或多个锚点（被选中的锚点为实心，未被选中的为空心），并可对所选锚点或锚点的方向控制杆进行拖动操作，从而自由调整图形；而使用“路径选择工具”选择图形时，实质是选中了图形上的所有锚点，因此可以对图形进行整体移动或变形。

使用“直接选择工具”选择锚点，首先需要在图形轮廓上单击以显示锚点，此时单击某个锚点即可将其选中；若要选择多个锚点，可按住【SHIFT】键依次单击，或拖出一个选取框进行选取。

2.6　拓展练习

使用钢笔工具和形状工具，绘制如图 7-2-26 所示花店标志。

制作提示：

1. “花盆”用钢笔工具绘制路径转换为选区并填色。

2. “花枝”用画笔调整合适的大小和硬度绘制并添加“描边”图层样式。

3. “花叶”“花瓣”和“花蕊”用钢笔工具绘制路径转换成选区填充相应的颜色，并根据图示情况添加“描边”图层样式。

图 7-2-26　花店标志效果图

任务三　编辑路径——制作邮票效果

3.1　任务描述

素材位置：PS 基础教程 / 素材 /CH07/ 7-3 油画 .jpg。

效果位置：PS 基础教程 / 效果 /CH07/7-3 邮票 .psd。

任务描述：使用路径的填充和描边制作邮票效果，最终效果如图 7-3-1 所示。

图 7-3-1　邮票效果图

3.2　任务目标

1. 了解路径、子路径与工作路径概念。
2. 掌握路径的显示与隐藏方法。
3. 熟练掌握路径的复制、描边、填充等操作。

3.3　学习重点和难点

1. 路径的存储、复制、描边和填充等常见编辑方法。
2. 路径与选区的转换方法。

3.4　任务实施

【关键步骤思维导图】

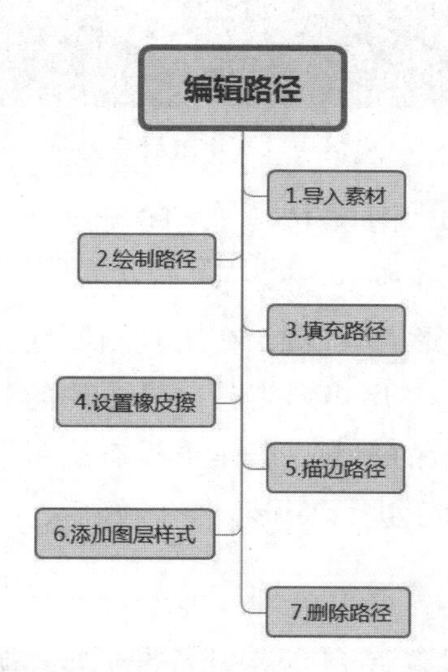

步骤 1：设置背景颜色为 RGB（202, 168, 105），然后按快捷键【CTRL+N】新建 700PX * 500PX，颜色模式为“RGB 颜色”，分辨率为“300”，背景内容为“背景色”的文件，如图 7-3-2 所示。

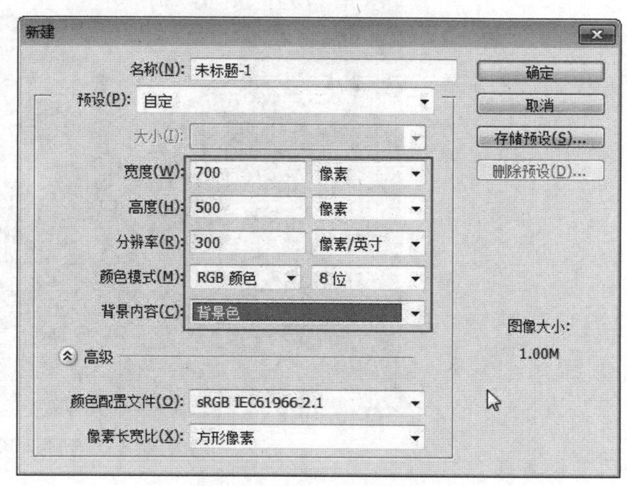

图 7-3-2　新建文件

步骤 2：将“7-3 油画 .jpg”在 Photoshop 中打开，将图片复制至“步骤 1”新建的文件中，如图 7-3-3 所示。

图 7-3-3　将素材导入

步骤 3：在“背景”层和“图层 1”，之间新建一个图层“图层 2”，如图 7-3-4 所示。

图 7-3-4　新建“图层 2”

步骤 4：选择工具箱中矩形工具，在工具箱属性框中选择工具模式为“路径”，用矩形工具，沿图片的外边缘画一个如图 7-3-5 所示的矩形。若矩形没有绘制好，可以按快捷键【CTRL+T】进行变形，变形好后，按【ENTER】键确认变形。

图 7-3-5　绘制矩形路径

步骤 5：将前景色设置为白色 RGB（255, 255, 255），打开“路径”面板，可看见刚绘制的路径。选中刚绘制的工作路径，右键单击，在弹出如图 7-3-6 所示的快捷菜单中选择“填充路径”，在弹出的“填充路径”对话框中，选择使用为“前景色”，如图 7-3-7 所示。

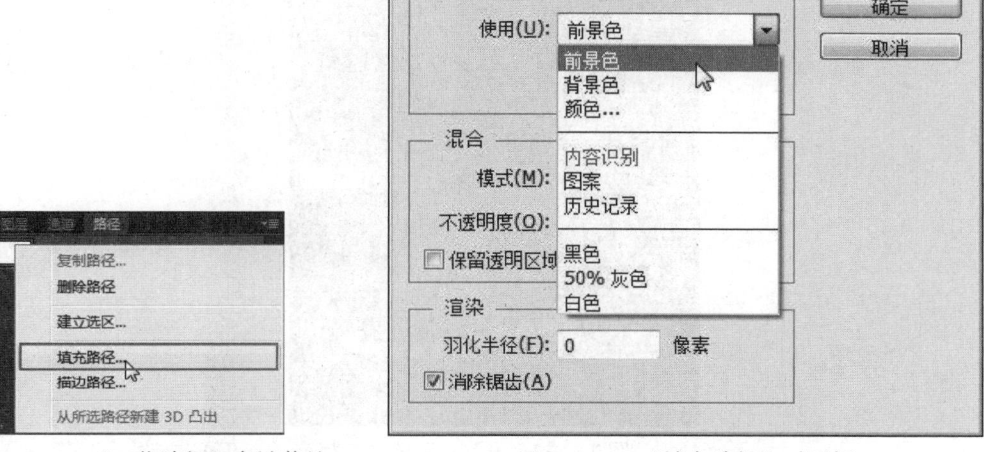

图 7-3-6　“工作路径”右键菜单　　　　图 7-3-7　“填充路径”对话框

步骤 6：此时，矩形路径以前景色“白色”填充，效果如图 7-3-8 所示。

图 7-3-8　填充路径

步骤 7：选择工具箱中橡皮擦工具，按快捷键【F5】打开画笔面板，设置画笔笔尖形状如图 7-3-9 所示。

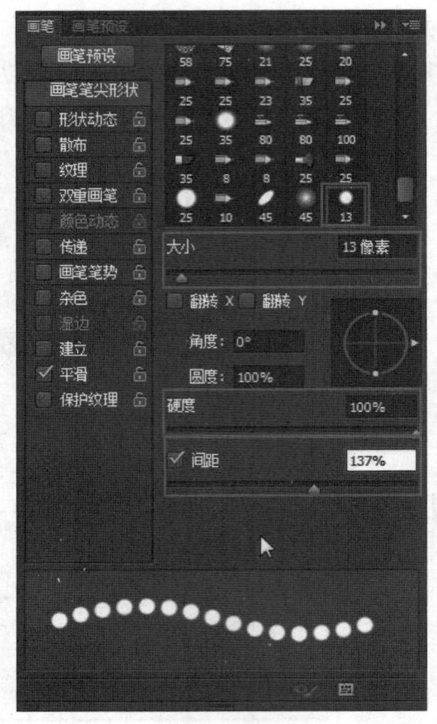

图 7-3-9　设置画笔笔尖形状

步骤 8：设置好后，选择矩形工具，在路径面板中右键单击“工作路径”，在弹出的快捷菜单中选择“描边路径”。在弹出的对话框中单击“工具”右侧的下拉箭头，选择“橡皮擦”，如图 7-3-10 所示。

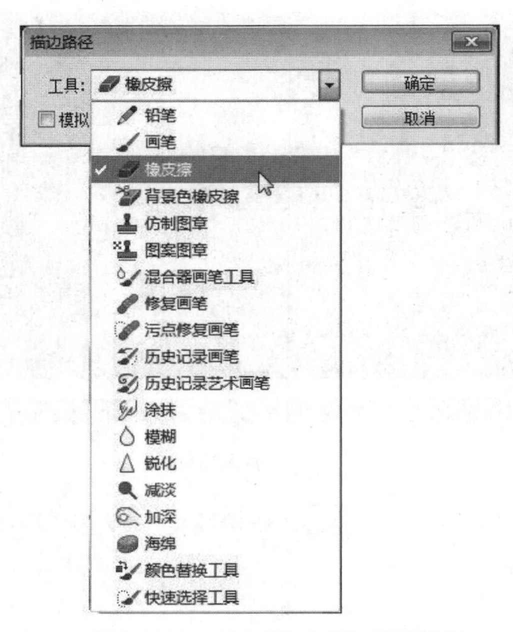

图 7-3-10　用“橡皮擦”描边路径

步骤 9：选择完成后，点击“确定”，矩形路径描边效果如图 7-3-11 所示，此时基本的邮票效果已经完成。

图 7-3-11　“橡皮擦”描边效果

步骤 10：为了效果更逼真，我们给它添加一个图层样式。单击“图层”面板底部的添加图层样式 fx. 按钮，选择“投影”，将角度设置为 129 度，距离设置为 3 像素，扩展为 0，大小设置为 4 像素，如图 7-3-12 所示。设置完成后效果如图 7-3-13 所示。

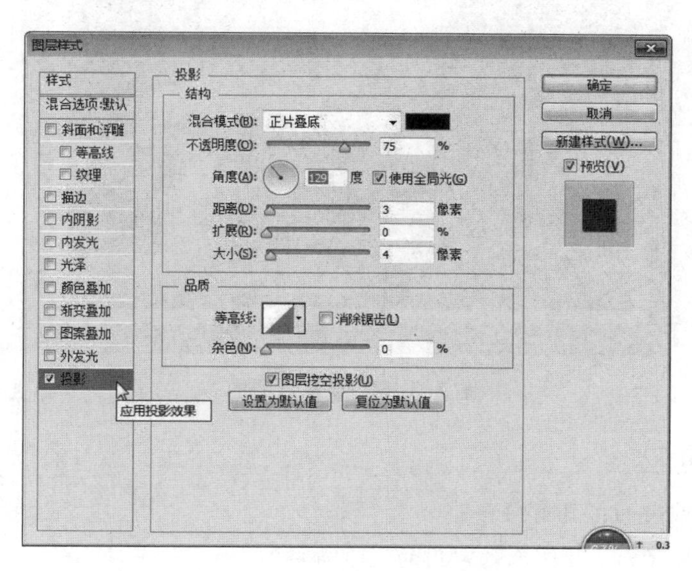

图 7-3-12　“投影”参数设置

图 7-3-13　投影效果

步骤 11：效果完成后，选择路径面板中的工作路径，点击右下角的删除图标可删除路径，也可以右键菜单选择“删除路径”。完成了邮票效果的制作，最终效果如图 7-3-14 所示。

图 7-3-14　邮票效果图

【课堂提问】

1. 描边路径常用的工具有哪些？

2. 填充路径除了前 / 背景色，常用的还有哪些？

3. 如何删除路径？

【随堂笔记】

3.5　知识要点

1. 路径层、子路径与工作路径

与图层类似，可将路径分类存储在不同的路径层中，每个路径层中可以包含多个子路径。“路径”面板是管理路径和对路径进行操作的主要场所，如图 7-3-15 所示。

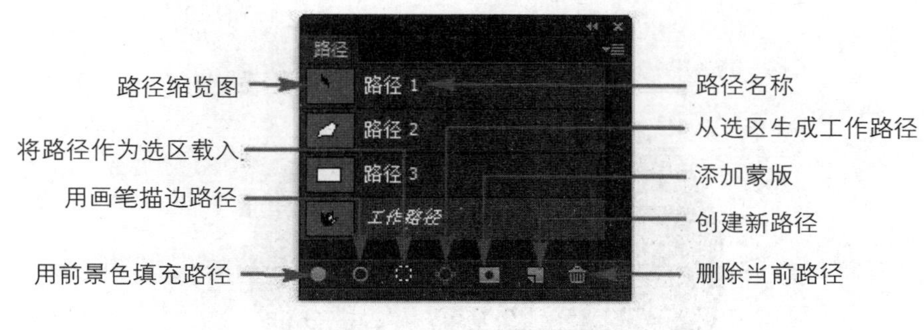

图 7-3-15　“路径”面板

单击面板底部的创建新路径按钮，可以创建一个路径层。要在某个路径层中绘制路径，可先单击将其设置为当前路径层（有蓝色底纹），此时用户所做的操作都是针对当前路径层的。在“路径”面板中选择、重命名、复制、删除路径层等操作与在“图层”面板中类似。

若绘制新路径时，未选中任何路径层，所绘制路径将被自动保存到“工作路径”层中，若“工作路径”层中已存放了路径，则其内容将被新绘制路径取代；若在绘制路径前选了“工作路径”层，则新绘制路径将被增加到“工作路径”层中，不替换原有路径。

2. 显示和隐藏路径

● 单击“路径”面板的空白处可隐藏所有路径；单击某个路径层可显示该层中的所有路径。

● 按住【SHIFT】键单击某个路径层的缩览图可隐藏其中的所有路径；再次单击可重新显示路径。按快捷键【CTRL+H】也可隐藏 / 显示当前路径层中的所有路径。

3. 复制路径

● 将路径转化为选区：可以画好路径后，直接按快捷键“CTRL+ 回车键”。

● 按住【CTRL】键，单击路径面板中的“工作路径”缩览图。

● 鼠标右键单击路径面板，选择“建立选区”。

4. 路径和选区互相切换

● 将路径转化为选区：可以画好路径后，直接按快捷键【CTRL+ENTER】；也可按住【CTRL】键，单击路径面板中的【工作路径】缩览图；鼠标右键单击路径面板，选择“建立选区”。

● 将选区转化为路径：可单击路径面板中的路径缩览图（这时候会同时出现路径和

选区蚂蚁线），然后按快捷键【CTRL+D】将蚂蚁线删除；或选择“工作路径”缩览图，单击下方的从选区生成工作路径按钮。

3.6 拓展练习

使用素材“拓展 7-3 心 .png”和“拓展 7-3love.png”制作如图 7-3-16 所示“爱心”图案。

图 7-3-16 “爱心”效果图

制作提示：

1. 将素材“拓展 7-3 心 .png”中的心形定义为画笔预设。
2. 绘制心形路径，先填充路径。
3. 将路径复制并缩小，描边为定义的心形画笔。
4. 将素材“拓展 7-3love.png”作为选区载入并转换为路径填充。
5. 图片四周绘制矩形路径并用预设画笔描边。

本章小结

本章主要讲解了路径类工具与一些基本形状工具的使用方法。结合实例讲解了使用基本形状（如椭圆、圆形、矩形、星形等）工具来绘制一些简单的图形；使用路径类工具还可以创建形状图形，从而可以通过选取路径来调整图形的形状；使用路径面板对路径进行存储、填充、描边、复制、删除等操作。

学习自测

一、填空题

1. 利用形状工具可以创建出矩形、__________、__________、__________、__________、__________和__________等形状。

2. 路径的调整主要用到5个工具：添加锚点工具、________、________、________、________。

3. 路径由直线路径段或曲线路径段组成，它们通过________连接。

4. 隐藏/显示路径的快捷键是________。

二、选择题

1. 在使用钢笔工具绘制图形时，按住__________键在画面任意位置单击，可快速切换到直接选择工具，此时可拖动锚点或锚点的方向控制杆来调整图形形状。

A. CTRL　　B. ALT　　C. SHIFT　　D. 空格

2. 绘制形状时，系统自动创建以前景色为填充内容的__________，此时形状被保存在图层的矢量蒙版中。

A. 普通图层　　B. 背景图层　　C. 形状图层　　D. 填充图层

3. 将形状转换为选区的快捷键是__________。

A. CTRL+ENTER　　B. CTRL+空格

C. ENTER　　D. 空格

4. 在钢笔工具的“几何选项”中勾选__________会在绘图时可以预览路径段。

A. 方形选项　　B. 磁性的选项

C. 星形选项　　D. 橡皮带选项

5. 以下哪种工具用于在路径的线段内部添加锚点__________。

A. 直接选择工具　　B. 添加锚点工具

C. 转换点工具　　D. 删除锚点工具

三、简答题

1. 形状绘制如何“加”形状和“减”形状？

2. 钢笔工具绘制路径方向控制杆如何调整？

蒙版与通道

如果说图层是 Photoshop 的灵魂，那么蒙版与通道就是其精华。蒙版和通道是 Photoshop 处理图像的两个重要工具，通过它们可以更加灵活、快捷地制作选区、抠取图像。本章将主要介绍蒙版和通道的概念，图层蒙版、通道的使用，通道运算，以及通道、选区和蒙版的综合应用。

学习目标：

◇ 了解蒙版的类型

◇ 掌握蒙版的基本使用方法

◇ 了解通道的类型

◇ 掌握通道的基本使用

任务一　剪贴蒙版——制作花海

蒙版在 Photoshop 里的应用非常广泛，蒙版最显著的特点就是可以多次修改，却不会影响到蒙版图层。如果对蒙版所调整的图像不满意，可以删除蒙版，原图像又会恢复如初。蒙版有四种类型：剪切蒙版、图层蒙版、矢量蒙版、快速蒙版，接下来分别加以介绍。

1.1　任务描述

素材位置：PS 基础教程 / 素材 /CH08/ 8-1 花朵 .jpg、8-1 向日葵 .jpg。

效果位置：PS 基础教程 / 效果 /CH08/ 8-1 花海 .psd。

任务描述：使用剪贴蒙版，将“8-1 花朵 .jpg”和“8-1 向日葵 .jpg”合成一幅图像，最终效果如图 8-1-1 花海效果图所示。

图 8-1-1　花海效果图

1.2　任务目标

1. 了解什么是剪贴蒙版。
2. 掌握剪贴蒙版的作用及使用方法。

1.3　学习重点和难点

1. 剪贴蒙版的概念。
2. 剪贴蒙版的制作方法。

1.4　任务实施

【关键步骤思维导图】

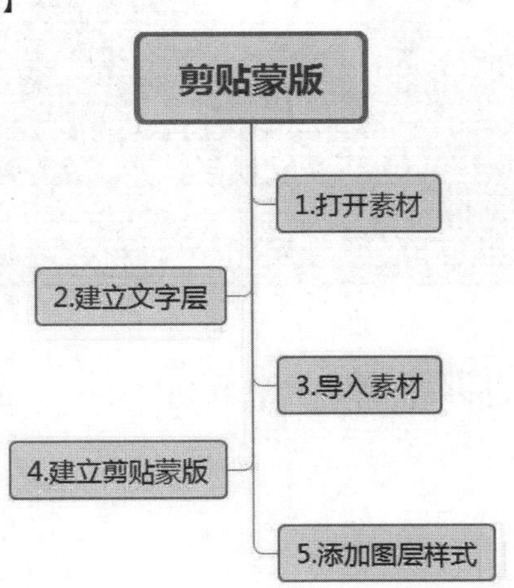

步骤 1：按下【CTRL+O】组合键，打开“8-1 向日葵 .jpg”，分别建立两个文字图层，内容为“花”和“海”，并调整“花”的坐标为（280,190），“海”的坐标为（390,250），效果如图 8-1-2 和图 8-1-3 所示。

图 8-1-2　花

图 8-1-3　海

步骤 2：打开“8-1 花朵 .jpg”，并将其复制到“8-1 向日葵 .jpg”文件中，建立剪贴蒙版，效果如图 8-1-4 所示。

图 8-1-4　剪贴蒙版效果

步骤3：为“花”和“海”添加图层样式，如图 8-1-5 所示。其中，描边参数如图 8-1-6 所示。大小为 4 像素，颜色为白色，其他默认不变。投影参数如图 8-1-7 所示。角度为 120 度，距离为 7 像素，大小为 10 像素，其他默认不变。最终效果如图 8-1-8 所示。

图 8-1-5　添加图层样式

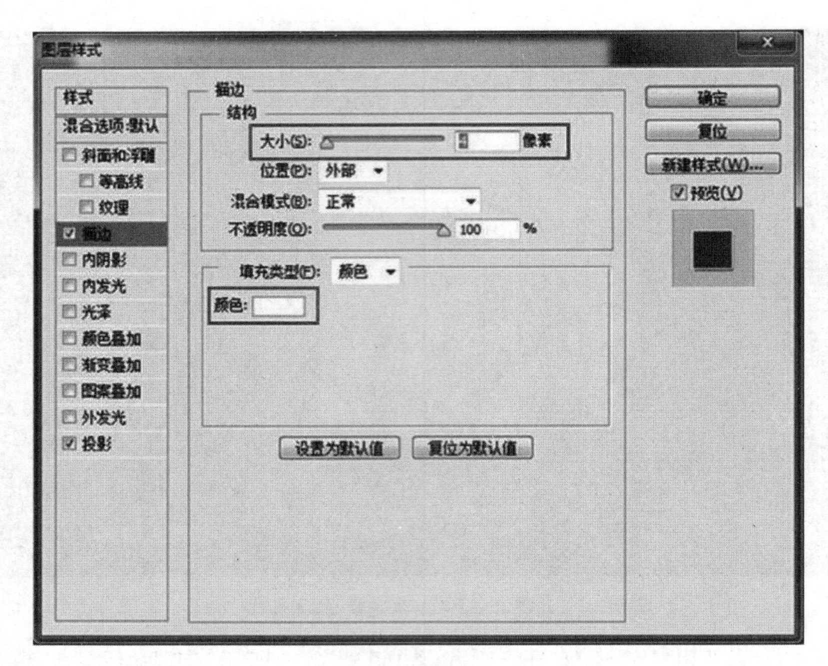

图 8-1-6　图层样式对话框

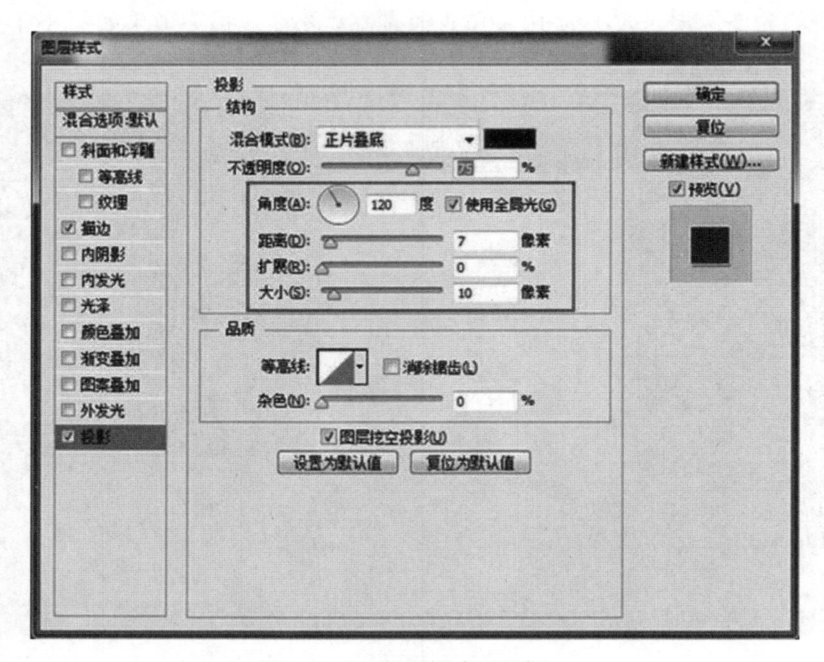

图 8-1-7　图层样式对话框

图 8-1-8　花海效果图

【课堂提问】

1. 剪贴蒙版的作用？
2. 怎样制作剪贴蒙版？

【随堂笔记】

1.5 知识要点

1. 什么是剪贴蒙版

剪贴蒙板就是由两个或者两个以上的图层组成，最下面的一个图层叫作基底图层（简称基层），位于其上的图层叫作顶层。基层只能有一个，顶层可以有若干个。

Photoshop 的剪贴蒙版可以这样理解：上面层是图像，下面层是外形。剪贴蒙版的好处在于不会破坏原图像（上面图层）的完整性，并且可以随意在下层更改图像的轮廓形状。

2. 创建剪贴蒙版

从下面三个途径都能创建剪贴蒙版。

（1）执行“图层 > 创建剪贴蒙版”，或者按快捷键【ALT+CTRL+G】，即可创建剪贴蒙版，如图 8-1-9 所示。

图 8-1-9　创建剪贴蒙版

（2）在图层上面单击鼠标右键，选择“创建剪贴蒙版”命令，如图 8-1-10 所示。

（3）按下【ALT】键，在图层面板单击两个图层的中缝，上面图像就会按下面图像的外形显示。

图 8-1-10　创建剪贴蒙版

1.6　拓展练习

使用“拓展 8-1 树 .tif”和“拓展 8-1 秋叶 .tif”，制作如图 8-1-11 所示秋日效果。

图 8-1-11　秋日

制作提示：

1. 文字图层“秋日”，位于“拓展 8-1 秋叶 .tif”图层下方，“拓展 8-1 树 .tif”的上方。

2. 添加图层样式“描边”“斜面和浮雕”“投影”到“秋日”文字图层。

任务二　图层蒙版——制作海底世界

2.1　任务描述

素材位置：PS 基础教程 / 素材 /CH08/ 8-2 海洋 .jpg、8-2 海豚 .jpg。

效果位置：PS 基础教程 / 效果 /CH08/ 8-2 海底世界 .psd。

任务描述：使用图层蒙版，将“8-2 海洋 .jpg”和“8-2 海豚 .jpg”合成图像“海底世界”，最终效果如图 8-2-1 所示。

图 8-2-1　海底世界效果图

2.2　任务目标

1. 了解什么是图层蒙版。

2. 掌握图层蒙版的使用方法。

2.3　学习重点和难点

1. 图层蒙版的概念。

2. 图层蒙版的编辑方法。

2.4　任务实施

【关键步骤思维导图】

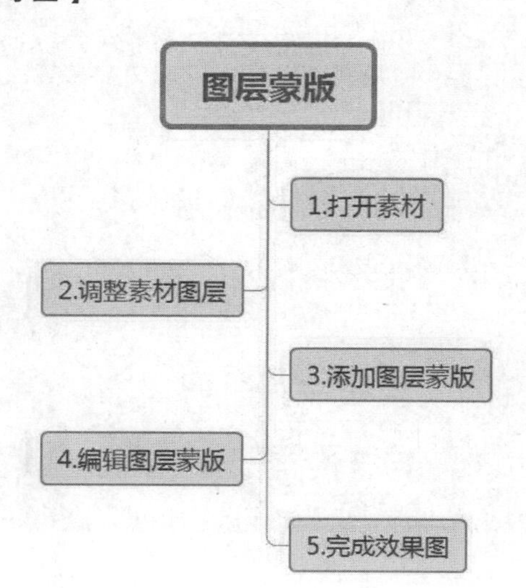

步骤 1：按下【CTRL+O】组合键，打开“8-2 海洋 .jpg”“8-2 海豚 .jpg”，如图 8-2-2 所示。

图 8-2-2　打开素材图

步骤 2：选择“移动” 工具，将“8-2 海豚 .jpg”拖拽到“8-2 海洋 .jpg”中，形成“图层 1”图层，如图 8-2-3 所示。

图 8-2-3　图层 1

步骤 3：单击“图层”面板中的“添加图层蒙版”按钮，为“图层 1”添加图层蒙版，如图 8-2-4 所示。

步骤 4：选择“画笔”工具，将前景设为黑色，在蒙板上进行涂抹，得到海豚轮廓形状，如图 8-2-5 所示。

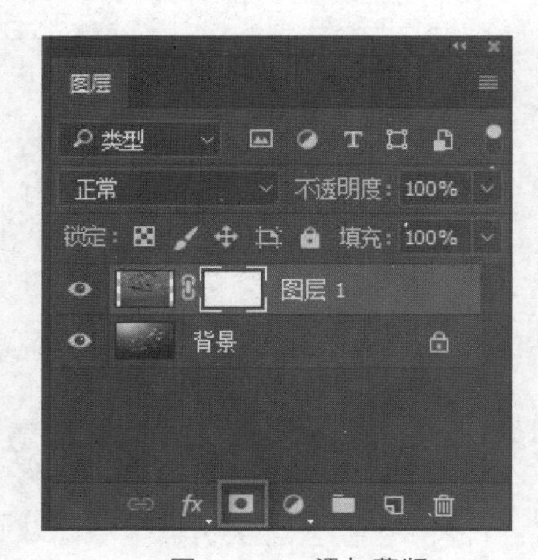

图 8-2-4　添加蒙版

图 8-2-5　绘制蒙版

步骤 5：适当调整海豚图像位置和大小，最终效果如图 8-2-6 所示。

图 8-2-6　海底世界效果图

【课堂提问】

1. 图层蒙版建立过程?
2. 蒙版中黑、白、灰的作用?

【随堂笔记】

2.5　知识要点

1. 什么是图层蒙版

图层蒙版可以控制图层中某些区域的隐藏和显示。通俗地说，默认状态下图层蒙版用纯黑色来遮盖当前图层中不需要显示的图像，纯白色来显示当前图层中需要显示的图像，灰色区域会根据其灰度值使当前图层中的图像呈现出不同层次的透明效果。通过更改蒙版，可以对图层应用各种特殊效果，而不会实际影响该图层上的像素。图层蒙版是位图图像，与分辨率相关，可由绘画或选择等工具创建。

2. 创建图层蒙版

从下面两个途径都能创建图层蒙版：

（1）执行“图层 > 图层蒙版 > 显示全部”，即可创建全部显示的图层蒙版，如图 8-2-7 所示。也可以通过“隐藏全部”“显示选区”“不显示选区”或“从透明区域”建立对应符合要求的图层蒙版，如图 8-2-8、图 8-2-9、图 8-2-10 所示。

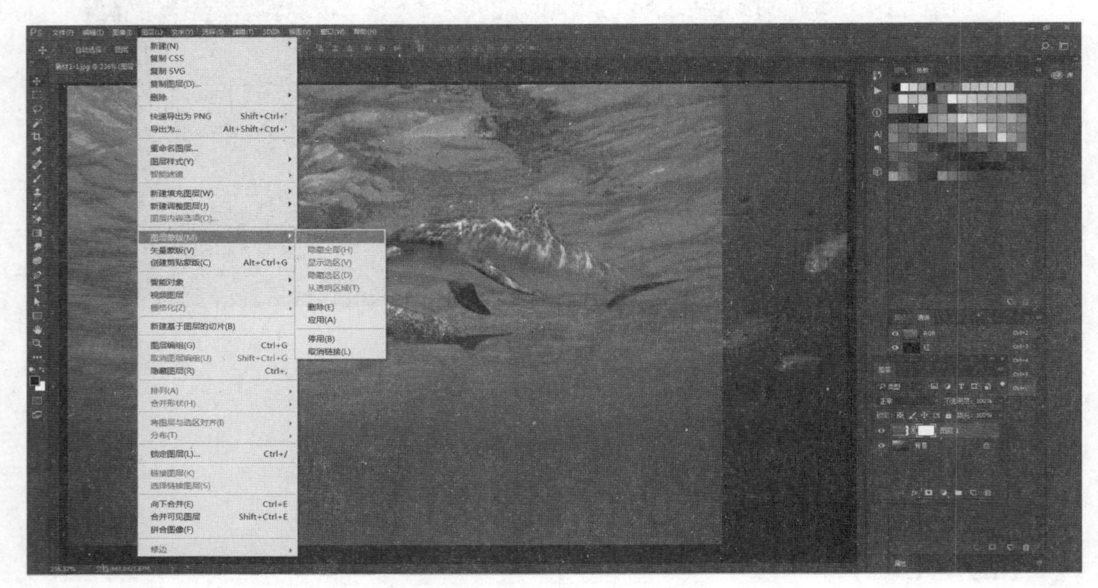

图 8-2-7 “显示全部”效果

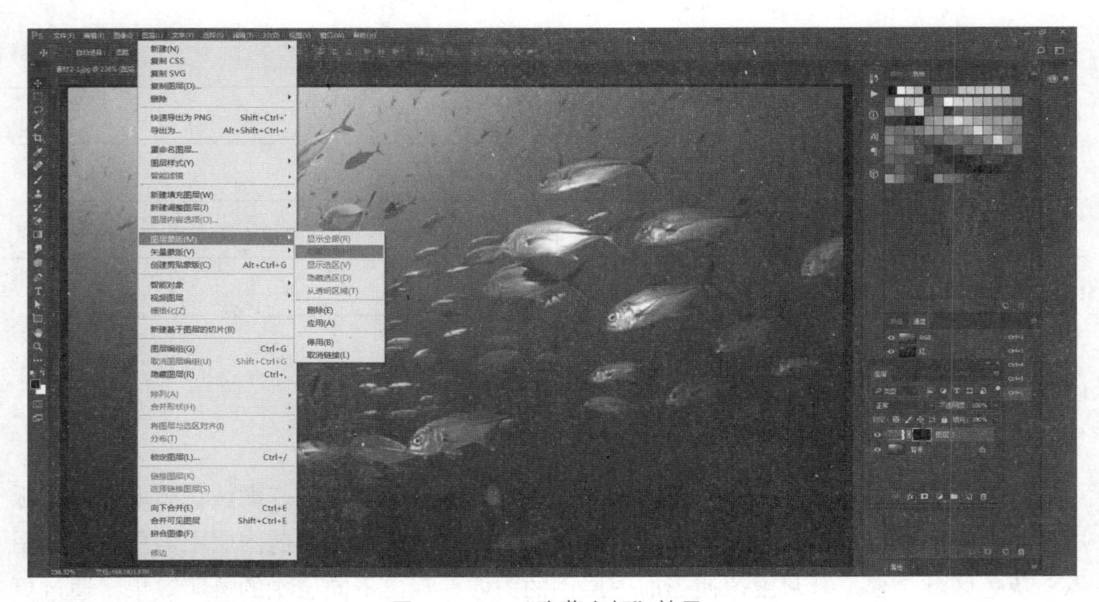

图 8-2-8 “隐藏全部”效果

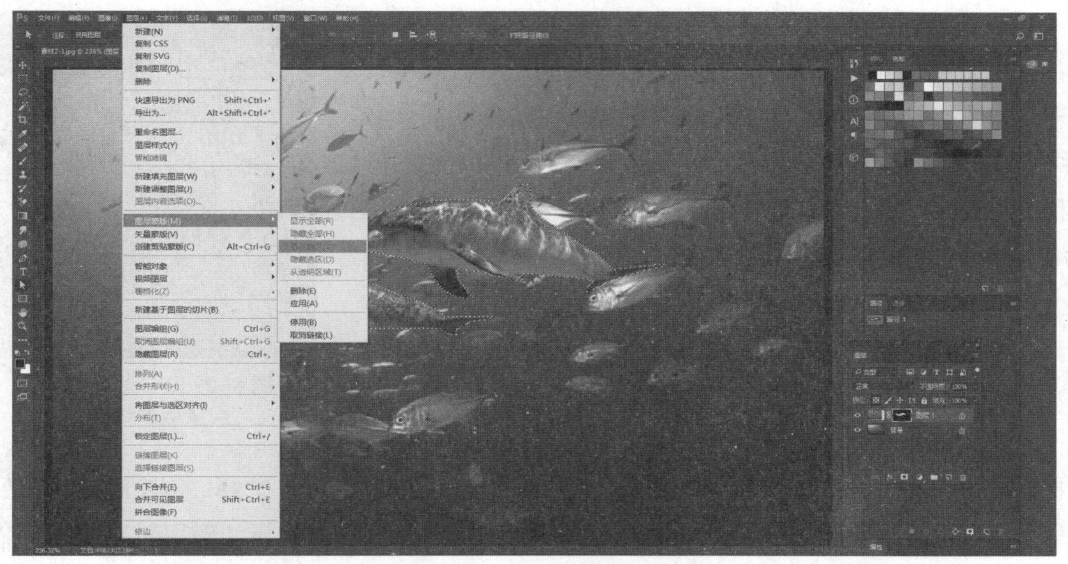

图 8-2-9　“显示选区”效果

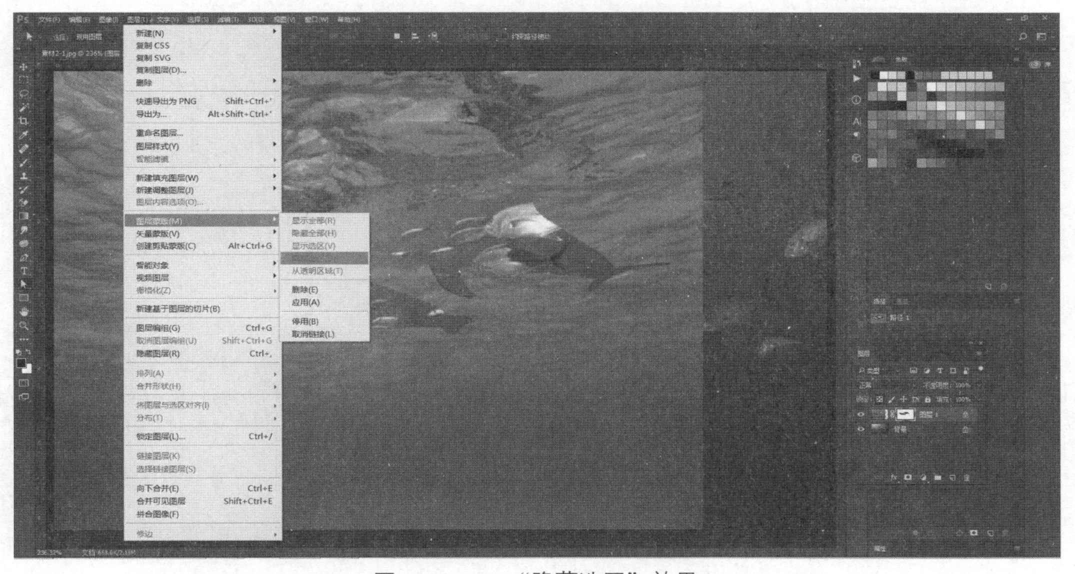

图 8-2-10　“隐藏选区”效果

（2）在图层面板下面单击“添加图层蒙版”按钮，也可以创建图层蒙版，如图 8-2-11 所示。

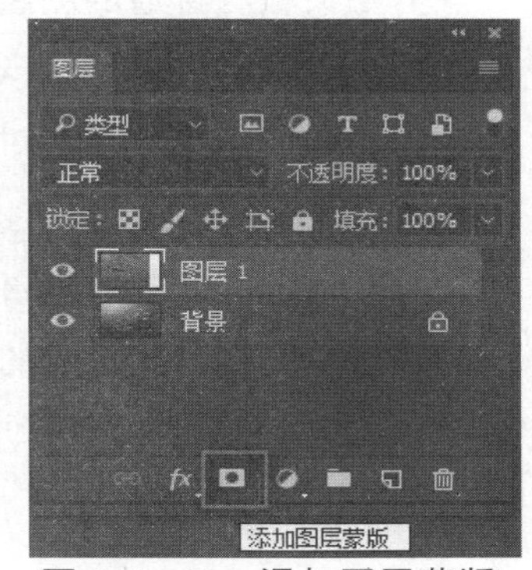

图 8-2-11　添加图层蒙版

3. 图层和图层蒙版的链接

在图层缩览图和图层蒙版缩览图之间有一个链接符号，如图 8-2-12 所示。该符号用于链接图层中的图像和图层蒙版。当有此符号出现时，可以同时移动图层中图像和图层蒙版；如果没有此符号出现，则只能移动它们之一。用鼠标单击链接符号，可以切换选中和取消链接。

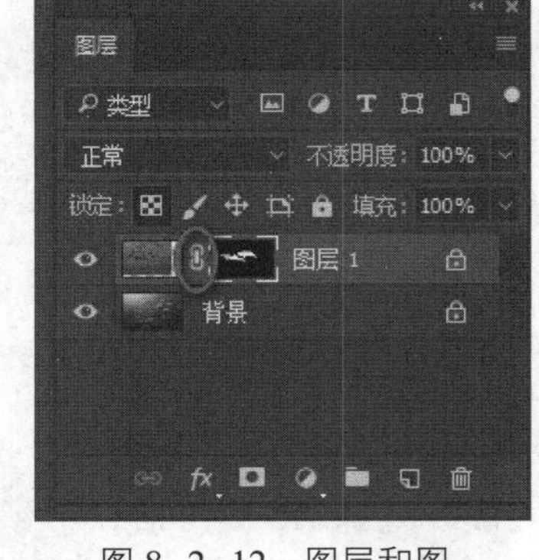

图 8-2-12　图层和图层蒙版的链接

4. 图层蒙版的编辑

如果需要调整蒙版，可以激活蒙版后进行编辑，编辑方法和一般灰度图像编辑方法相同。

当不需要这个图层蒙版时，可以将它删除。选中包含要删除蒙版的图层，右击图层中蒙版缩略图，如图 8-2-13 所示。选择“删除图层蒙版”命令即可永久删除图层蒙版。如果要暂时取消蒙版效果，可以选择“停用图层蒙版”命令将该蒙版暂时关闭。

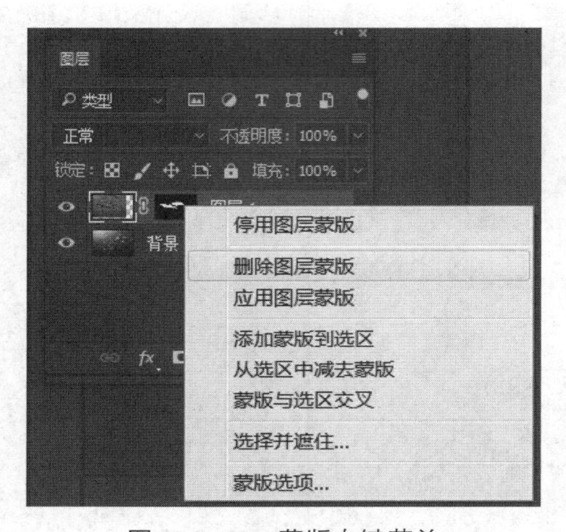

图 8-2-13　蒙版右键菜单

5. 剪贴蒙板与图层蒙板的区别

剪贴蒙板与普通的图层蒙板的区别是显而易见的。

（1）从形式上看，普通的图层蒙板只作用于一个图层，给人的感觉是在图层上面进行遮挡。但剪贴蒙板却是对一组图层进行影响，而且是位于被影响图层的最下面。

（2）普通的图层蒙板本身不是被作用的对象，而剪贴蒙板本身是被作用的对象。

（3）普通的图层蒙板仅仅是影响作用对象的不透明度，而剪贴蒙板除了影响所有顶层的不透明度外，其自身的混合模式及图层样式都将对顶层产生直接影响。

2.6　拓展练习

使用“拓展 8-2 海边城市 .jpg”“拓展 8-2 天空 .jpg”，制作如图 8-2-15 所示合成“海市蜃楼”效果。

图 8-2-14　拓展素材图

图 8-2-15　海市蜃楼效果图

制作提示：

打开两个素材图片，使用图层蒙版和线性渐变工具完成图像合成。

任务三　矢量蒙版——制作艺术相框

3.1　任务描述

素材位置：PS 基础教程 / 素材 /CH08/ 8-3 美女 .jpg。

效果位置：PS 基础教程 / 效果 /CH08/ 8-3 艺术相框 .psd。

任务描述：使用矢量蒙版，给“8-3 美女 .jpg”添加“艺术相框”效果，最终效果如图 8-3-1 所示。

图 8-3-1　艺术相框效果图

3.2 任务目标

1. 了解什么是矢量蒙版。
2. 掌握矢量蒙版的使用方法。
3. 了解矢量蒙版和图层蒙版的差别。

3.3 学习重点和难点

1. 矢量蒙版的概念。
2. 矢量蒙版的创建方法。

3.4 任务实施

【关键步骤思维导图】

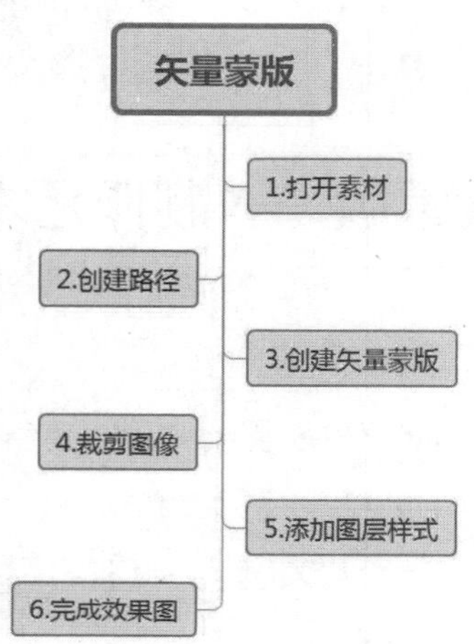

步骤 1：按下【CTRL+O】组合键，打开“8-3 美女 .jpg”如图 8-3-2 所示。

图 8-3-2　素材图

步骤 2：选择“自定义形状工具”，选择并创建如图 8-3-3 所示路径。

图 8-3-3　绘制路径

步骤 3：执行菜单“图层 > 矢量蒙版 > 当前路径”命令，如图 8-3-4 所示。

图 8-3-4　矢量蒙版菜单

步骤 4：得到当前图层矢量蒙版效果，如图 8-3-5 所示。

图 8-3-5　矢量蒙版效果

步骤 5：使用裁剪工具 裁剪图像，如图 8-3-6 所示。

图 8-3-6　裁剪图像

步骤 6：给图层添加斜面和浮雕图层样式，设置如图 8-3-7 所示。

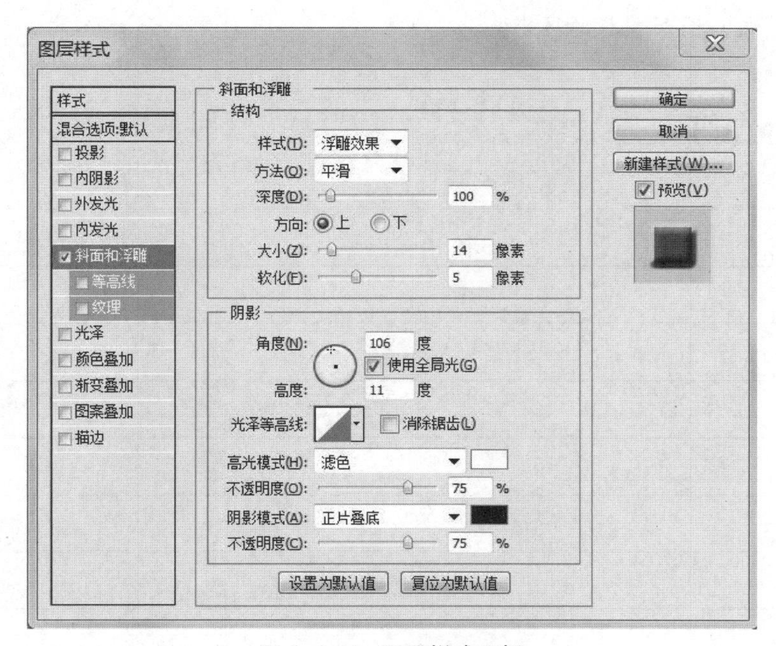

图 8-3-7　图层样式面板

步骤 7：最终得到艺术相框效果如图 8-3-8 所示。

图 8-3-8　艺术相框效果图

【课堂提问】

1. 矢量蒙版与图层蒙版的区别?

2. 怎样创建矢量蒙版?

【随堂笔记】

3.5　知识要点

1. 什么是矢量蒙版

矢量蒙版是由钢笔或形状工具创建的，与分辨率无关。它通过路径和矢量形状来控制图像显示区域。在图层上创建锐边形状，或需要添加边缘清晰分明的设计元素时，都可以使用矢量蒙版。常用来创建 LOGO、按钮、面板等。

2. 创建矢量蒙版

从下面两个途径都能创建矢量蒙版。

（1）执行菜单命令“图层 > 矢量蒙版 > 显示全部”，即可创建全部显示的矢量蒙版，如图 8-3-9 所示。也可以通过“隐藏全部”“当前路径”建立对应矢量蒙版，如图 8-3-10、8-3-11 所示。

图 8-3-9　“显示全部”效果

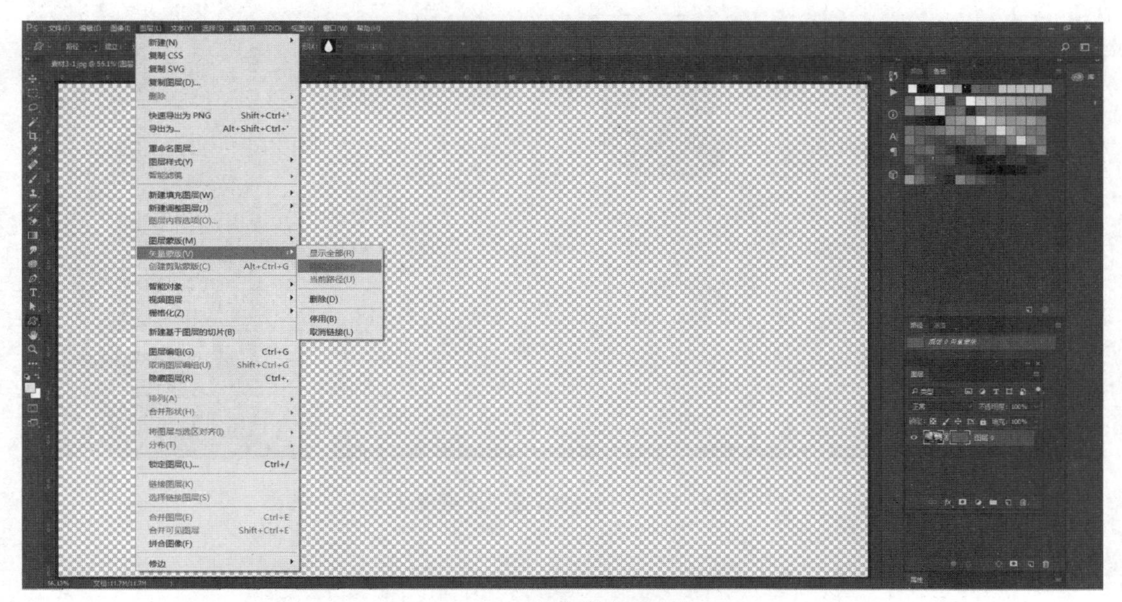

图 8-3-10　“隐藏全部”效果

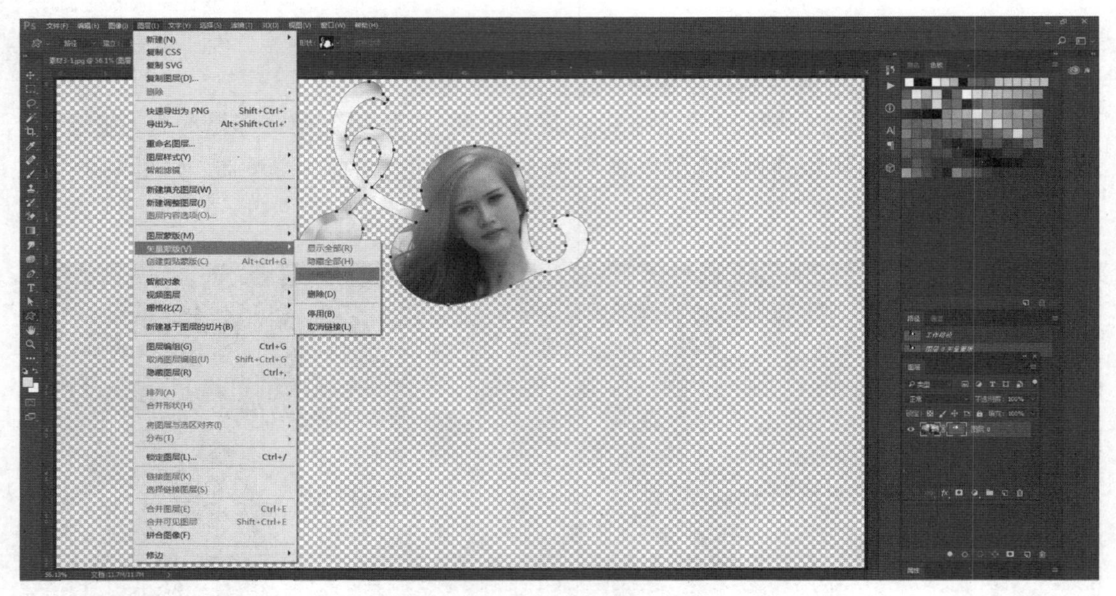

图 8-3-11 “当前路径”效果

（2）在建立路径后，在图层面板下方，按住【CTRL】键同时单击“添加图层蒙版”按钮，也可以创建矢量蒙版，效果相当于“当前路径”建立矢量蒙版，如图 8-3-12 所示。

图 8-3-12 快捷键建立矢量蒙版

3.6 拓展练习

使用矢量蒙版，把“拓展 8-3 盆栽 .jpg”“拓展 8-3 太空人 .jpg”，合成如图 8-3-14 所示“穿越”效果。

图 8-3-13　拓展素材图

图 8-3-14　穿越效果图

制作提示：

1. 在一个文件中打开两个素材图，并调整“太空人”大小和角度。

2. 建立椭圆路径，并调整大小和角度，使其符合瓶口形状。

3. 选中素材“太空人”所在的图层，建立“当前路径”矢量蒙版，完成图像合成。

任务四　通道——制作摆件

4.1　任务描述

素材位置：PS 基础教程 / 素材 /CH08/ 8-4 模型 .jpg、8-4 天鹅 .jpg。

效果位置：PS 基础教程 / 效果 /CH08/ 8-4 摆件 .psd。

任务描述：使用通道，得到“天鹅”选区，并将它抠出，放到“8-4 模型 .jpg”图像中，最终得到“摆件”效果如图 8-4-1 所示。

图 8-4-1　摆件效果图

4.2　任务目标

1. 了解什么是通道。
2. 掌握通道的使用方法。
3. 掌握通道和选区的转换方法。
4. 掌握通过通道抠图的基本方法。

4.3　学习重点和难点

1. 通道的概念及分类。
2. 通道的基本操作。

4.4　任务实施

【关键步骤思维导图】

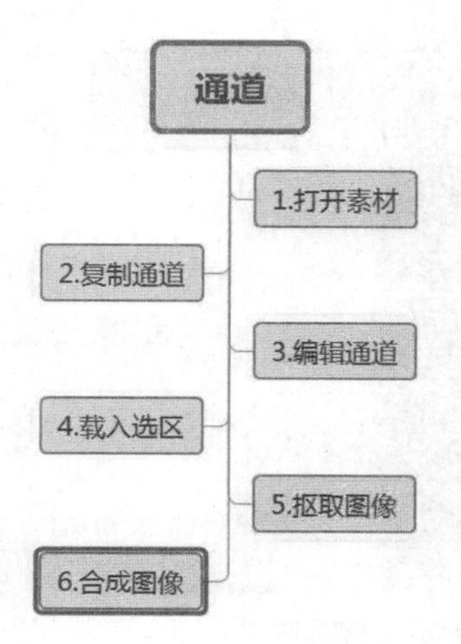

步骤 1：按下【CTRL+O】组合键盘，打开“8-4 天鹅 .jpg”，如图 8-4-2 所示。

步骤 2：切换到“通道”面板，对比三个颜色通道，将对比度最高的“绿”通道，拖拽到“新建”按钮，复制得到“绿拷贝”通道，如图 8-4-3 所示。

图 8-4-2　天鹅

图 8-4-3　复制通道

步骤 3：执行菜单“图层 > 图像 > 色阶”命令，或按快捷键【CTRL+L】，调出色阶对话框，并如图设置相关参数，得到图 8-4-4 所示效果。

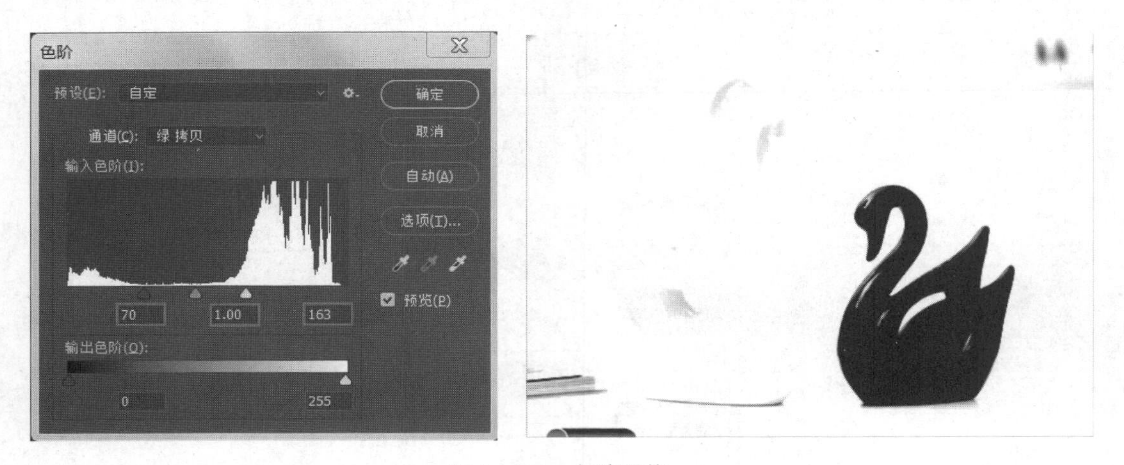

图 8-4-4　色阶调整

步骤 4：执行菜单“图层 > 图像 > 反相”命令，或按快捷键【CTRL+I】，效果如图 8-4-5 所示。

步骤 5：选择“画笔”工具，设置前景色为“黑色”，在“天鹅”外部涂抹；设置前景色为“白色”，在“天鹅”内部涂抹，得到图 8-4-6 所示图像。

图 8-4-5　反相

图 8-4-6　编辑通道

步骤 6：点击“将通道作为选区载入”或按【CTRL】键，点击“绿拷贝”通道，载入通道选区，如图 8-4-7 所示。

图 8-4-7　载入选区

步骤 7：切换到图层面板，点击“背景”图层，执行“图像 > 新建 > 通过拷贝的图层”或按快捷键【CTRL+J】，如图 8-4-8 所示。得到“图层 1”图像，取消“背景”图层显示，如图 8-4-9 所示。

图 8-4-8　通过拷贝的图层

图 8-4-9　抠取图像

步骤 8：打开 “8-4 模型 .jpg”，并将它拖拽到“图层 1”下面，对“8-4 模型”进行“编辑 > 自由变换”，调整大小布满画布，完成效果制作，如图 8-4-10 所示。

图 8-4-10　摆件效果图

【课堂提问】

1. 通道建立、复制、删除的基本操作方法是什么？

2. 简述通道与选区相互转换的方法。

【随堂笔记】

4.5　知识要点

1. 通道的类型

通道有 3 种类型，分别是颜色通道、Alpha 通道和专色通道。

（1）颜色通道

存储图像色彩信息的通道，称为颜色通道。根据图像色彩模式的不同，图像的颜色通道数也不同。例如，一个 RGB 模式的图像，其每一个像素的颜色数据是由红色、绿色和蓝色这 3 种颜色分量组成的，因此有红、绿、蓝 3 个单色通道，而这 3 个单色通道又组合成了一个 RGB 复合通道，所以 RGB 图像共有 4 个通道。对于 CMYK 模式的图像，有青、洋红、黄、黑 4 个单色通道，及其组合而成的一个 CMYK 复合通道组成，即 CMYK 图像共有 5 个通道，如图 8-4-11 所示。不同的颜色在各自的颜色通道中可以独立编辑，不会影响到其他的色彩分量。

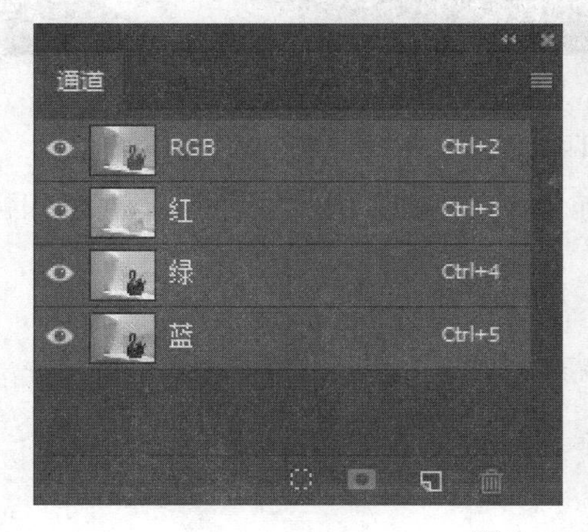

图 8-4-11　颜色通道

（2）Alpha 通道

在图像中创建选区之后，可以将选区保存为通道，称为 Alpha 通道。使用 Alpha 通道可以将选区范围作为 8 位灰度图像保存，在需要时可再次载入。

（3）专色通道

在 Photoshop 中，除了颜色通道和 Alpha 通道之外，还有一种专色通道。专色是为了补充印刷时的不足采用的一种方法，一般印刷时采用 CMYK 四色印刷，所有颜色都是由这四种颜色混合而成。当采用专色时，在印刷过程中专色不是由这四种油墨混合而成，而是单独配制的，在印刷时专色由专色油墨单独提供印刷色。采用专色印刷不会因为油墨配比偏差而出现颜色的偏色现象，从而保证了专色印刷质量。

2. 新建 Alpha 通道

用户可以通过“通道”面板菜单（图 8–4–12）进行 Alpha 通道的创建，也可以直接通过“通道”面板创建不同形状的 Alpha 通道。

（1）使用“通道”面板菜单创建 Alpha 通道

①打开如图 8–4–13 所示的图像。

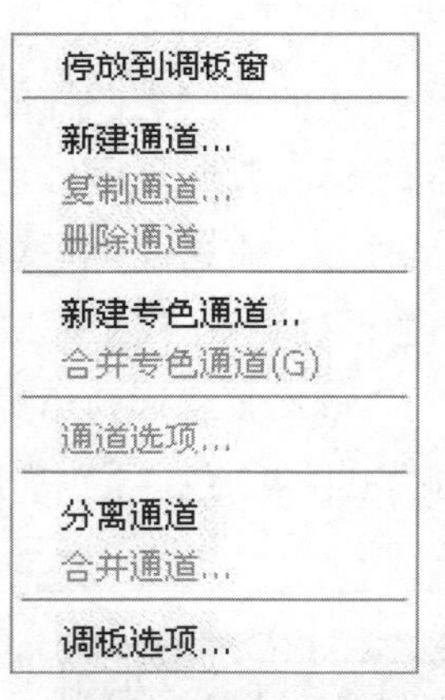

图 8–4–12　“通道”面板菜单

图 8–4–13　打开的图像

②在“通道”面板菜单中单击“新通道”命令，打开如图 8–4–14 所示的对话框。“新通道”对话框中各项的意义如下：

- 名称：设置新通道的名称。
- 色彩指示：若选中“被蒙版区域”单选按钮，表示新通道中有颜色的区域代表被遮蔽的区域，没有颜色的区域代表选区；如果选中“所选区域”单选按钮，则意义与此相反。
- 颜色：用于设置遮蔽图像的颜色。

● 不透明度：遮蔽图像时的不透明度。

③保持默认设置不变，单击“确定”按钮完成新通道的创建，此时的效果如图 8-4-15 所示。

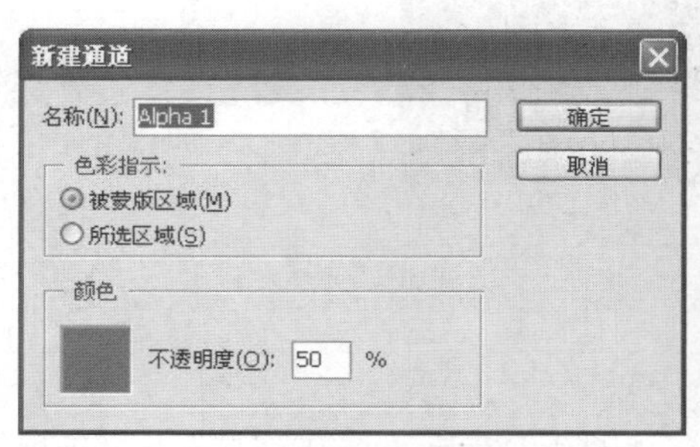
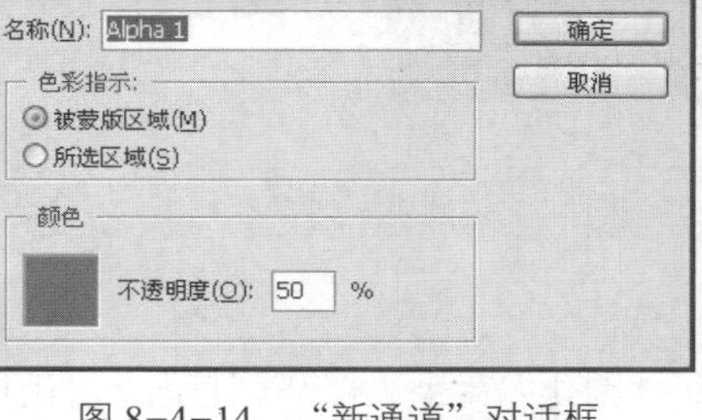

图 8-4-14　“新通道”对话框

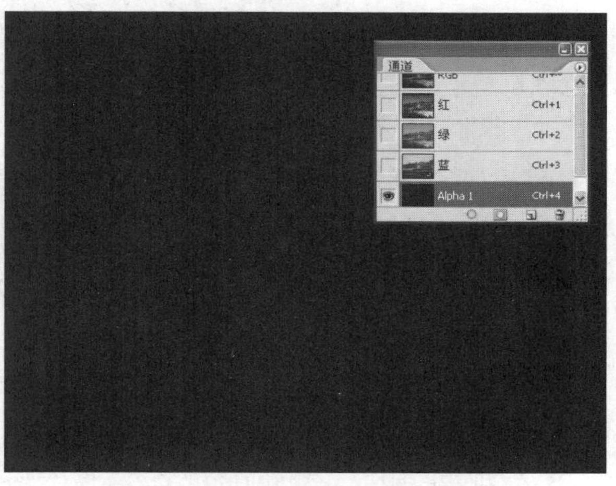

图 8-4-15　建立的新通道

④单击“通道”面板中的眼睛图标画，显示所有的通道，效果如图 8-4-16 所示，图像上蒙上了一层红色，图像被完全遮蔽。

⑤选择橡皮擦工具，擦拭自己要选择的部分（即修改蒙板），结果如图 8-4-17 所示。

图 8-4-16　显示通道效果

图 8-4-17　修改蒙版

⑥在“通道”面板中，按下【CTRL】键并单击 Alpha 通道，则将前一步中擦除的部分转换为选区，如图 8-4-18 所示。

图 8-4-18　转换为选区

（2）使用“通道”面板创建通道

①打开一张图片，如图 8-4-19 所示。

②在图像上创建一个椭圆形选区，选择“选择”“羽化”命令，打开“羽化”对话框，设置羽化半径为 50 像素。

③单击“通道”面板中的“将选区存储为通道”按钮，将选区存储为通道。此时显示所有的通道，图像效果和“通道”面板如图 8-4-20 所示。

图 8-4-19　打开的原图

图 8-4-20　Alpha 通道和“通道”面板

3. 复制通道

在编辑通道之前，可以复制图像的通道以创建一个备份，或者可以将 Alpha 通道复制到新图像中以创建一个选区库，将选区逐个载入当前图像，这样可以保持文件较小。下面使用上面创建的通道讲解复制通道的方法。

（1）选中该 Alpha 通道，在“通道”面板菜单中单击“复制通道”命令，打开如图

8-4-21 所示对话框。

“复制通道”对话框中各项的意义如下：

● 为：设置通道名称。

● 文档：要复制的文件，默认为通道所在的文件。如果选择“新建”，会在新的图像窗口打开复制的通道。

● 反相：选中该复选框后，复制通道时将会把通道内容取反。

（2）选择“文档”下拉列表框中的“新建”选项，并选中“反相”复选框，单击“确定”按钮复制通道，复制后的“通道”面板和通道效果如图 8-4-22 所示。

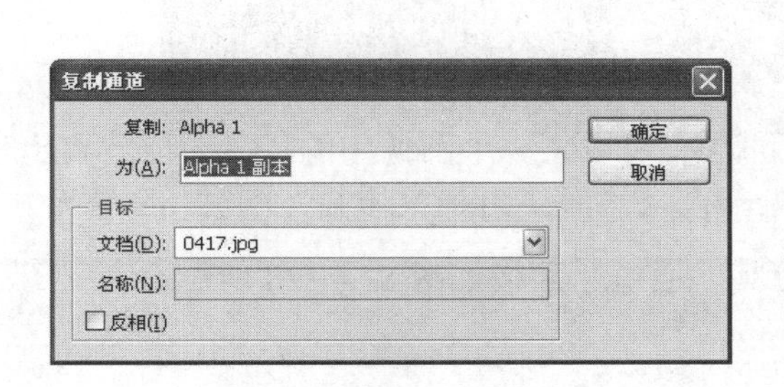

图 8-4-21　“复制通道”对话框

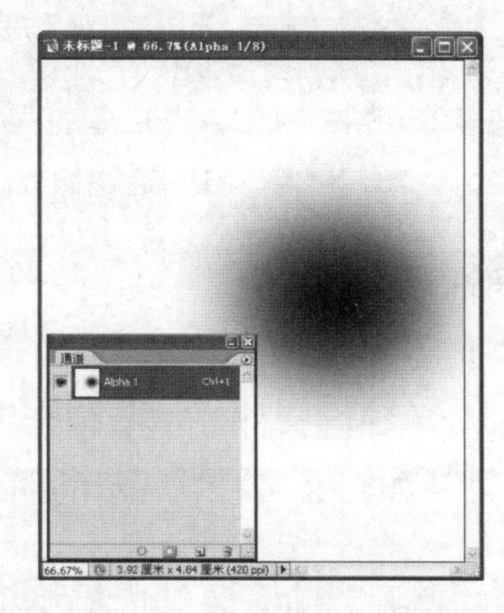

图 8-4-22　通道效果和“通道”面板

4. 删除通道

为了节省文件存储空间，提高图像处理速度，用户还可以删除一些不再使用的通道。有 3 种方法可以删除通道。

● 选择要删除的通道，单击“通道”面板菜单中的“删除通道”命令。

● 选择要删除的通道，单击面板中的“删除通道”按钮，弹出如图 8-4-23 所示的对话框。单击“是”按钮删除通道，单击“否”按钮取消删除。如果用户删除的是某个单色通道，如“红”通道，则会弹出如图 8-4-24 所示的对话框。单击“是”按钮删除“红”通道，效果如图 8-4-25 所示。此时的“通道”面板如图 8-4-26 所示。

● 将要删除的通道直接拖到面板下部的“删除通道”按钮上，可以直接删除通道。

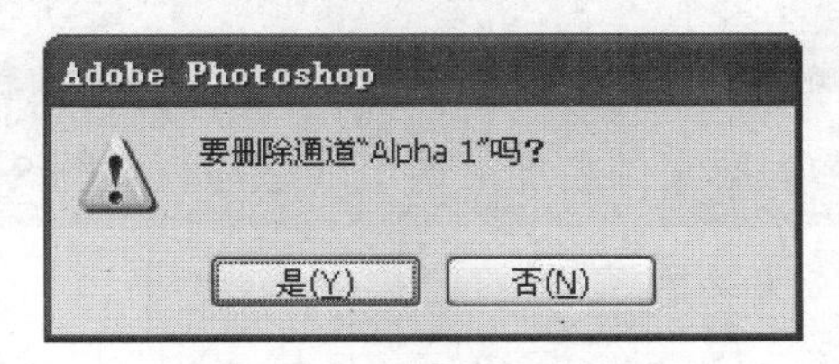

图 8-4-23　删除通道提示对话框

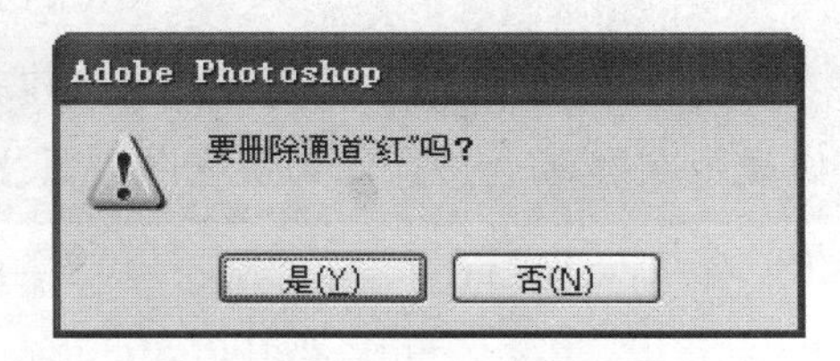

图 8-4-24　删除单色通道警告对话框

图 8-4-25　删除“红”通道的效果

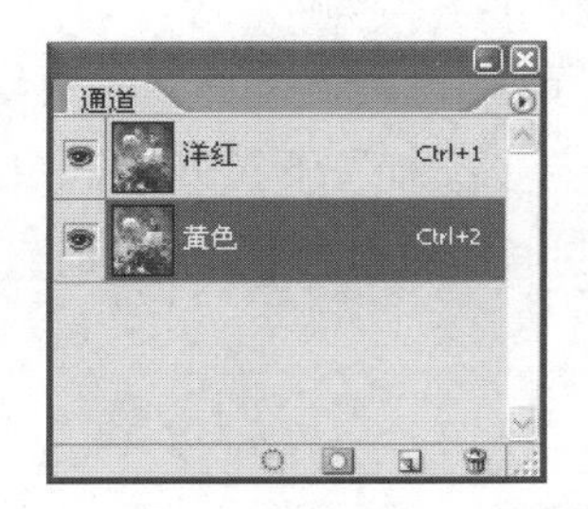

图 8-4-26　删除“红”通道的“通道”面板

5. 分离通道

利用“通道”面板菜单中的“分离通道”命令，可以将一个图像中的各个通道分离出来，各自成为一个单独的文件。本节将介绍分离和合并通道的方法。

（1）打开如图 8-4-27 所示的图像，其“通道”面板如图 8-4-28 所示。

图 8-4-27　原图

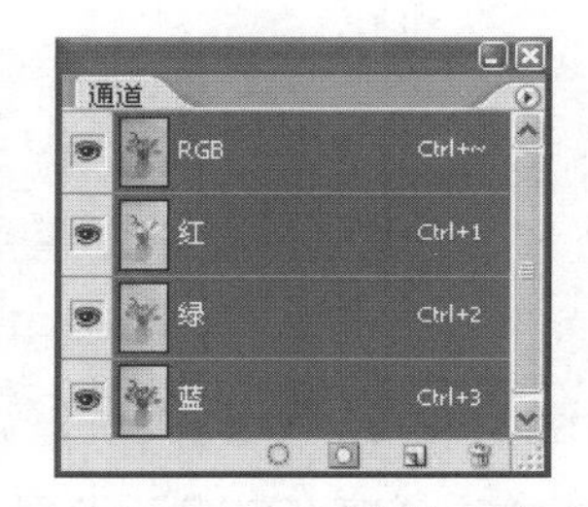

图 8-4-28　图像的通道

（2）单击“通道”面板菜单中的“分离通道”命令，分离后的各个文件都以单独的窗口显示在屏幕上，且均为灰度图，其文件名为原文件名加上通道的缩写，如图 8-4-29 所示。

图 8–4–29　分离通道

6. 合并通道

分离后的通道可以分别进行加工和编辑。修改完后，还可以通过“通道”面板菜单中的“合并通道”命令合并通道。

● 选择任意一个文件的“通道”面板，单击“合并通道”命令，打开如图 8–4–30 所示的对话框。

图 8–4–30　“合并通道”

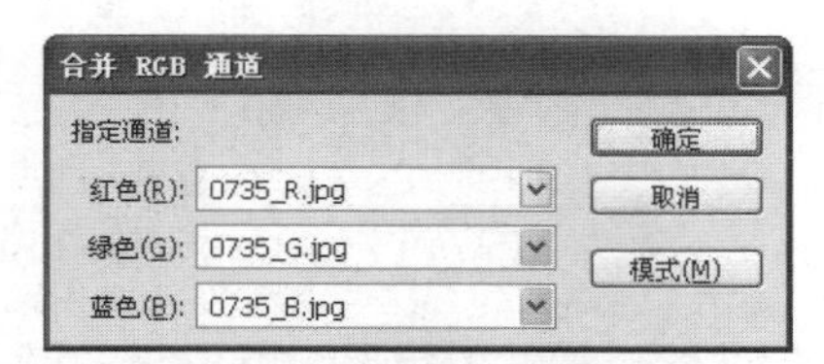

图 8–4–31　合并 RGB 通道对话框

● 在“合并通道”对话框中设置“模式”属性和“通道”数目。“模式”包含“RGB 颜色”“CMYK 颜色”“LAB 颜色”和“多通道”4 个选项，其中“RGB 颜色”模式默认的通道数是 3 个，“CMYK 颜色”模式默认的通道数是 4 个。

● 这里保持默认选项不变，单击“确定”按钮，打开如图 8–4–31 所示的对话框。如果输入的通道数目和模式不兼容，此时会自动打开“合并多通道”窗口。

● 选择各个单色通道的文件，单击“确定”按钮进行合并。如果要更改模式，可以单击“模式”按钮返回“合并通道”对话框。

7. 使用“应用图像”命令

“应用图像”命令可以将图像的图层和通道（源）与现用图像（目标）的图层和通道混合。

（1）打开两张像素尺寸相同的图像，如图 8–4–32 所示。

图 8-4-32　打开两张像素尺寸相同的图像

（2）将目标文件设置为当前作用文件，选择“图像”“应用图像”命令，打开图 8-4-33 所示的对话框。

（3）单击“源”下拉列表框，选择风景的源图像：在“混合”下拉列表框中设置图像的混合模式，这里选择“正片叠底”，设置“不透明度”为 60%；选中“预览”复选框，可以在图像窗口中预览效果。

（4）完成设置后，单击“确定”按钮实现图像的混合，效果如图 8-4-34 所示。

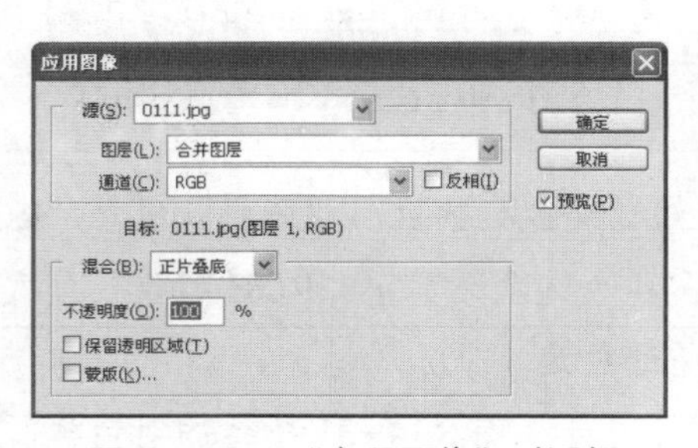

图 8-4-33　“应用图像”对话框

图 8-4-34　合成效果

（5）如果要通过蒙版应用混合，可以选中“蒙版”复选框，然后选择包含蒙版的图像和图层。对于“通道”，可以选择任何颜色通道或 Alpha 通道以用作蒙版，也可使用基于现用选区或选中图层边界的蒙版。

8. 使用“计算”命令

使用“计算”命令可以混合两个来自一个或多个源图像的单个通道，然后可以将结果应用到新图像、新通道或现用图像的选区。

（1）打开两个源图像，如图 8-4-35 所示。

图 8-4-35　打开两张像素尺寸相同的图像

（2）选择“图像”“计算”命令，打开如图 8-4-36 所示的对话框。

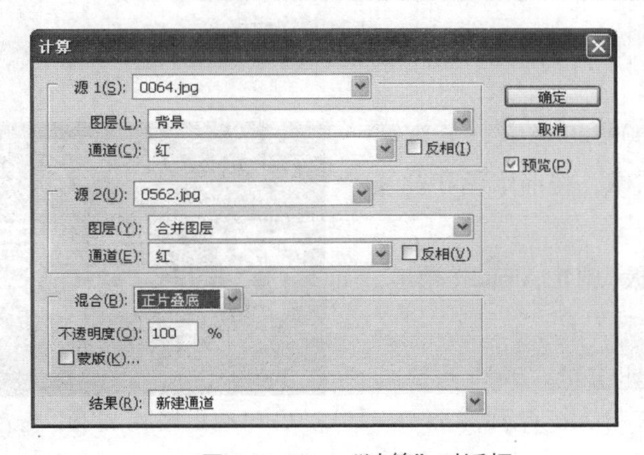

图 8-4-36　“计算”对话框

（3）设置混合的通道分别为两个源图像的“红”通道，设置其“混合”选项为“正片叠底”，同时设置其“不透明度”为 100%，单击“确定”按钮完成混合，效果如图 8-4-37 所示。此时在“通道”中增加了一个 Alpha1 通道，如图 8-4-38 所示。

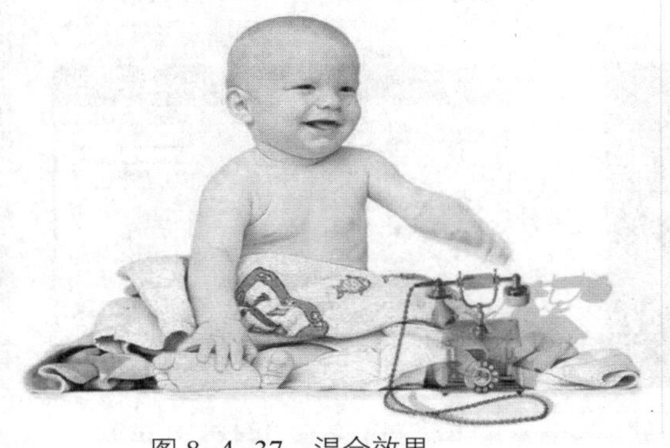

图 8-4-37　混合效果

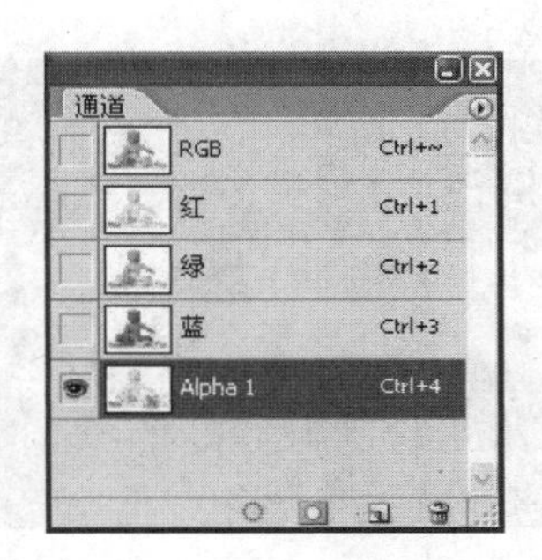

图 8-4-38　增加的通道

4.6 拓展练习

本例主要在通道中运用滤镜和“计算”命令，实现黑夜背景中的彩色霓虹灯效果，如图 8-4-39 所示。

图 8-4-39 夜幕霓虹效果图

制作提示：

1. 新建大小为 400*220 像素，分辨率为 300 像素 / 英寸的图像，将前景色和背景色设置为默认颜色。

2. 打开“通道”面板，创建 Alpha 1 通道。

3. 选择“横排文字工具”，在绘图区中输入“夜幕霓虹”四个字，并将其移动到画布的中央，如图 8-4-40 所示。

图 8-4-40 输入文字

4. 扩展文字选区 1 像素，用白色填充新选区，然后按【CTRL+D】组合键，取消选区。

5. 对通道进行“半径”为 2 像素“高斯模糊”，效果如图 8-4-41 所示。

6. 将 Alpha 1 通道复制为“Alpha 1 副本”通道，然后单击“滤镜 > 其他 > 位移”命令，在弹出的对话框中将垂直和水平的移动量都设置为 3 像素（如图 8-4-42 所示）。

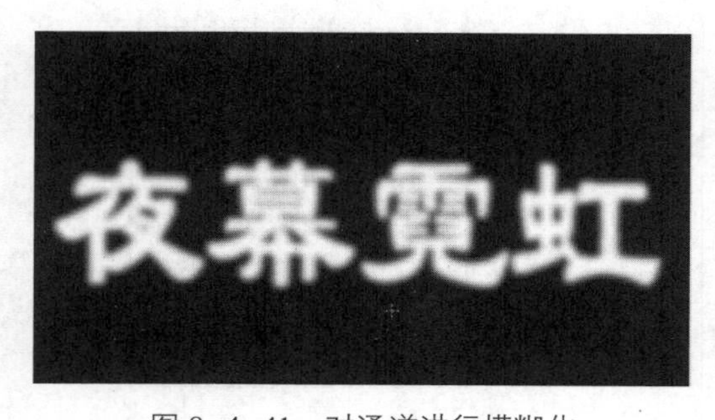

图 8-4-41 对通道进行模糊化

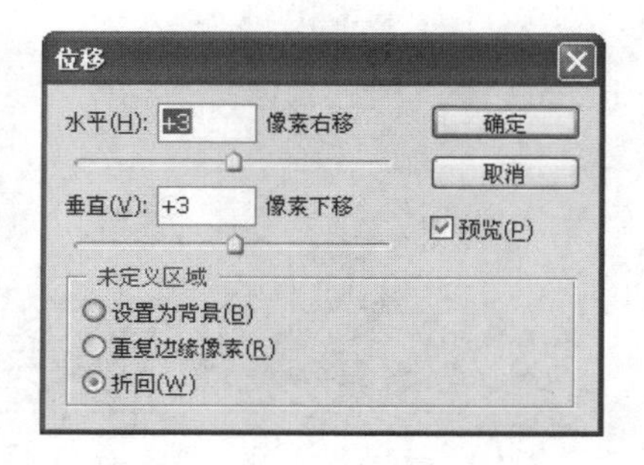

图 8-4-42 “位移”对话框

7. 单击“图像”“计算”命令，按照图 8-4-43 所示设置各项参数，将 Alpha 1 通道和“Alpha 1 副本”通道合并成新的 Alpha 2 通道，如图 8-4-44 所示。

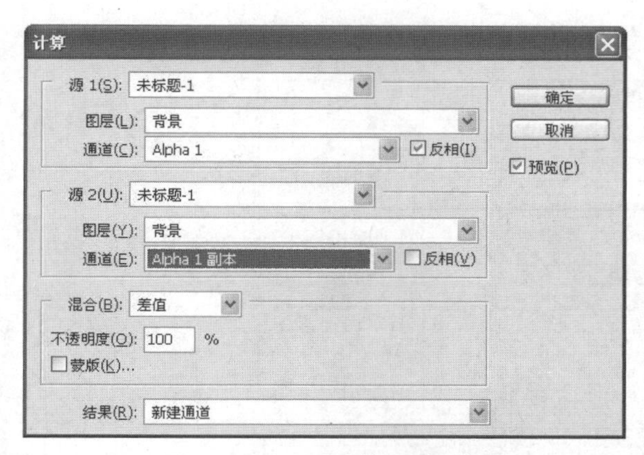

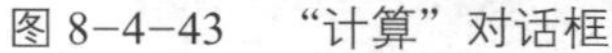

图 8-4-43　“计算”对话框

图 8-4-44　合并后的 Alpha 2 通道

8. 按【CTRL+I】组合键，对图像进行反相处理，然后按【CTRL+A】组合键全选图像，按【CTRL+C】组合键复制图像，返回到“图层”面板中，按【CTRL+V】组合键粘贴图像，效果如图 8-4-45 所示。

9. 载入 Alpha 2 通道选区，如图 8-4-46 所示。

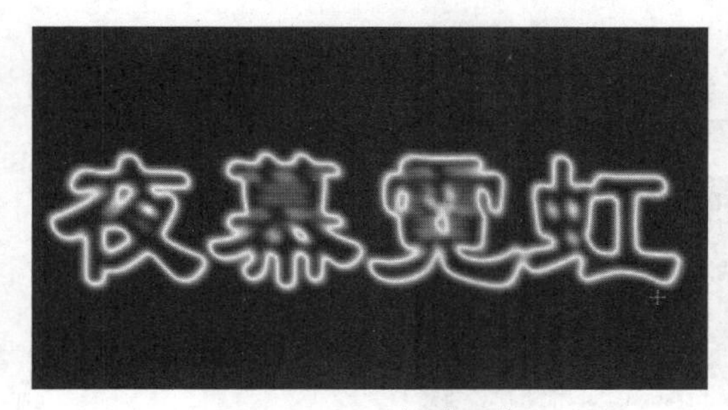

图 8-4-45　粘贴图像

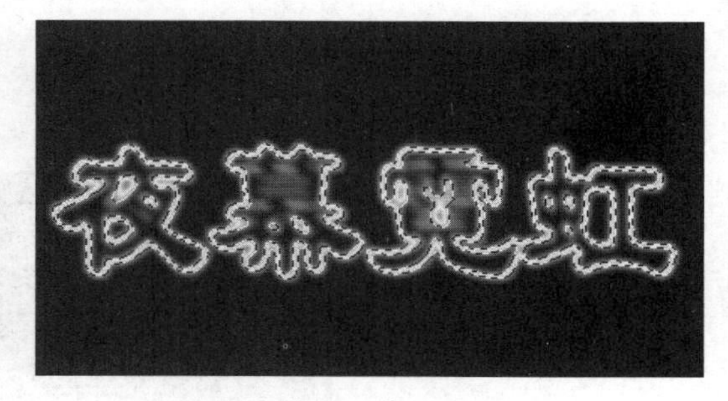

图 8-4-46　载入 Alpha 2

10. 用“色谱”线性渐变填充选区，即可得到如图 8-4-47 所示的效果。

11. 用“魔棒工具”选取黑色部分，然后按【CTRL+SHIFT+I】进行反选，选取文字。

12. 按【CTRL+J】，复制选区内容为图层 2，这时图层面板如图 8-4-48 所示。

图 8-4-47　渐变填充

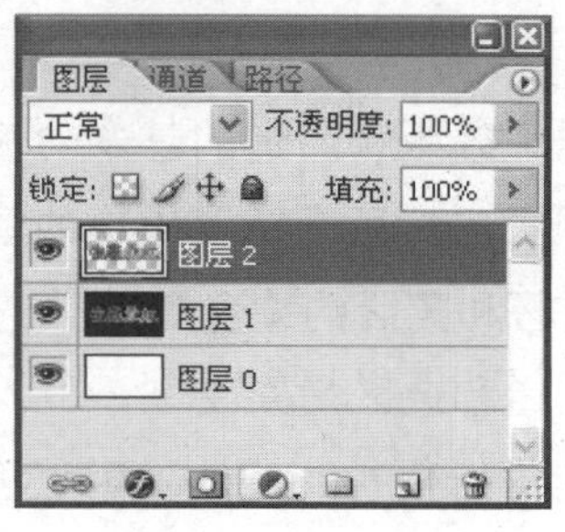

图 8-4-48　图层 2

13. 如图 8-4-49 设置图层样式，最后效果如图 8-4-50 所示。

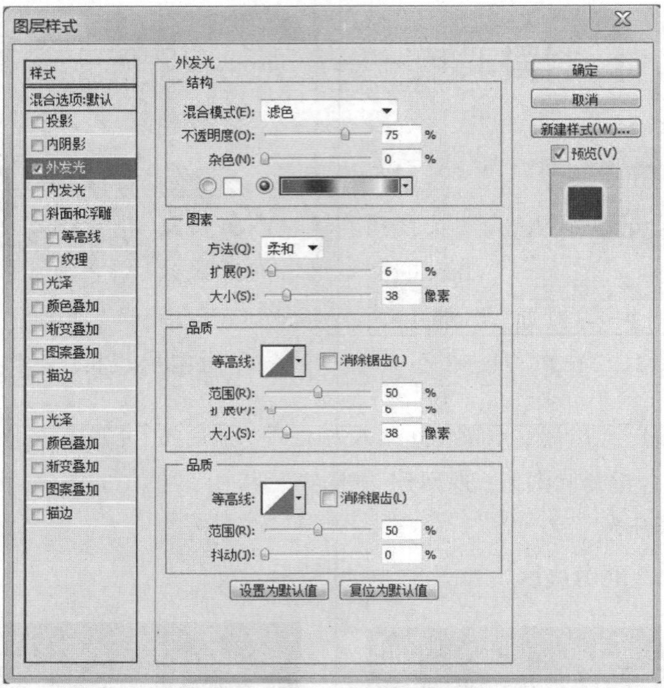

图 8-4-49　设置图层样式

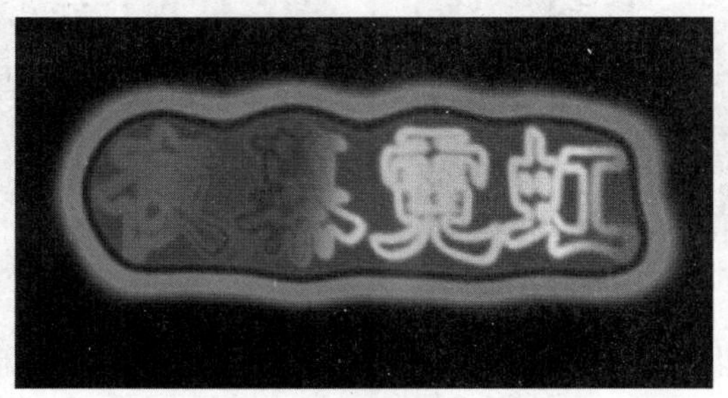

图 8-4-50　夜幕霓虹效果图

本章小结

主要介绍了蒙版和通道的基本功能和操作方法。首先介绍了蒙版的概念及分类，如何使用蒙版图层，然后介绍了通道的基本概念，通道面板的用法，如何进行通道运算，以及通道、选区和蒙版的综合应用。

蒙版、通道和选区是紧密联系的。使用快速蒙版可方便地选取图像，使用蒙版图层可对图像内容进行保护，Alpha 通道可以用来保存选区。蒙版和通道、选区之间可以相互转化。熟练掌握蒙版和通道的操作，以及它们之间的联系和区别，是用好 Photoshop 的一项基本功。

学习自测

一、填空题

1. 蒙版有 ________、________、________、________ 四种类型。

2. ________ 是用来存储图像的色彩信息和图层中的选择信息的。

3. 通道有 3 种类型，分别是 ________、________ 和 ________。

二、选择题

1. ________ 模式可以将任何选区作为蒙版进行编辑，而无须使用“通道”面板。

A. 永久性蒙版　　B. 快速蒙版

C. 蒙版图层　　D. 矢量蒙版

2. ________ 是特殊的预混油墨，用于替代或补充印刷色（CMYK）油墨。

A. 复合通道　　B. 颜色通道

C. Alpha 通道　　D. 专色通道

3. 可以将选区范围作为 8 位灰度图像保存的通道是 ________。

A. Alpha 通道　　B. 复合通道

C. 单色通道　　D. 专色通道

4. 下面选项中哪一个不属于通道类型 ________？

A. 颜色通道　　B. Alpha 通道

C. 专色通道　　D. 复合通道

5. 下面对于图层蒙版叙述正确的是 ________

A. 使用图层蒙版的好处在于，能够通过图层蒙版隐藏或显示部分图像。

B. 使用蒙版能够很好地混合两幅图像

C. 使用蒙版能够避免颜色损失

D. 使用蒙版可以减少文件大小

三、问答题

1. 蒙版分为几种类型？分别是什么？

2. 通道的基本概念是什么？通道可分为几种类型？

3. 如何使用“计算”命令进行通道的操作？其特点是什么？

滤镜与动作

使用Photoshop滤镜功能，可以产生许多特殊图像效果。使用滤镜，用户只需执行一个或几个简单的命令就可以完成一些炫酷效果的设计。另外，在图像处理的工作中，常常会遇到对大量图像进行大致相同操作的情况，我们可以将这些重复性的操作保存成一个动作，相当于对Photoshop的重复操作进行编程，当进行重复操作时，执行既定的动作，就可以快速完成任务。在Photoshop中通过滤镜与动作的使用，可以大大提高设计效率，因此，滤镜与动作在平面设计中得到广泛应用。

本章将介绍滤镜的工作原理、基本操作、部分滤镜的使用，以及动作的录制、修改、执行等操作。

学习目标：

- ◇ 理解滤镜的概念
- ◇ 掌握滤镜的使用
- ◇ 学会在图像处理中运用滤镜
- ◇ 了解动作的概念和功能
- ◇ 掌握动作的记录和保存
- ◇ 学会执行系统的动作

任务一　滤镜的使用——制作炫酷笔记本

1.1　任务描述

素材位置：PS基础教程/素材/CH09/9-1笔记本.jpg。

效果位置：PS基础教程/效果/CH09/9-1笔记本.psd。

任务描述：使用“镜头光晕”滤镜和“极坐标”滤镜，结合“色谱”线性渐变和图层混合模式，给笔记本添加酷炫效果，最终效果如图9-1-1所示。

图 9-1-1　笔记本效果图

1.2　任务目标

1. 了解什么是滤镜。
2. 掌握一般滤镜的使用方法。

1.3　学习重点和难点

1. 滤镜的使用方法。
2. 滤镜使用的基本原则。

1.4　任务实施

【关键步骤思维导图】

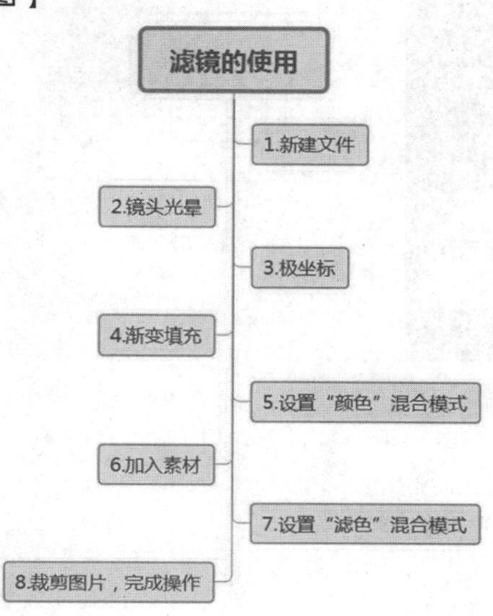

步骤 1：在 Photoshop 中执行菜单命令“文件 > 新建”或按快捷键【CTRL+N】，创建 800*800 像素大小，分辨率 72 像素 / 英寸，RGB 颜色，8 位，背景内容为白色的新文件，如图 9-1-2 所示。

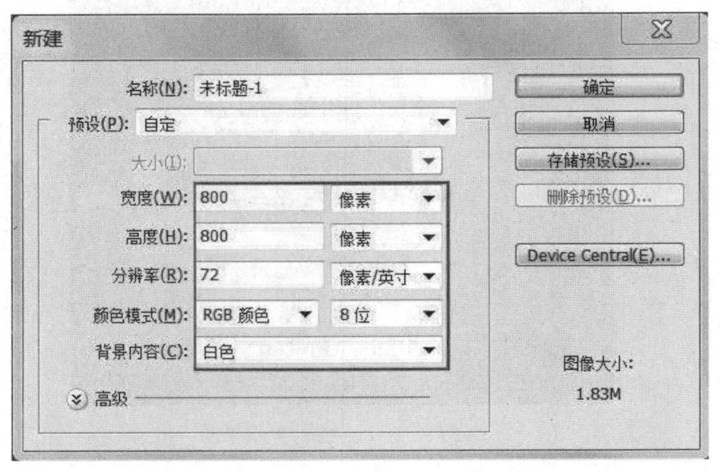

图 9-1-2　新建对话框

步骤 2：按快捷键【CTRL+DELETE】或【ALT+DELETE】填充“黑色”背景。

步骤 3：单击“滤镜 > 渲染 > 镜头光晕”，如图 9-1-3 所示。用鼠标将光源点在左上角，镜头类型为“电影镜头”，如图 9-1-4 所示。点击“确定”，效果如图 9-1-5 所示。

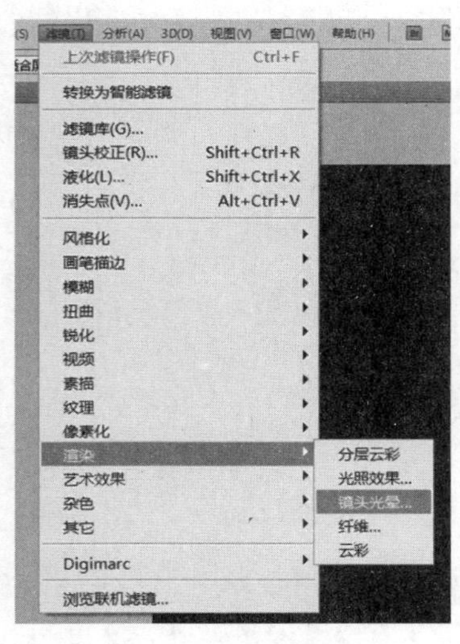

图 9-1-3　滤镜菜单

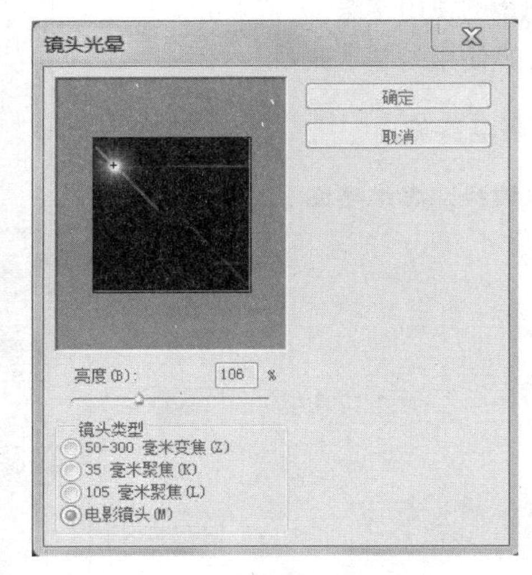

图 9-1-4　镜头光晕对话框

图 9-1-5　镜头光晕预览窗

步骤 4：再执行“滤镜 > 渲染 > 镜头光晕”，或按【CTRL+ALT+F】，用鼠标新建一个位置稍靠下的光源点，如图 9-1-6 所示。

步骤 5：再执行“滤镜 > 渲染 > 镜头光晕”，或按【CTRL+ALT+F】，用鼠标新建一个位置稍靠下的光源点，如图 9-1-7 所示。

图 9-1-6　镜头光晕预览窗

图 9-1-7　镜头光晕预览窗

步骤 6：再执行“滤镜 > 渲染 > 镜头光晕”，或按【CTRL+ALT+F】，选“35 毫米聚焦”，如图 9-1-8 所示，用鼠标再新建一个更靠下的光源点，得到如图 9-1-9 所示效果。

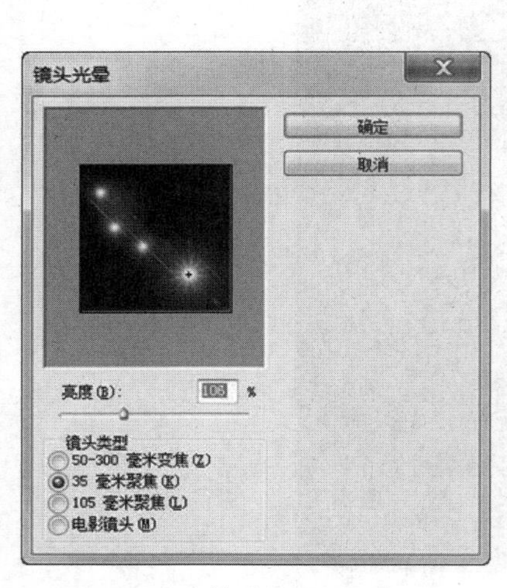

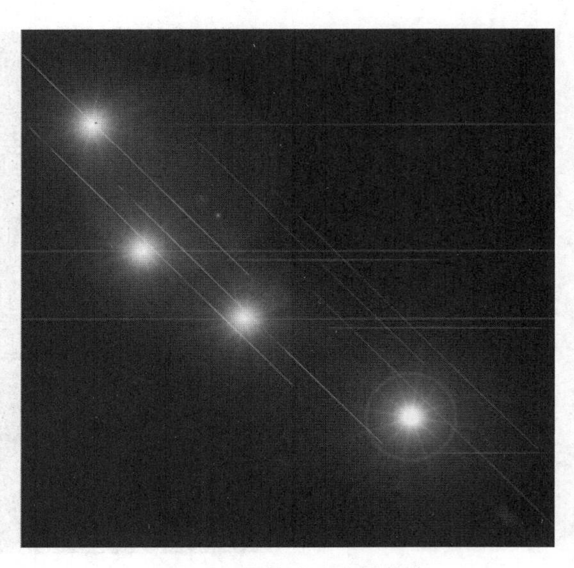

图 9-1-8 镜头光晕对话框　　　　图 9-1-9 镜头光晕预览窗

步骤 7：然后执行“滤镜 > 扭曲 > 极坐标”，如图 9-1-10 所示，参数如图 9-1-11 所示，效果如图 9-1-12 所示。

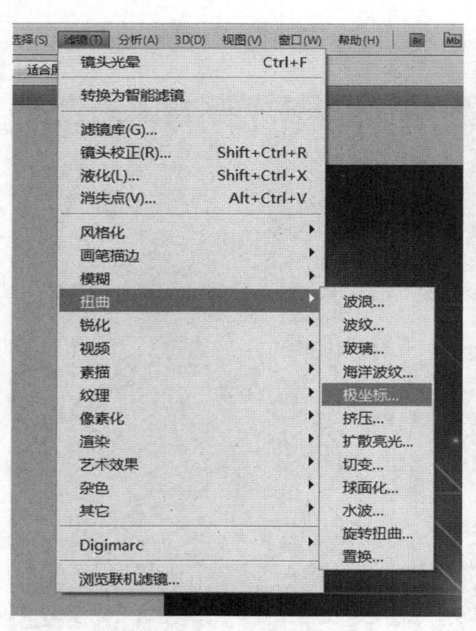

图 9-1-10 滤镜菜单

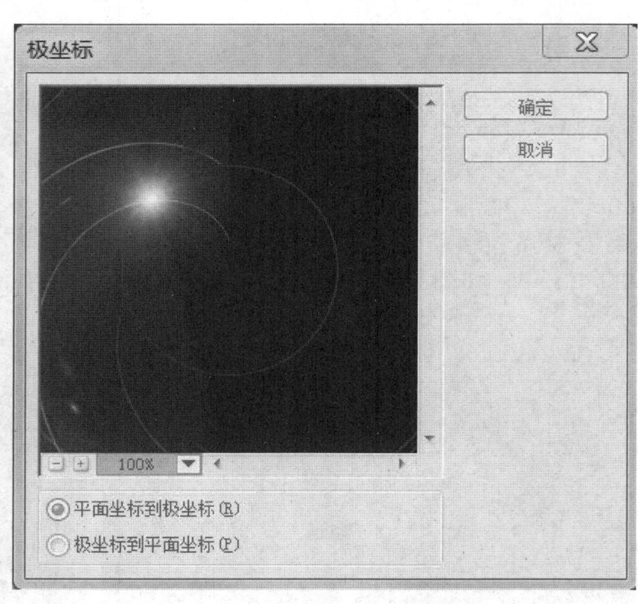

图 9-1-11 “极坐标”对话框

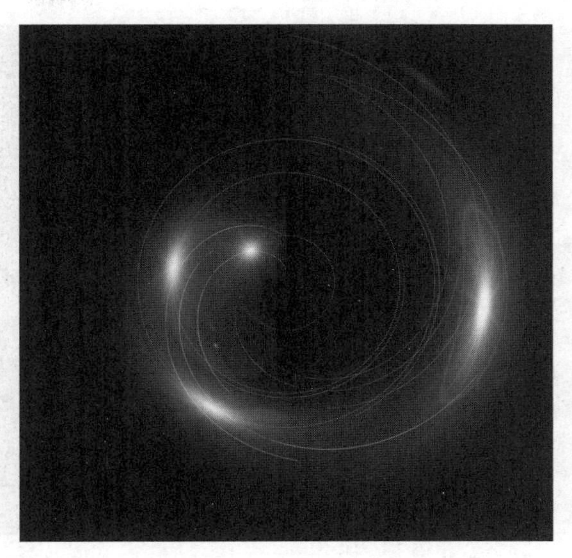

图 9-1-12　极坐标效果

步骤 8：在图层面板新建图层，选择“色谱”线性渐变，如图 9-1-13 所示，用渐变工具从右上角往左下角拉出彩色渐变，如图 9-1-14 所示。

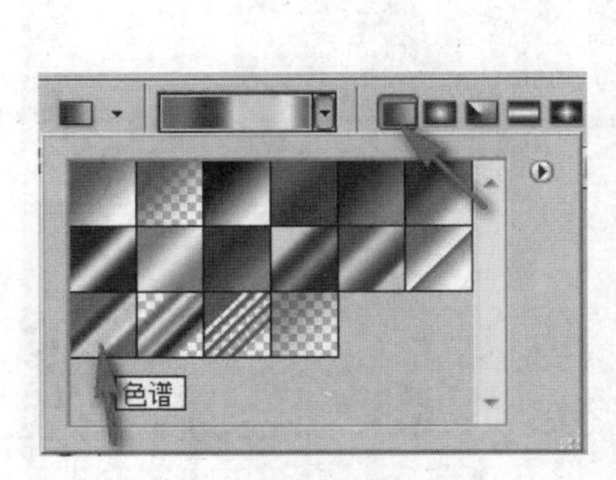

图 9-1-13　渐变窗口

图 9-1-14　渐变填充后效果

步骤 9：把渐变的图层的图层混合模式设为“颜色”，如图 9-1-15 所示。设置混合模式后效果如图 9-1-16 所示。

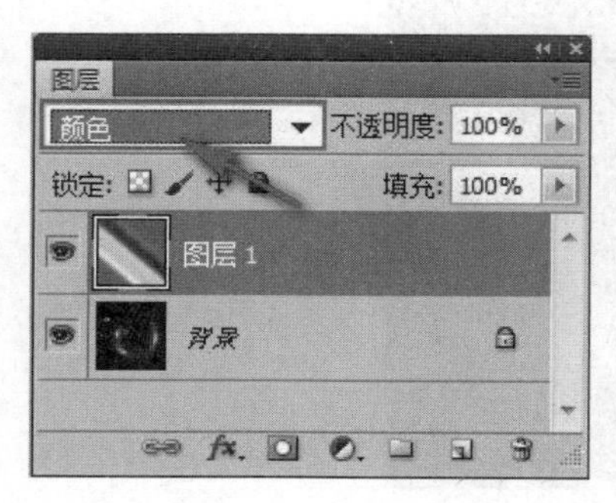

图 9-1-15　设置图层混合模式

图 9-1-16　设置混合模式后效果

步骤 10：将“9-1 笔记本 .jpg”拖进来，移动到光圈图层上方，图层模式改成“滤色”，如图 9-1-17 所示。适当调整笔记本位置，如图 9-1-18 所示。

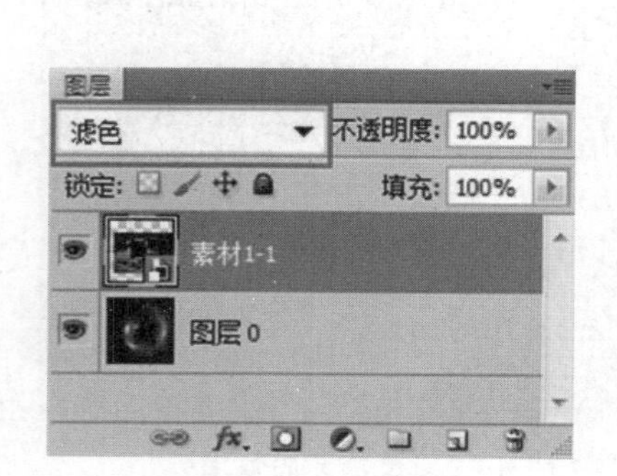

图 9-1-17　设置混合模式

图 9-1-18　设置滤色后效果

步骤 11：使用裁剪工具，将笔记本外边缘部分裁切掉，最终效果如图 9-1-19 所示。

图 9-1-19　笔记本效果图

【课堂提问】

1. 滤镜设置的一般步骤是什么？
2. 镜头光晕滤镜在使用时怎样调整光点位置？
3. 极坐标的使用有哪几种形式？

【随堂笔记】

1.5 知识要点

1. 什么是滤镜？

滤镜来源于摄影中的滤光镜，是为图像增加特定效果的工具。

2. 滤镜有哪些类型？

Photoshop 中的滤镜分为内置滤镜和外挂滤镜。内置滤镜是由 ADOBE 公司开发的，在安装 Photoshop 软件时一同安装的滤镜。外挂滤镜是由第三方公司开发的滤镜的。外挂滤镜的种类很多，如 KPT，EYE CANDY 等，都是很典型的外挂滤镜，这些滤镜各有各的特殊效果。在使用外挂滤镜时，需要先进行安装，安装完外挂滤镜后，它就会和 Photoshop 内置滤镜一样显示在“滤镜”菜单中，在使用滤镜时，只需用鼠标单击这些滤镜命令即可完成。

内置滤镜和外挂滤镜在使用方式上是一样的，所以我们只讲解 Photoshop 的内置滤镜的使用和功能，对于外挂滤镜，在使用时可参照内置滤镜的使用方法。

Photoshop 中的内置滤镜包括像素化、扭曲、杂色、模糊、渲染、画笔描边、素描、纹理、艺术效果、视频、锐化、风格化和 DIGIMARC 滤镜等。

3. 内置滤镜的用途

内置滤镜主要有以下两种用途。

第一类是用于创建图像特效，如可以生成粉笔画、图章、纹理、波浪等各种特殊效果。此类滤镜的数量最多，且绝大多数都在“风格化”“素描”“纹理”“像素化”“渲染”“艺术效果”等滤镜组中，除了“扭曲”以及其他少数滤镜外，基本上都是通过“滤镜库”来管理和应用的。

第二类主要是用于编辑图像，如减少杂色、提高清晰度等，这些滤镜在“模糊”“锐化”“杂色”等滤镜组中。此外，“液化”“消失点”“镜头矫正”也属于此类滤镜。

4. 滤镜的使用规则

（1）滤镜处理图层时，需要选择该图层，并且图层必须是可见的。

（2）如果创建了选区，滤镜只处理选区内的图像。

（3）滤镜的处理效果是以像素为单位来进行计算的，因此相同的参数处理不同分辨率的图像，其效果也会不同。

（4）滤镜可以处理图层蒙版、快速蒙版和通道。

（5）内置滤镜只有“云彩”滤镜可以应用在没有像素的区域，其他滤镜都必须应用在包含像素的区域，否则不能使用。

5. 滤镜在使用过程中的注意事项

滤镜不能应用于位图模式和索引颜色的图像，CMYK 和 LAB 模式的图像只能应用部分滤镜，只有 RGB 模式图像可以使用全部滤镜。

6. 常用滤镜的使用方法

（1）“像素化”滤镜组

像素化滤镜组可使目标图层或目标图层选区中颜色值相近的像素结成块。该滤镜组包含“彩块化”“彩色半调”“晶格化”“点状化”“碎片”“铜版雕刻”以及“马赛克”7 种不同的滤镜，图 9-1-20 所示为像素化子菜单中的滤镜。

现在以“彩色半调”滤镜为例说明像素化子菜单中滤镜的应用。

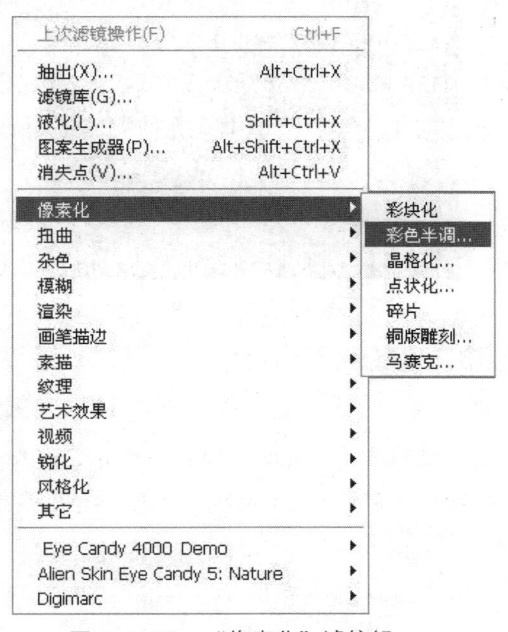

图 9-1-20　“像素化”滤镜组

①打开一幅图像，如图 9-1-21 所示。

②在图层面板中选择花朵所在图层。

③点击“滤镜 > 像素化 > 彩色半调”，打开如图 9-1-22 所示的“彩色半调”对话框。

图 9-1-21　开一幅图像

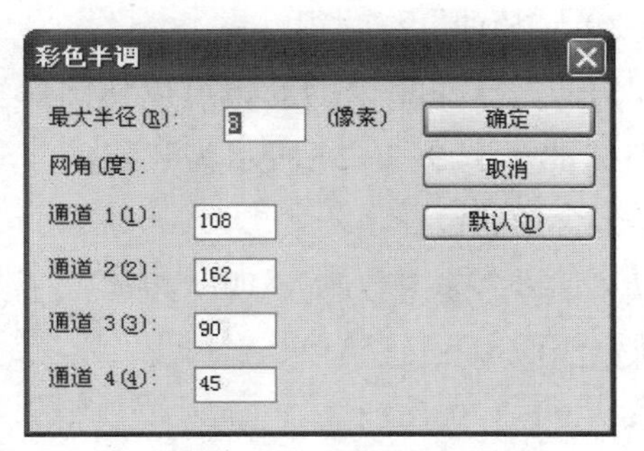

图 9-1-22　“彩色半调”对话框

④设置参数，点击“确定”按钮，效果如图 9-1-23 所示。

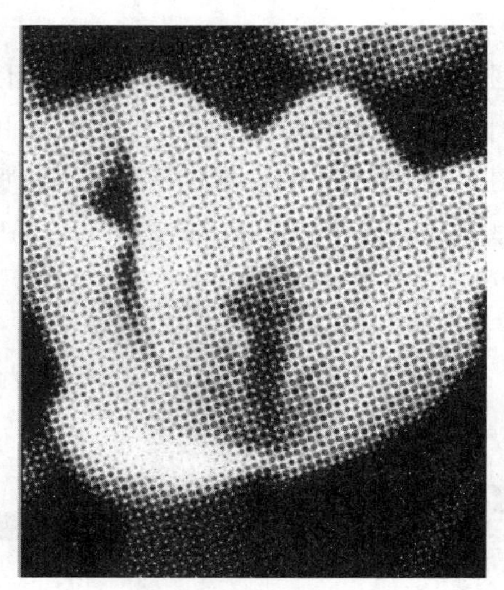

图 9-1-23　效果

“彩色半调”对话框中各项参数含义如下：

- 最大半径：设置半调网点的最大半径。范围为 4~127，以像素为单位。
- 网角：网点与实际水平线的夹角（灰度图像，只使用通道 1；RGB 图像，使用通道 1、2 和 3，分别对应红色、绿色和蓝色通道。CMYK 图像，使用所有 4 个通道，对应青色、洋红、黄色和黑色通道）。
- 默认：点击“默认”按钮，使所有网角返回默认值。

执行“像素化”子菜单中的“彩块化”和“碎片”命令时，会直接应用这两个滤镜效果；执行“彩色半调”“晶格化”“点状化”“铜板雕刻”和“马赛克”命令会弹出参数设置对话框，该组中其他滤镜的具体效果可以自行实践体会一下。

（2）“扭曲”滤镜组

“扭曲”子菜单中的滤镜可以使图像发生几何扭曲。图 9-1-24 所示为“扭曲”子菜单中包含的滤镜。

以“切变”滤镜为例说明“扭曲”子菜单中滤镜的应用。

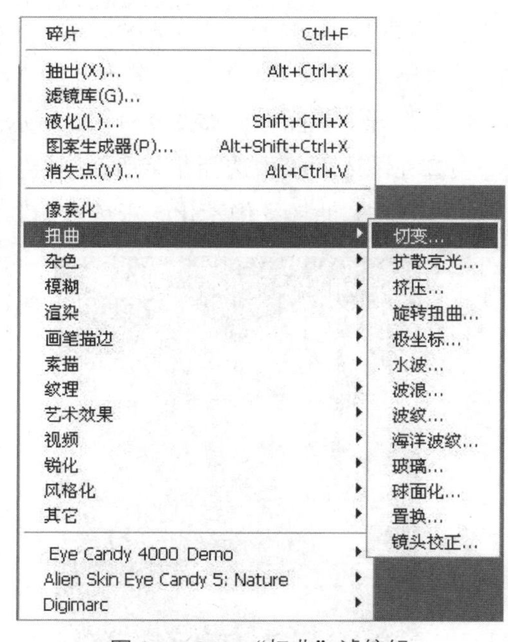

图 9-1-24　“扭曲”滤镜组

①打开一幅图像，如图 9–1–25 所示。

图 9–1–25　打开一幅图像

②在图层面板中选择花朵所在图层。

③执行“滤镜 / 扭曲 / 切变”命令，打开如图 9–1–26 所示的“切变”对话框。

④在“切变”对话框中，调整切变曲线后点击“确定”，完成设定，结果如图 9–1–27 所示。

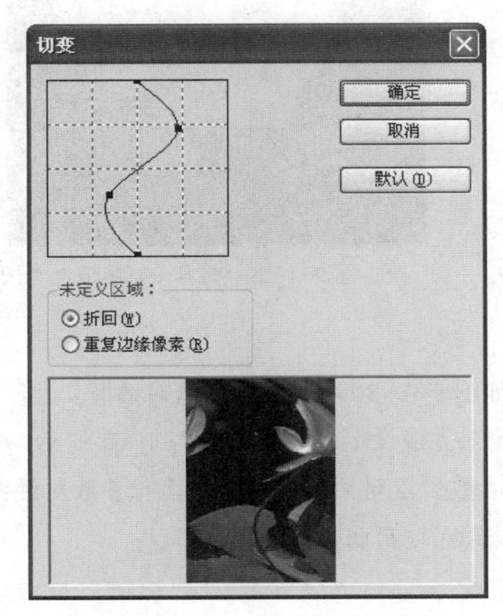

图 9–1–26　“切变”对话框

图 9–1–27　效果

“切变”对话框各项参数的含义如下：

- 切变曲线：通过调整曲线控制变形程度和方向。
- 折回：用图像另一边的内容填充未定义的空间。
- 重复边缘像素：按指定的方向沿图像边缘扩展像素的颜色。

“扭曲”子菜单中的滤镜全部具有参数设置对话框，其参数的设置决定了扭曲的最终效果，其他镜效果可以自行实践体会一下。

（3）“杂色”滤镜组

“杂色”子菜单中的滤镜可以添加或移去杂色。图 9-1-28 所示为“杂色”子菜单中的滤镜。

以“中间值”滤镜为例说明“杂色”子菜单中滤镜的应用。

①打开一幅图像，如图 9-1-29 所示。

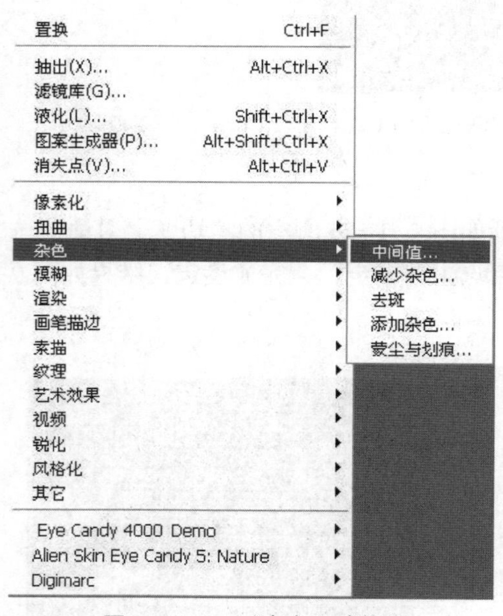

图 9-1-28 “杂色”滤镜组

图 9-1-29 打开一幅图像

②选择花朵所在图层。

③点击“滤镜 > 杂色 > 中间值”，打开如图 9-1-30 所示的中间值对话框。

④设定减少杂色的半径范围，点击“确定”完成设定，效果如图 9-1-31 所示。

“杂色”子菜单中的“去斑”滤镜没有参数设置对话框。其他滤镜有参数对话框，其参数决定了杂色的大小和密集程度。其他滤镜可以自己操作并观察。

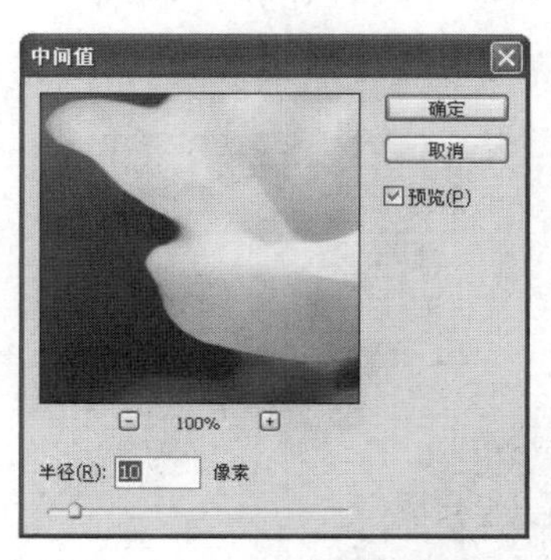

图 9-1-30　中间值对话框

图 9-1-31　效果

（4）“模糊”滤镜组

“模糊”子菜单中的滤镜可以柔化选区或图像。图 9-1-32 所示为“模糊”子菜单中的滤镜。

以“动感模糊”为例说明“模糊”子菜单中滤镜的应用。

①打开一幅图像，如图 9-1-33 所示。

②选择图像所在图层。

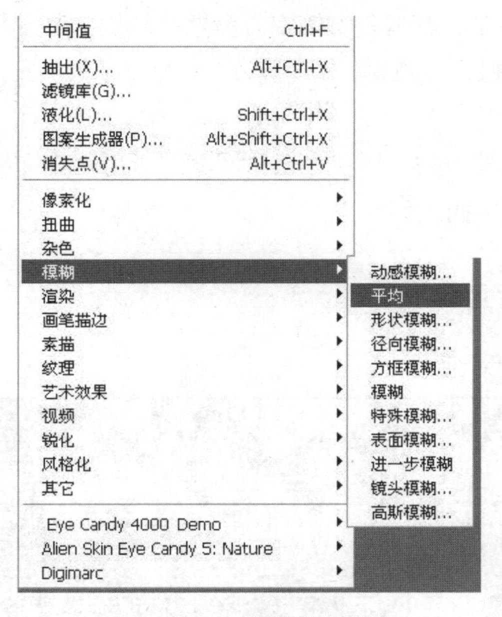

图 9-1-32　“模糊”滤镜组

图 9-1-33　打开一幅图像

③点击“滤镜 > 模糊 > 动感模糊”，打开如图 9-1-34 所示的动感模糊对话框。

④设置动感模糊的方向和距离，点击“确定”完成设置，效果如图 9-1-35 所示。

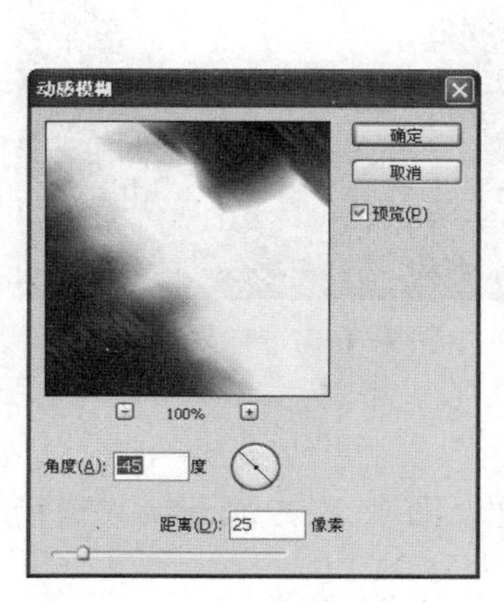

图 9-1-34 “动感模糊”对话框

图 9-1-35 效果

动感模糊对话框参数含义如下：

- 角度：模糊时像素的移动方向。
- 距离：像素位移长度。

模糊子菜单中的“模糊”没有参数对话框，其他各滤镜都有参数对话框，其参数决定了模糊的方向和范围。其他滤镜可以自己操作并观察。

（5）“渲染”滤镜组

“渲染”子菜单中的滤镜可以在图像中创建 3D 形状、云彩图案、折射图案和模拟的光反射。图 9-1-36 所示为“渲染”子菜单中的滤镜。

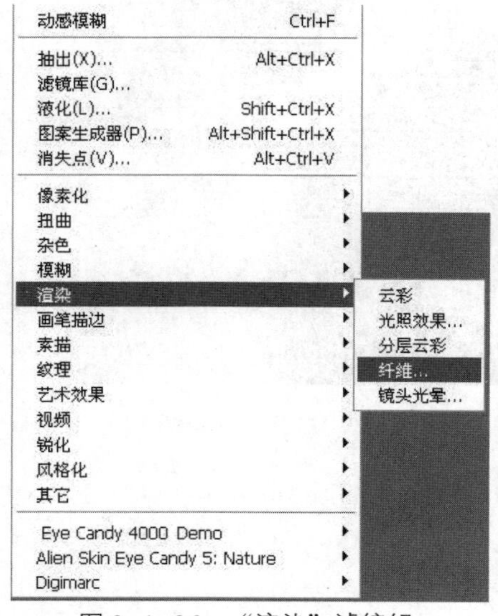

图 9-1-36 “渲染”滤镜组

图 9-1-37 打开一幅图像

以“纤维”滤镜为例说明渲染子菜单中滤镜的使用。

①打开一幅图像，如图 9-1-37 所示。

②选择花朵所在图层，并建立如图 9-1-38 所示的选区。

③执行“滤镜 > 渲染 > 纤维”命令，打开如图 9-1-39 所示的“纤维”对话框。

图 9-1-38　建立选区

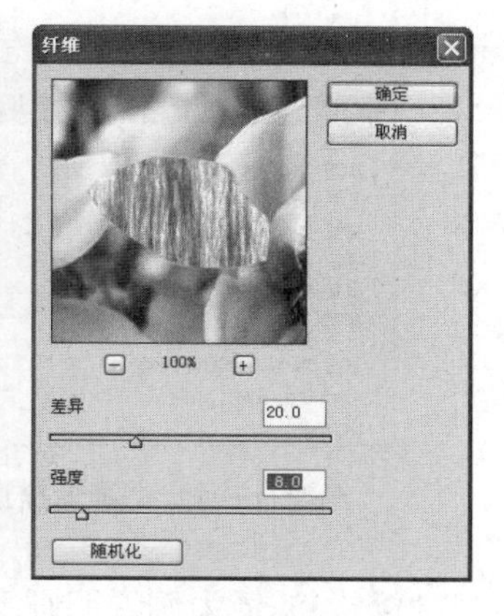

图 9-1-39　“纤维”对话框

④在“纤维”对话框中设置各项参数，点击“确定”完成设置，并取消选区，效果如图 9-1-40 所示。

图 9-1-40　效果

- 差异：设定生成纤维的对比度。
- 强度：设定生成纤维的密度。

渲染子菜单中的云彩和分层云彩不具有参数对话框，这两个滤镜使用前景色和背景色随机产生云状纹理，其他各滤镜具有参数对话框。其他滤镜效果可以自行实践。

（6）“画笔描边”滤镜组

“画笔描边”子菜单中的滤镜使用不同的画笔和油墨描边效果创造出绘画效果的外观。图 9-1-41 所示为“画笔描边”子菜单中的滤镜。

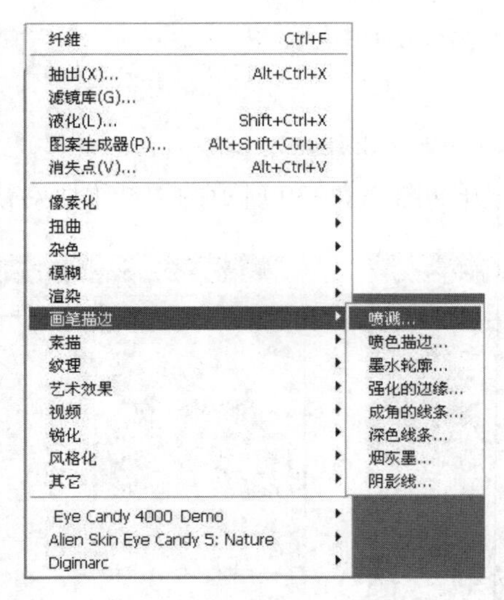

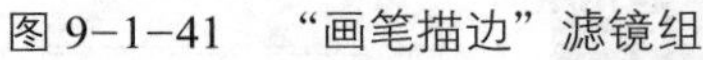
图 9-1-41 “画笔描边”滤镜组

图 9-1-42 素材图像

以“喷溅”滤镜为例说明画笔描边子菜单中的滤镜使用方法。

①打开一幅图像，如图 9-1-42 所示。

②执行“滤镜 > 画笔描边 > 喷溅”命令，打开如图 9-1-43 所示的喷溅对话框。

③在喷溅对话框中设置各项参数，点击“确定”完成设置，效果如图 9-1-44 所示。

图 9-1-43 “喷溅”对话框

图 9-1-44 效果

“喷溅”对话框参数含义如下：

- 喷色半径：决定颜色扩展的大小。
- 平滑度：决定扩展颜色时边缘的平滑度。

画笔描边子菜单中滤镜都具有参数对话框，其参数决定了生成笔触的状态。其他效果可自己操作并观察效果。

（7）“素描”滤镜组

“素描”子菜单中的滤镜可以将纹理添加到图像上。图 9–1–45 所示为“素描”子菜单中的滤镜。

以“便条纸”为例说明素描子菜单中的滤镜。

①打开一幅图像，如图 9–1–46 所示。

②选择图像所在图层。

③点击“滤镜 > 素描 > 便条纸”，打开如图 9–1–47 所示的“便条纸”对话框。

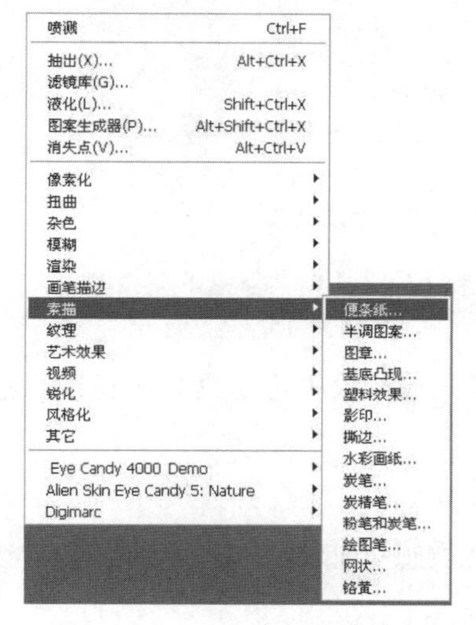

图 9–1–45　“素描”滤镜组

图 9–1–46　打开一幅图像

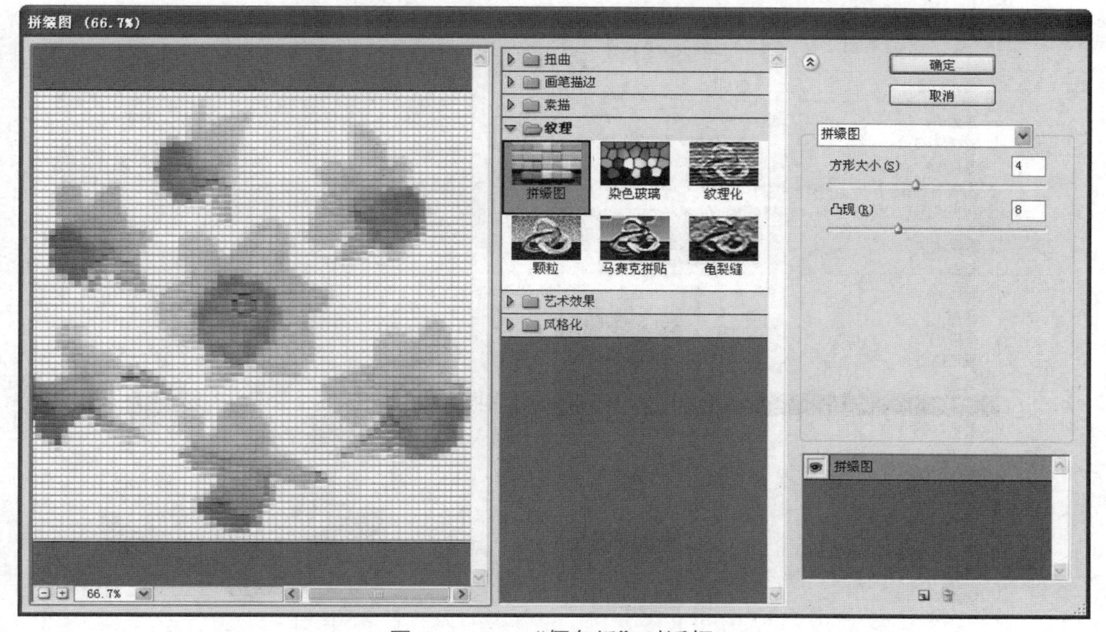

图 9–1–47　“便条纸”对话框

④在便条纸对话框中设置各项参数，点击“确定”完成设置，效果如图 9-1-48 所示。

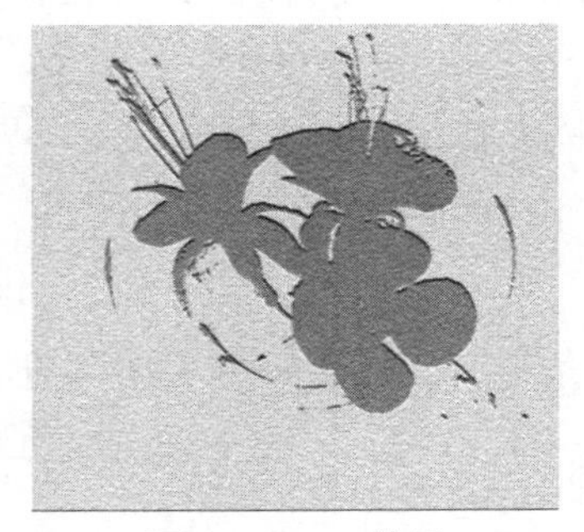

图 9-1-48　效果

便条纸对话框参数含义如下：

- 图像平衡：对使用的前景色和背景色占有率进行调整。
- 粒度：决定图像生成的颗粒大小。
- 凸现：决定图像中凸出部分的程度。

“素描”子菜单中滤镜都具有参数对话框，其参数决定了处理图像的质感强度。其他效果可自己操作并观察效果。

（8）“纹理”滤镜组

使用纹理菜单中的滤镜可使图像表面具有质感。如图 9-1-49 所示为“纹理”子菜单中的滤镜。

以“拼缀图”为例说明纹理子菜单中的滤镜。

①打开一幅图像，如图 9-1-50 所示。

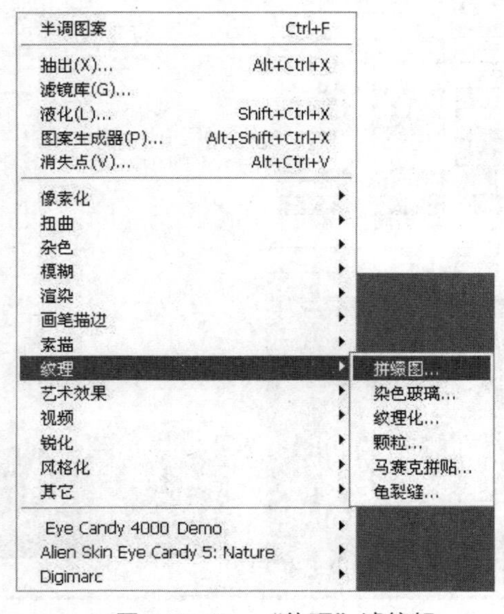

图 9-1-49　“纹理”滤镜组

图 9-1-50　打开一幅图像

②选择图像图层。

③执行“滤镜 > 纹理 > 拼缀图”命令，打开如图 9-1-51 所示的“拼缀图”对话框。

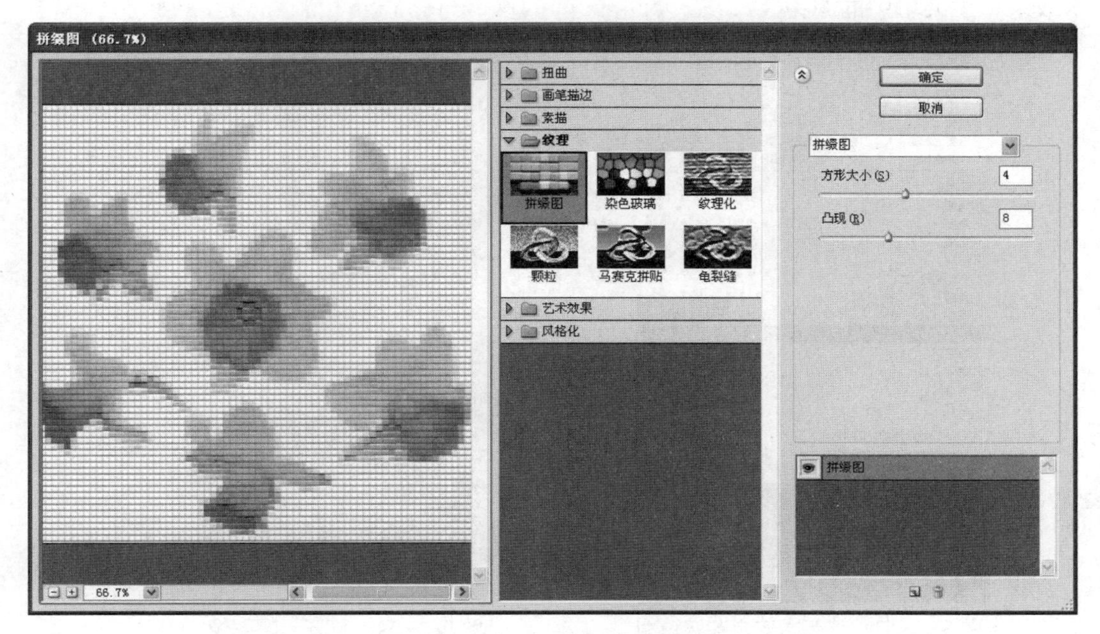

图 9-1-51　“拼缀图”对话框

④在拼缀图对话框中设置各项参数，点击“确定”完成设置，效果如图 9-1-52 所示。

图 9-1-52　效果

“拼缀图”对话框参数含义如下：

- 平方大小：决定图像中生成方块的大小和数量。
- 凸现：生成方块的凸现程度。

纹理子菜单中滤镜都具有参数对话框，其参数决定了生成纹理的深度。其他效果可自己操作并观察效果。

（9）“艺术效果”滤镜组

“艺术效果”子菜单中的滤镜可以制作绘画效果或特殊效果。图 9–1–53 所示为“艺术效果”子菜单中的滤镜。

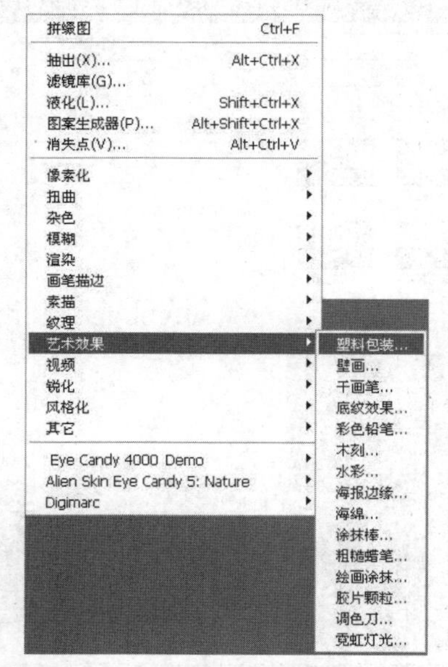

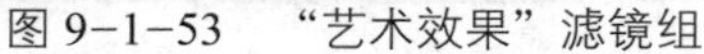

图 9–1–53　“艺术效果”滤镜组

图 9–1–54　打开一幅图像

以“塑料包装”为例说明“艺术效果”子菜单中的滤镜。

①打开一幅图像，如图 9–1–54 所示。

②选择图像图层。

③执行“滤镜 > 艺术效果 > 塑料包装”命令，打开如图 9–1–55 所示的“塑料包装”对话框。

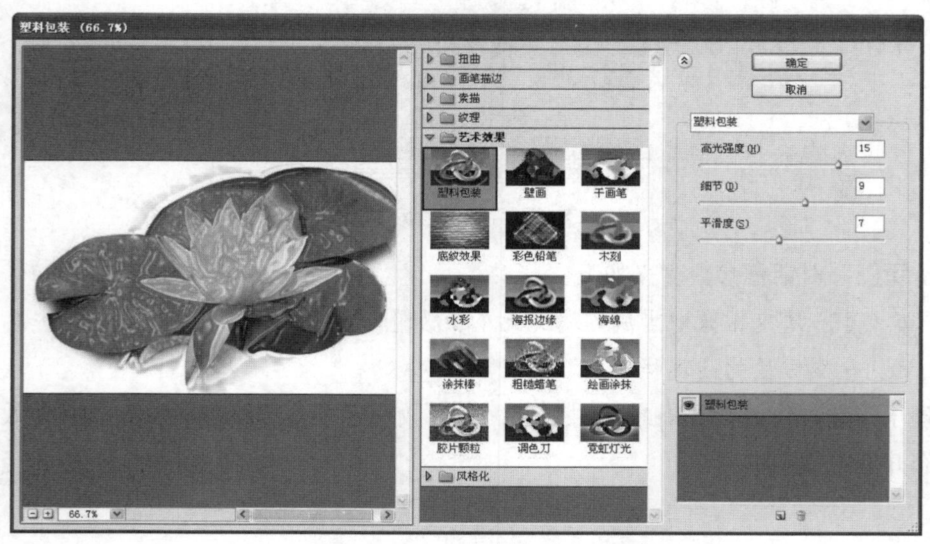

图 9–1–55　“塑料包装”对话框

④在对话框中设置参数，点击“确定”完成设置，效果如图 9–1–56 所示。

图 9–1–56　效果

“塑料包装”对话框参数包含：

- 高光强度：图像中生成高光区域的亮度。
- 细节：生成高光区域的多少。
- 平滑度：生成高光区域的大小。

“艺术效果”子菜单中滤镜都具有参数对话框。其他效果可以自行实践体会一下。

（10）“视频”滤镜组

“视频”子菜单包含逐行滤镜和 NTSC 颜色滤镜。图 9–1–57 所示为“视频”子菜单中的滤镜。

塑料包装　Ctrl+F
抽出(X)...　Alt+Ctrl+X
滤镜库(G)...
液化(L)...　Shift+Ctrl+X
图案生成器(P)...　Alt+Shift+Ctrl+X
消失点(V)...　Alt+Ctrl+V
像素化
扭曲
杂色
模糊
渲染
画笔描边
素描
纹理
艺术效果
视频　NTSC 颜色　逐行...
锐化
风格化
其它
Eye Candy 4000 Demo
Alien Skin Eye Candy 5: Nature
Digimarc

图 9–1–57　视频滤镜组

逐行：通过移去视频图像中的奇数或偶数隔行线，使在视频上捕捉的运动图像变得平滑。可以选择通过复制或插值来替换扔掉的线条。

NTSC 颜色：将色域限制在电视机重现可接受的范围内，以防止过饱和颜色渗到电视扫描行中。

（11）“锐化”滤镜组

“锐化”子菜单中的滤镜通过增加相邻像素的对比度来聚焦模糊的图像。图 9-1-58 所示为“锐化”子菜单中的滤镜。

以“USM 锐化”为例说明“锐化”子菜单中的滤镜。

①打开一幅图像，如图 9-1-59 所示。

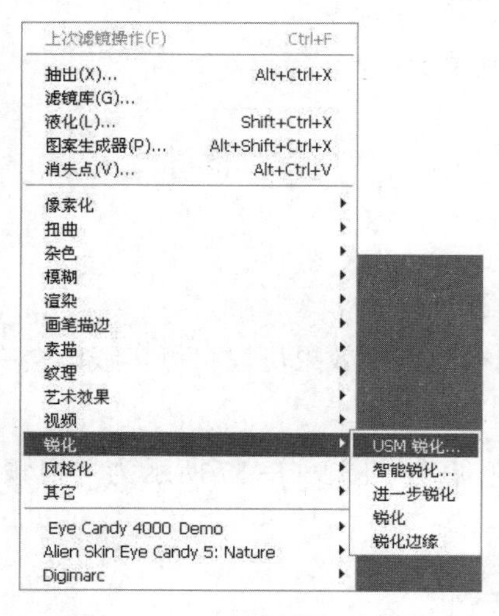

图 9-1-58 “锐化”滤镜组

图 9-1-59 打开一幅图像

②选择图像图层。

③执行“滤镜 > 锐化 >USM 锐化”命令，打开如图 9-1-60 所示的“USM 锐化”对话框。

④在对话框中设置各项参数，点击“确定”完成设置，效果如图 9-1-61 所示。

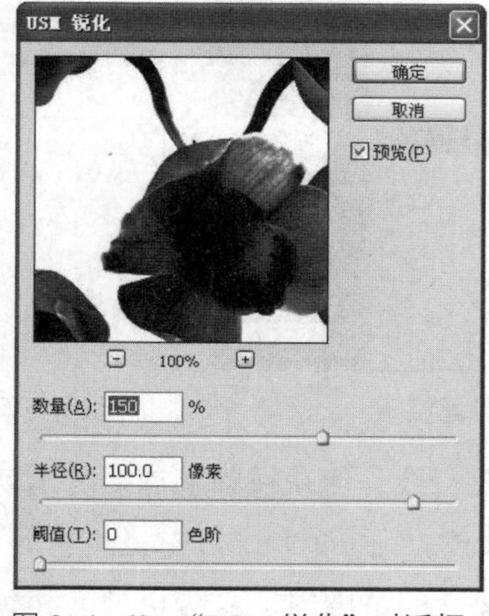

图 9-1-60 “USM 锐化”对话框

图 9-1-61 最终效果

“锐化”子菜单中只有“USM 锐化”具有参数对话框。其他滤镜效果可以自行实践。

（12）“风格化”滤镜组

“风格化”子菜单中的滤镜通过置换像素和增加对比度调整图像。图 9-1-62 所示为“风格化”子菜单中的滤镜。

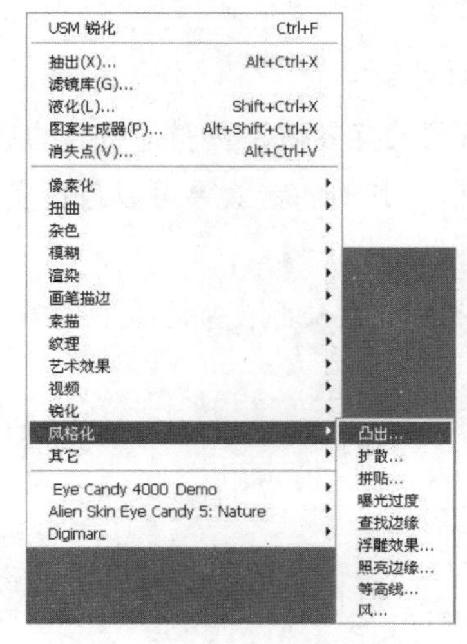

图 9-1-62　“风格化”滤镜组

图 9-1-63　打开一幅图像

以“凸出”滤镜为例说明风格化子菜单中的滤镜。

①打开一幅图像，如图 9-1-63 所示。

②选择图像所在图层。

③执行“滤镜 > 风格化 > 凸出”命令，打开如图 9-1-64 所示的“凸出”对话框。

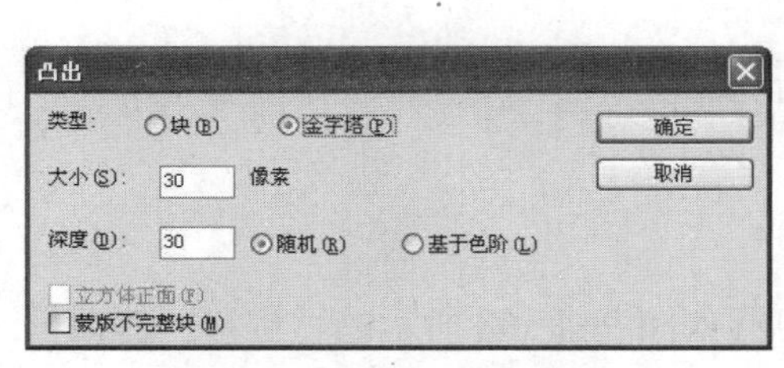

图 9-1-64　“凸出”对话框

图 9-1-65　效果

④设置参数，点击“确定”完成设置，效果如图 9-1-65 所示。

“凸出”对话框的参数含义如下：

● 类型：有“块”和“金字塔”两个选项。“块”可以创建长方体填充对象；“金字塔”可以创建金字塔形状填充对象。

● 大小：在文本框中输入 2—255 之间的像素值以确定对象底边的长度。

● 深度：在文本框中输入 0—255 之间的像素值以确定对象的凸出高度。

●深度包括“随机”和“基于色阶”两个选项。“随机”为每个块或金字塔设置一个任意的深度。“基于色阶”使每个对象的深度与其亮度对应，即越亮凸出得越多。

●立方体正面：当选择类型中的“块”选项时，立方体正面被激活。若需要用块的平均颜色填充每个块的正面，选择“立方体正面”。需要用图像填充正面，取消选择“立方体正面”。

●蒙版不完整块：可以隐藏所有延伸出选区的对象。

“风格化”子菜单中查找边缘和曝光过度滤镜没有参数设置对话框，直接根据图像的明暗对比产生效果，其他滤镜全部有参数对话框。其他滤镜效果可以自行实践。

（13）其他滤镜

其他子菜单中的滤镜允许创建自定义滤镜。图 9-1-66 所示为其他子菜单中的滤镜。

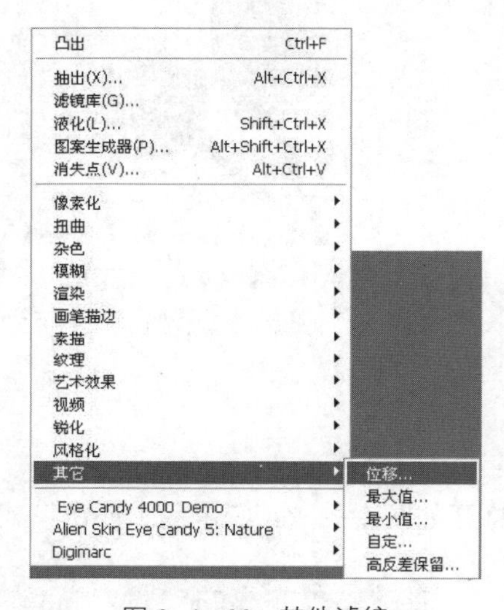

图 9-1-66 其他滤镜

图 9-1-67 打开一幅图像

以“位移”滤镜为例说明其他子菜单中的滤镜。

①打开一幅图像，如图 9-1-67 所示。

②选择图像图层。

③执行“滤镜 > 其他 > 位移”命令，打开如图 9-1-68 所示的“位移”对话框。

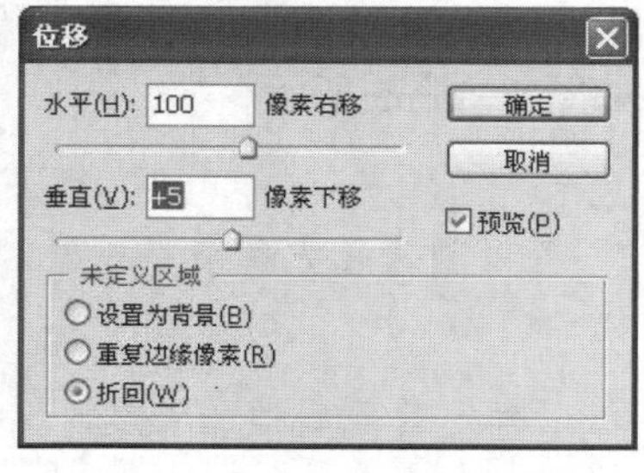

图 9-1-68 “位移”对话框

图 9-1-69 效果

④在对话框中设置参数，点击“确定”完成设置，效果如图 9-1-69 所示。

其他子菜单中滤镜都具有参数设置框，通过参数设置可以定义新的滤镜效果。其他滤镜效果可以自行实践。

1.6　拓展练习

使用 Photoshop 的滤镜，结合通道、索引颜色等制作如图 9-1-70 所示火焰字效果。

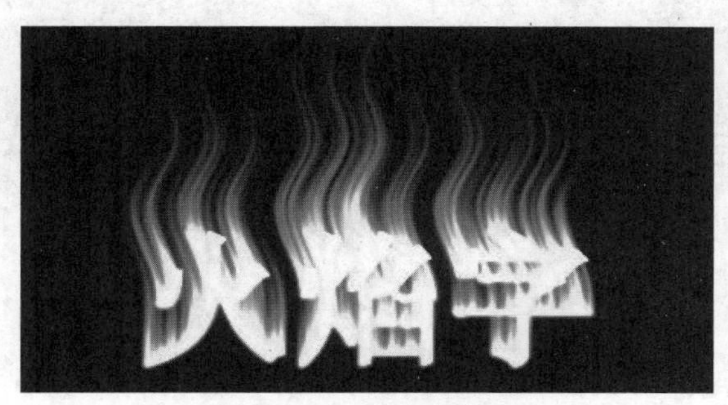

图 9-1-70　火焰字效果图

制作提示：

1. 建立背景为黑色的画布。

2. 建立“火焰字”文字选区，并调整大小和位置，“火焰字”选区填充白色，并存储文字选区。

3. 将画布顺时针旋转 90 度，取消选区，多次施加“滤镜 > 风格化 > 风”。

4. 画布转回，调出文字选区，并反选，添加“滤镜 > 模糊 > 高斯模糊”。

5. 添加“滤镜 > 扭曲 > 切变”滤镜。

6. 将当前图像模式设置为“索引颜色”，然后设置为“颜色表”，并在下拉列表中设置为“黑体”即可。

任务二　滤镜使用技巧——制作艺术背景

2.1　任务描述

素材位置：PS 基础教程 / 素材 /CH09/9-2 女人 .jpg。

效果位置：PS 基础教程 / 效果 /CH09/9-2 艺术背景 .psd。

任务描述：使用“液化”修改人物局部，使用滤镜库给人物添加艺术背景，最终效果如图 9-2-1 所示。

图 9-2-1　艺术背景效果图

2.2　任务目标

1. 了解什么是滤镜库。
2. 掌握滤镜库的使用方法。
3. 学习液化的使用。
4. 掌握滤镜使用过程的技巧。

2.3　学习重点和难点

1. 滤镜使用技巧。
2. 滤镜库的使用。
3. 液化的操作方法。

2.4　任务实施

【关键步骤思维导图】

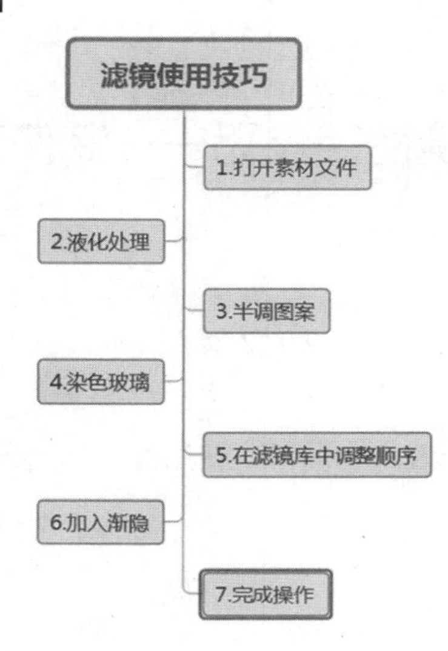

步骤 1：按【CTRL+O】键打开素材图像文件“9–2 女人 .jpg”，如图 9–2–2 所示。

图 9–2–2　素材

步骤 2：按【CTRL+J】复制当前图层。

步骤 3：打开“滤镜 > 液化”显示“液化”对话框，并设置如图 9–2–3 所示参数。

图 9–2–3　“液化”对话框

步骤 4：使用缩放工具对人物进行局部放大，使用抓手工具调整视图到合适位置，如图 9–2–4 所示。

步骤 5：使用向前变形工具 对人物脸部结构，及肩上部进行调整，调整过度部分图像可通过“重建工具” 恢复图像，然后继续操作，直至如图 9-2-5 所示。

图 9-2-4　局部图

图 9-2-5　液化修整

步骤 6：点击“确定”按钮，完成“液化”操作，如图 9-2-6 所示。

图 9-2-6　液化效果

步骤 7：使用“快速选择”工具选择人物背景，如图 9-2-7 所示。

图 9-2-7　选择背景

步骤 8：在 Photoshop 菜单栏选择“滤镜 > 滤镜库”命令，打开“滤镜库”对话框，如图 9-2-8 所示。

图 9-2-8　滤镜库

步骤 9：单击“素描 > 半调图案”滤镜类别，对话框右侧出现当前选择滤镜参数选项；设置参数对话框，对话框左侧将出现应用滤镜后的图像预览效果，如图 9-2-9 所示。

图 9-2-9　半调图案

步骤 10：单击右下方“新建效果图层”，点击“半调图案”前方 图标，取消“半调图案”作用效果。单击“纹理 > 染色玻璃”滤镜类别，对话框右侧出现当前选择滤镜参数选项；设置参数对话框，如图 9-2-10 所示。对话框左侧将出现应用滤镜后的图像预览效果。

图 9-2-10　染色玻璃

步骤 11：点击“半调图案”前方▢图标，使“半调图案”作用效果重新显示，并把“半调图案”调整到上层，图 9-2-11 显现两个滤镜同时作用的效果。点击“确定”应用滤镜库效果。

图 9-2-11　滤镜库设置

步骤 12：打开“编辑 > 渐隐”，并设置如图 9-2-12 所示参数，点击“确定”，最终效果如图 9-2-13 所示。

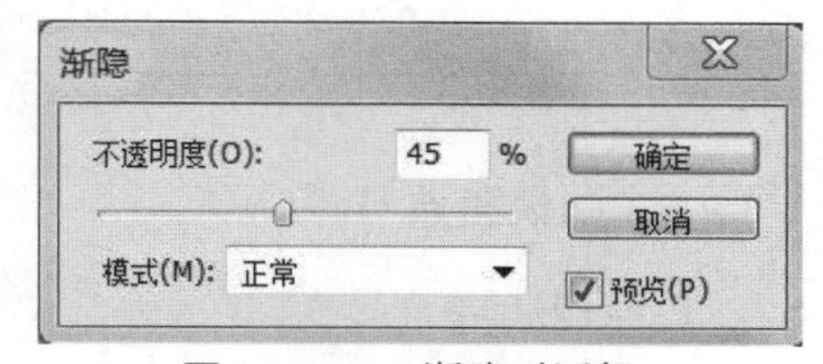

图 9-2-12　渐隐对话框

图 9-2-13　艺术背景效果图

【课堂提问】

1. 滤镜库的一般使用方法是什么？

2. 液化的使用方法？

【随堂笔记】

2.5 知识要点

1. 使用滤镜

从“滤镜”菜单中选择相应的子菜单命令即可使用滤镜。滤镜功能是非常强大的，使用起来千变万化，运用得体可以产生各种各样的特效。

下面是使用滤镜的一些技巧：

- 可以对单独的某一层图像使用滤镜，然后通过色彩混合来合成图像。
- 可以对单一的色彩通道或者是 Alpha 通道执行滤镜，然后合成图像，或者将 Alpha 通道中的滤镜效果应用到主画面中。
- 可以选择某一选取范围执行滤镜效果，并对选取范围边缘施以羽化，以便选取范围中的图像和原图像融合在一起。
- 可以将多个滤镜组合使用，从而制作出漂亮的文字、图像或底纹。

2. 重复使用滤镜

当执行完一个滤镜操作后，在“滤镜”菜单的第一行会出现刚才使用过的滤镜，单击该命令可以以相同的参数，再次执行该滤镜操作。如图 9−2−14 所示，在“滤镜”菜单的顶部出现了刚才执行过的“高斯模糊”命令，按【CTRL+F】组合键可以再次应用操作。

3. 渐隐滤镜

对于滤镜的效果，可以更改其不透明度和混合模式。操作如下。

应用滤镜后保持受影响区域的选中状态，从菜单中选择“编辑”“渐隐”命令，弹出如图 9−2−15 所示的“渐隐”对话框。可以设置滤镜效果的不透明度和混合模式，如同是对一个图层进行操作。默认情况下，不透明度为 100%, 混合模式为正常。减小不透明度会减轻滤镜的作用，选择其他混合模式可以获得不同的效果。

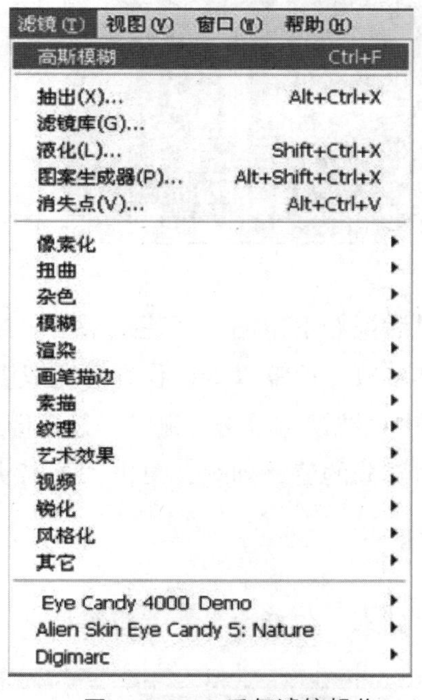

图 9−2−14　重复滤镜操作

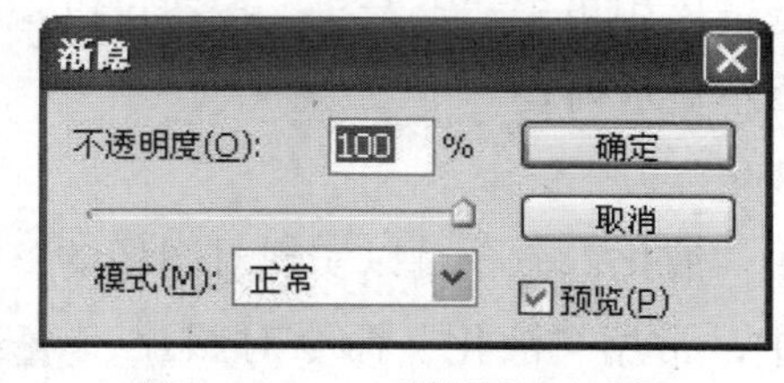

图 9−2−15　“渐隐”对话框

4. 滤镜库的使用

Photoshop 提供了滤镜库的功能，通过它可以累积应用滤镜，并多次应用单个滤镜。还可以重新排列滤镜，并更改已应用的每个滤镜的设置，以便实现所需的效果。但是并非所有可用的滤镜都可以使用滤镜库来应用。

选择“滤镜”“滤镜库”命令，可以打开如图 9−2−16 所示的对话框。在对话框中间的列表中提供了“风格化”“画笔描边”等 6 组滤镜，单击右箭头按钮可以展开列表项，展开的列表项中包含常用的滤镜缩览图，单击需要浏览的缩览图即可在左侧的图像预览区看到该滤镜的效果，同时在右侧设置相应参数。

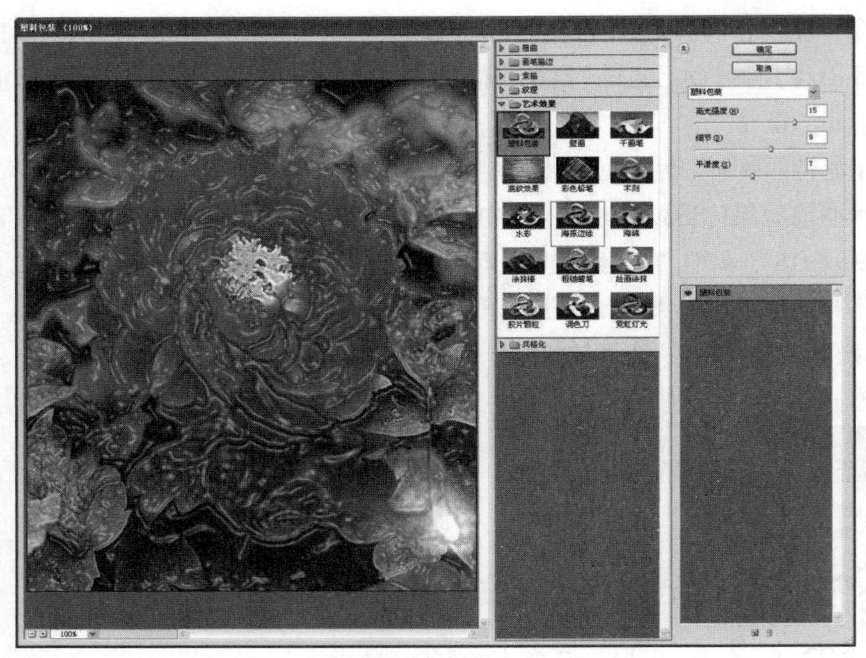

图 9-2-16 滤镜库

如果用户需要同时应用多个滤镜，可以单击对话框右下角的“新建效果层”按钮，此时新建了一个效果层，选择相应的效果并设置其参数。重复以上操作即可完成多个滤镜的重叠使用。如果需要删除其中的某个滤镜，选中该滤镜，单击“删除”按钮即可。

在滤镜库中单击“上箭头”按钮可以隐藏中间部分的滤镜列表，单击“下箭头”按钮可以重新显示列表。

5. 液化

使用“液化”命令可以实现对图像的整体效果处理，包括瘦身、美容等处理。在婚纱摄影中，常用“液化”命令对照片进行美化。

（1）“液化”对话框

“液化”对话框提供用于扭曲图像的工具和选项。用户可以直接拖动鼠标来扭曲图像，使图像产生自由的变形效果。“液化”可用于通过交互方式拼凑、推、拉、旋转、反射、折叠和膨胀图像的任意区域。创建的扭曲可以是细微的，也可以是剧烈的。打开一幅图片，然后选择“滤镜”“液化”命令，打开图 9-2-17 所示的对话框。

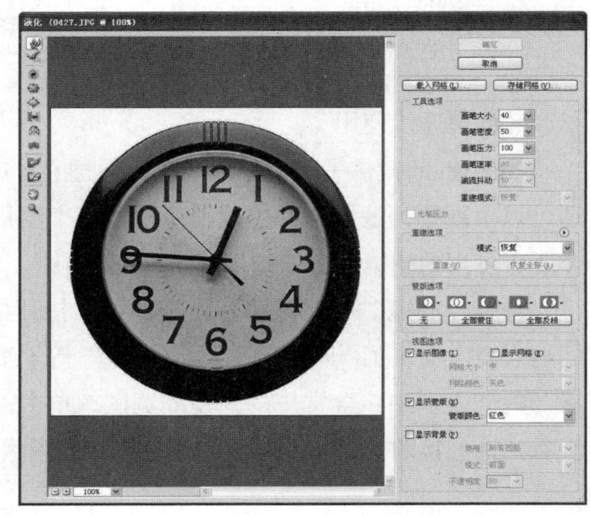

图 9-2-17 “液化”对话框

对话框分为 3 部分，中间是图像预览区，左边为工具箱，右边则是对话框选项。

①放大和缩小预览图像。

在“液化”对话框中，选择“缩放工具”，然后在预览图像中单击，可以进行放大；按住 ALT 键并在预览图像中单击，可以进行缩小。还可以在该对话框底部的“缩放”文本框中指定放大级别。

②在预览图像中导航。

在“液化”对话框中选择“抓手工具”，并在预览图像中拖移，可实现浏览图像的导航。

③调整视图。

在“视图选项”选项区域中包含 3 部分内容。

● 图像和网格的显示。

■“显示图像”：显示要液化的图像。默认情况下，该复选框为选中状态。

■“显示网格”：使用网格帮助查看和跟踪扭曲。可以选取网格的大小和颜色，也可以存储一幅图像中的网格，并将其应用到其他图像。

●“显示蒙版”：可以显示蒙版的范围，还可以调整蒙版的颜色。

●“显示背景”：可以选择只在预览图像中显示现用图层，也可以在预览图像中将其他图层显示为背景。使用“模式”选项，可以将背景放在现用图层的前面或后面，以帮助跟踪所做的更改，或者使某个扭曲与其他图层中的另一个扭曲保持同步。

（2）图像的扭曲

“液化”对话框中的工具箱提供了用来扭曲图像的工具。扭曲集中在画笔区域的中心，且其效果随着按住鼠标按键或在某个区域中重复拖移而增强。

●“向前变形工具”：在拖移时向前推动像素。使用后的效果如图 9–2–18 所示。

●“顺时针旋转扭曲工具”：在按住鼠标一段时间或拖移时可顺时针旋转像素。要逆时针旋转像素，需要在按住鼠标按键或拖移的同时按住 ALT 键，效果如图 9–2–19 所示。

●“褶皱工具”：使像素朝着画笔区域的中心移动，效果如图 9–2–20 所示。

图 9–2–18　向前变形效果

图 9–2–19　顺时针旋转扭曲效果

图 9–2–20　褶皱效果

●“膨胀工具”：使像素朝着离开画笔区域中心的方向移动，效果如图 9–2–21 所示。

●“左推工具”：垂直向上拖移该工具时，像素向左移动（如果向下拖移，像素会向右移动），效果如图 9–2–22 所示。沿对象顺时针拖移，可以增加图像，反之，缩小图像。

● “镜像工具”：将像素复制到画笔区域，拖移以反射与描边方向垂直的区域（描边以左的区域）。通常情况下，在冻结了要反射的区域后，按住 ALT 键并拖移可产生更好的效果。使用重叠描边可创建类似于水中倒影的效果，如图 9–2–23 所示。

图 9–2–21　膨胀效果

图 9–2–22　左推效果

● “湍流工具”：平滑地混杂像素。可用于创建火焰、云彩、波浪和相似的效果，如图 9–2–24 所示。

图 9–2–23　镜像效果

图 9–2–24　湍流效果

使用扭曲工具进行扭曲操作的步骤如下：

①打开要进行液化的图像，选择“滤镜 > 液化”命令打开“液化”对话框。

②在对话框的“工具选项”选项区域进行设置。

③使用工具箱中的扭曲工具扭曲预览图像。

④扭曲预览图像之后，可以使用“重建工具”或选项栏中的控件来完全或部分地恢复更改，或者可以使用新的扭曲工具继续更改图像。

⑤当制作出一个效果后，单击“确定”按钮就可以将修改后的图像效果应用到图像中。

（3）设置工具选项

在“液化”对话框中的“工具选项”选项区域，用户可以设置工具的某些属性，如图 9–2–25 所示。用户通过这些选项的设置可以更方便、更有效地创建扭曲效果。

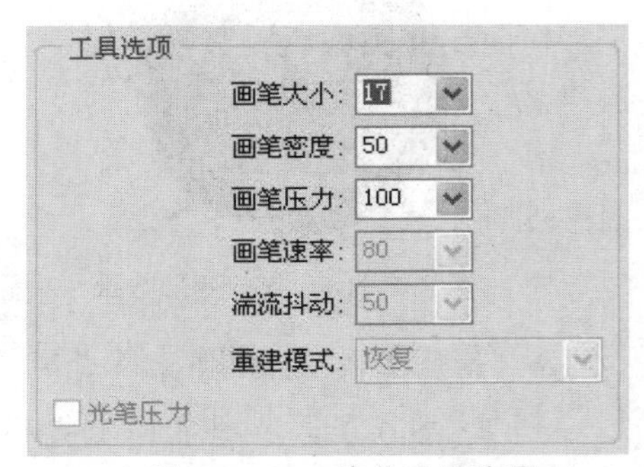

图 9–2–25　液化工具选项

这些选项的具体含义如下：

● “画笔大小”：用于设置画笔的大小。

● “画笔密度”：用于控制画笔边缘的羽化效果。画笔中心的扭曲强烈，边缘较轻。

● “画笔压力”：设置在预览图像中拖移工具时的扭曲速度。使用低画笔压力可减慢更改速度，因此更易于在恰到好处时停止。

● “画笔速率”：设置在您使工具（例如旋转扭曲工具）在预览图像中保持静止时扭曲的速度。该设置的值越大，应用扭曲的速度就越快。

● “湍流抖动”：选择“湍流工具”时，这个选项才可用，用于控制“湍流工具”对像素混杂的紧密程度。

● “重建模式”：选择“重建工具”时，这个选项才可用。选取的模式将用来确定该工具如何重建预览图像的区域。共包含了7种重建模式。

● “光笔压力”：只有使用光笔绘图板时，才可以使用该选项。

（4）冻结和解冻区域

使用“冻结蒙版工具”冻结预览图像的区域以免它们被更改，某些重建模式也只更改未冻结区域的扭曲。用户可以隐藏或显示冻结区域的蒙版，更改蒙版颜色。

● “冻结蒙版工具”：在图像上画出不希望受到扭曲影响的区域，如图9-2-26所示。此时再对图像使用扭曲工具涂抹，隐藏蒙版，效果如图9-2-27所示。

图9-2-26　冻结部分区域

图9-2-27　冻结后进行扭曲

● “解冻蒙版工具”：擦去图像上的冻结区域。

（5）重建图像

扭曲预览图像后，可以使用重建模式来撤销更改。应用重建功能的方式有两种，可以将重建应用于整个图像（包括消除非冻结区域中的扭曲）或者使用重建工具在特定区域中重建。

①重建整个图像。

从“液化”对话框的“重建选项”选项区域中选择一种“重建”模式，重建共有8种模式，具体含义如下：

● “回复”：回复到扭曲前的原始图像。

● “刚性”：会在已冻结区域和未冻结区域之间的边缘处保持网格的横线与竖线之

间的直角，有时会在边缘处造成近似不连续的现象。该模式将未冻结区域恢复到接近于其原外观的状态。

- “生硬”：在冻结区域和未冻结区域之间的边缘处，未冻结区域继续冻结区域内的扭曲。扭曲随着与冻结区域距离的增加而逐渐减弱。

- “平滑”：将冻结区域内的扭曲传播到整个未冻结区域，并在传播过程中平滑连续地扭曲。

- “松散”：生成的效果与“平滑”类似，只是在冻结区域与未冻结区域间的扭曲更加连续。

- “置换”：重建未解冻区域，以匹配重建起点处的置换。可以使用“置换”将预览图像的全部或局部移动到不同的位置。如果您点按并从起点开始渐进扩散，则会将图像的某个局部置换或移到刷过的区域。

- “扩张”：重建未冻结区域，以匹配起点处的置换、旋转和整体缩放。

- “关联”：重建未冻结区域，以匹配起点处的所有扭曲（包括置换、旋转、水平和垂直缩放以及斜切）。

在“重建选项”选项区域中单击“重建”按钮可应用重建效果一次。可以多次应用重建，使图像逐步符合扭曲要求。

② 移去所有扭曲。

在“液化”对话框的“重建选项”选项区域中，单击“恢复全部”按钮将移去所有扭曲（包括冻结区域）。

③重建扭曲图像的一部分。

- 冻结希望保持扭曲的区域。

- 选择“重建工具”，在“液化”对话框的“工具选项”选项区域中，选取一种重建模式，进行图像重建。

（6）设置蒙版选项

在预览区右侧还包含“蒙版选项”选项区域，用来编辑蒙版选区，如图 9-2-28 所示。

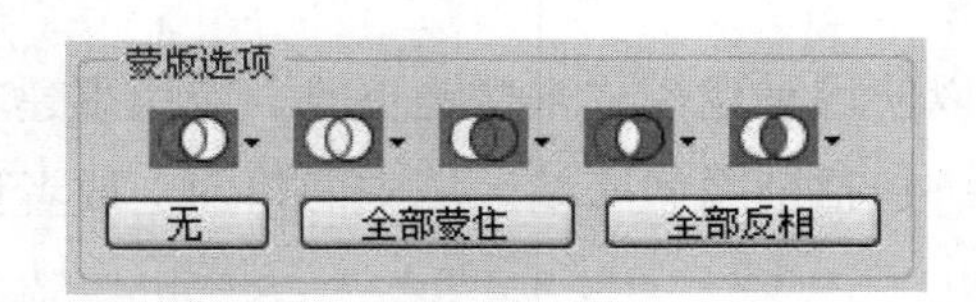

图 9-2-28　“蒙版选项”选项区域

在该区域中可以对蒙版选区进行替换、增加、减小、交叉以及反相操作。此外还包含 3 个按钮：

- “无”：可以清除所有蒙版。

- “全部蒙住”：在整个画面创建蒙版。

● “全部反相”：对蒙版选区进行反相操作。

（7）添加背景

在“视图选项”选项区域中选中“显示背景”复选框，如图 9–2–29 所示，在“使用”下拉列表框中选取一个选项。如果使用“所有图层”，则对当前目标图层的更改不反映在背景图层中。在“模式”中指定一个叠加效果，在“不透明度”文本框中更改目标图层和背景之间的混合透明度。如图 9–2–30 所示为添加和未添加背景的效果。在该对话框中取消选中“显示背景”复选框可以隐藏背景。

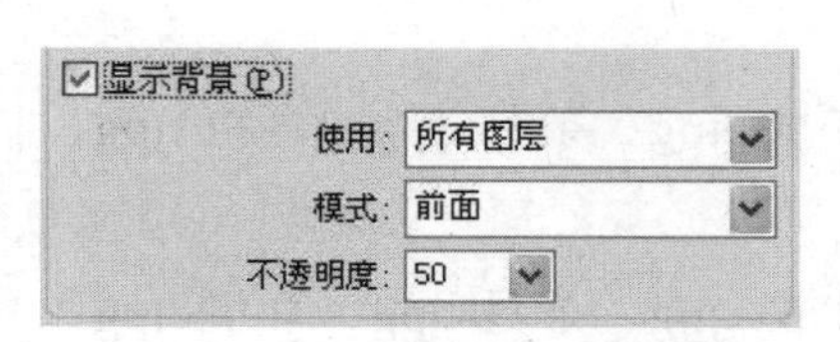

图 9–2–29　背景选项卡设置

图 9–2–30　在背后添加背景（左）和未添加背景（右）的效果

2.6　拓展练习

使用“拓展 9–2 舞 .jpg”和“拓展 9–2 木版 .jpg”制作如图 9–2–31 所示木版画效果。

制作提示：

1. 打开“拓展 9–2 舞 .jpg”，调整“曲线”使明暗对比度更加强烈，并用“橡皮擦”去除掉人物之外的杂色。

2. 使用“滤镜 > 风格化 > 浮雕效果”，增加人物层次。

3. 设置“图像 > 模式 > 灰度”，图像调整为灰度，并将处理后的文件保存为“拓展 9–2 中间 .psd”。

4. 打开“拓展 9–2 木板 .jpg”，执行“滤镜 > 纹理 > 纹理化”命令，打开滤镜库“纹理化”对话框，调用“载入纹理 > 拓展 9–2 中间 .psd”

5. 在“纹理化”参数框中，调整“凸现”参数，得到最终木版画效果。

图 9–2–31　木版画效果图

任务三　动作——批量添加 LOGO

动作用来记录 Photoshop 的操作步骤，从而便于再次回放以提高工作效率和标准化操作流程。该功能支持记录针对单个文件或一批文件的操作过程。用户可把一些经常运行的“机械化”操作记录成动作来提高工作效率。

3.1　任务描述

素材位置：PS 基础教程 / 素材 /CH09/ 9-3 素材 /T 恤 .jpg、茶具 .jpg、耳机 .jpg、耳坠 .jpg。

效果位置：PS 基础教程 / 效果 /CH09/ 9-3 效果 /T 恤 .jpg、茶具 .jpg、耳机 .jpg、耳坠 .jpg。

任务描述：使用动作和自动化命令，给素材批量添加 LOGO 图像，最终效果如图 9-3-1 所示。

T 恤

茶具

耳机

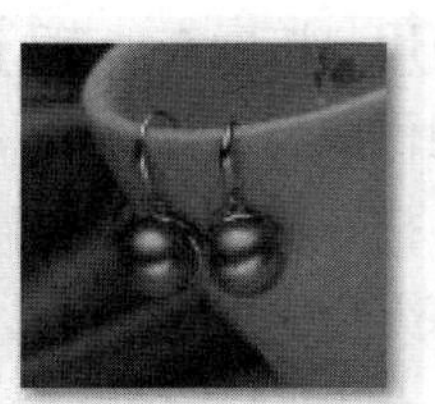

耳坠

图 9-3-1　动作效果图

3.2　任务目标

1. 了解什么是动作。
2. 掌握动作的记录、编辑、使用方法。
3. 学会批处理命令的使用。

3.3　学习重点和难点

1. 动作的记录方法。
2. 动作和批处理的使用用法。

3.4　任务实施

【关键步骤思维导图】

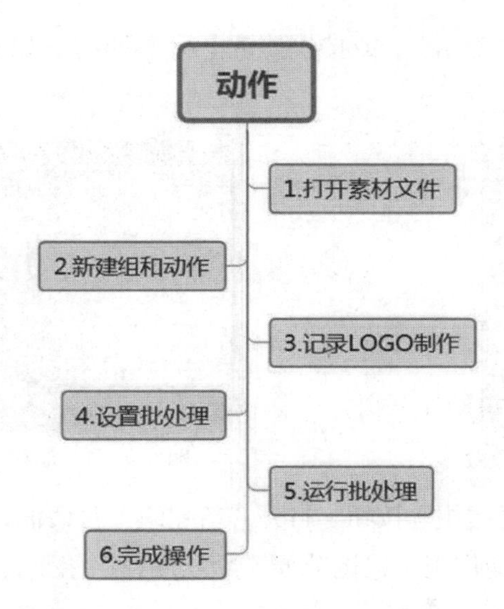

步骤 1：将要批量添加 LOGO 的所有文件，复制到一个独立的文件夹下，如图 9-3-2 所示素材文件夹。

新建文件夹

名称	修改日期	类型	大小
T恤	2015/9/8 16:34	ACDSee Pro 2.5 ...	115 KB
茶具	2015/9/8 16:34	ACDSee Pro 2.5 ...	172 KB
耳机	2015/9/8 16:34	ACDSee Pro 2.5 ...	131 KB
耳坠	2015/9/8 16:34	ACDSee Pro 2.5 ...	90 KB

图 9-3-2　素材文件夹

步骤 2：按下【CTRL+O】组合键盘，打开“耳坠 .jpg”，如图 9-3-3 所示。

图 9-3-3　耳坠

步骤3：执行“窗口 > 动作”，或按快捷键【ALT+F9】，如图 9-3-4 所示，打开“动作”面板，如图 9-3-5 所示。

图 9-3-4　动作命令

图 9-3-5　动作面板

步骤4：点击下方“新建组”按钮，打开“新建组”对话框，输入名称“常用动作”，点击“确定”，新建一个动作组（以区分原“默认动作”组），如图 9-3-6 所示。

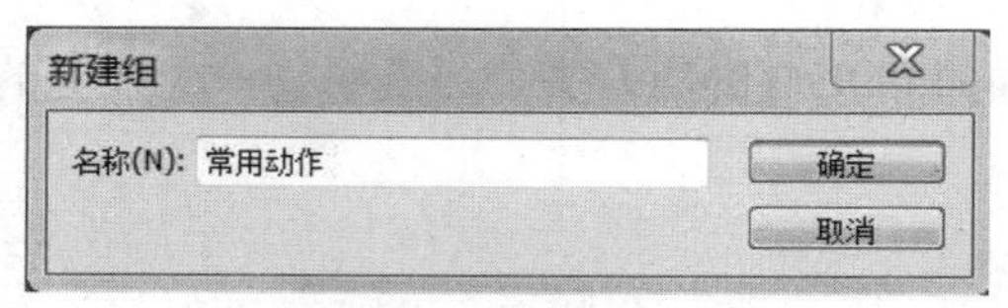

图 9-3-6　新建组

步骤5：点击“动作”面板下方“创建新动作”按钮，打开“新建动作”对话框，如图 9-3-7 所示。

步骤6：选择组“常用动作”，并在“名称”对话框中输入新动作名称“添加LOGO”。如下图 9-3-8 所示。

图 9-3-7　新建动作

图 9-3-8　新建动作对话框

步骤7：点击“记录”，新建一个动作，并开始记录动作，此时下方“开始记录”按钮处于按下状态（红色显示），如图 9-3-9 所示。

步骤8：从工具箱中选择自定义形状工具，如图 9-3-10 所示，选择形状:，在打开图像的适当位置绘制形状，如图 9-3-11 所示。

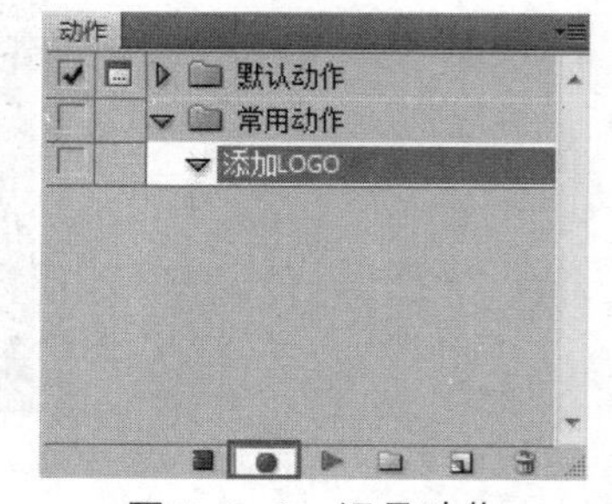

图 9-3-9　记录动作

图 9-3-10　自定义形状工具

图 9-3-11　绘制图案

步骤 9：在标志下方输入文字“精工良品”，选择“移动工具”，选中形状图层和文字图层， 在属性栏中点击“水平居中对齐”，如图 9-3-12 所示，效果如图 9-3-13 所示。

图 9-3-12　移动工具属性栏

图 9-3-13　LOGO 制作完毕

步骤 10：点击动作面板“停止”按钮，停止动作录制，如图 9-3-14 所示。至此，“添加 LOGO”动作录制完成。

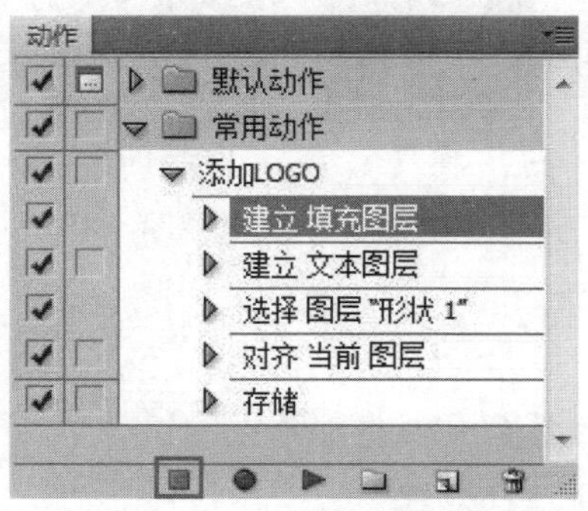

图 9-3-14　停止动作记录

步骤 11：接下来，自动完成其他文件添加 LOGO 操作。执行“文件 > 自动 > 批处理”命令，如图 9-3-15 所示，打开如图 9-3-16 所示对话框并进行设置。

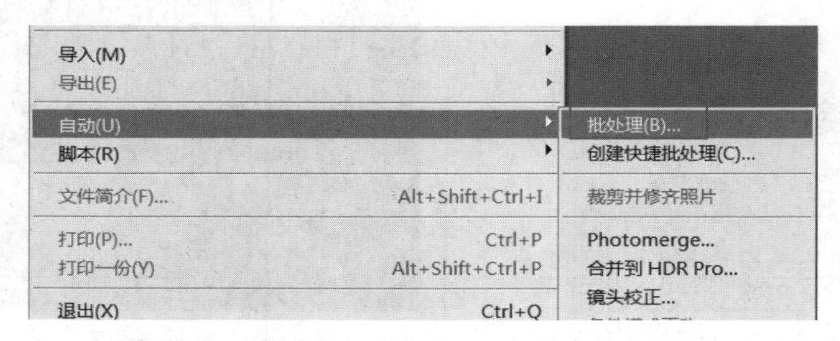

图 9-3-15　自动 > 批处理

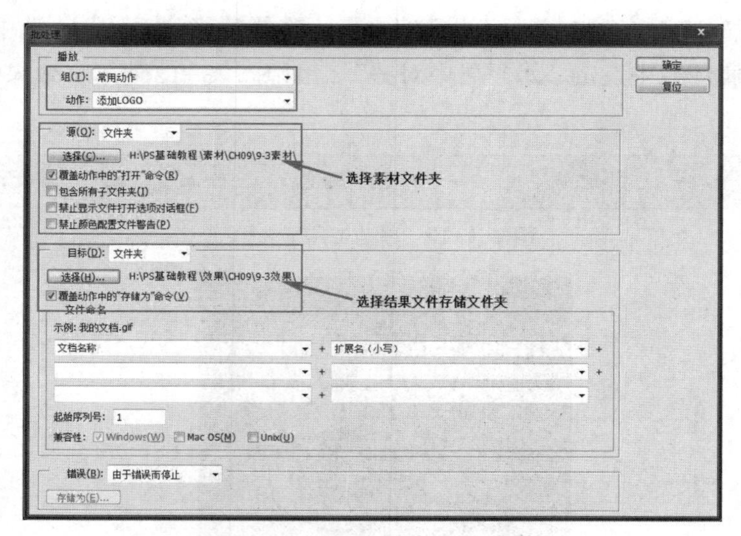

图 9-3-16　“批处理”对话框

步骤 12：设置完毕，点击“确定”，程序自动为素材文件添加 LOGO，并保存到目标文件夹下。效果如图 9-3-17 所示。

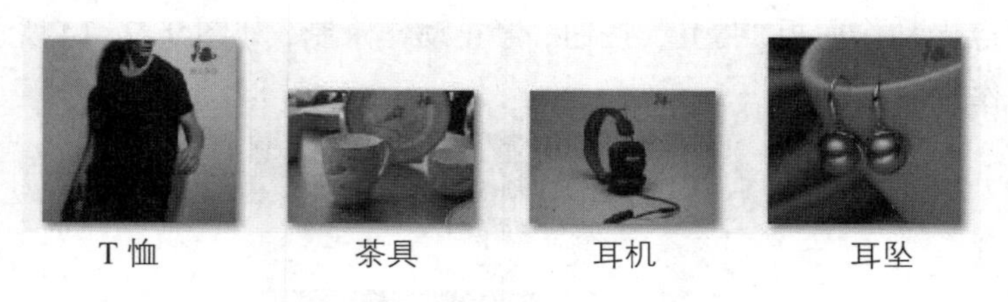

T 恤　　茶具　　耳机　　耳坠

图 9-3-17　效果图

【课堂提问】

1. 动作的作用是什么？为什么要创建动作？

2. 什么是批处理，怎样使用批处理？

【随堂笔记】

3.5　知识要点

1. 动作面板

动作面板（图 9-3-18）中的记录分为四个层次：动作组、动作、命令和命令参数。

● 动作组：类似文件夹，包含一个或多个动作。

● 动作：是一系列命令的集合，点击名字左侧的小三角可展开该动作。

● 命令：一个动作可包含的多个 Photoshop 命令。

● 命令参数：命令在运行过程中需要设置的参数。

● “切换项目”复选标记：黑色对钩代表该组、动作或命令可用。组、动作前面出现红色对钩代表该组、动作有部分命令可用。

● “切换对话”控制图标：如为黑色，那么当命令执行到该命令位置时，出现对话框，用户可以输入参数，然后继续运行。如为红色，代表动作中至少有一个可输入项不输入参数，而采用默认参数。

● 面板选项菜单：包含与动作相关的多个菜单项，提供更丰富的设置内容，如图 9-3-19 所示。

● 停止：单击后停止记录或播放。

● 记录：单击即可开始记录，红色凹陷状态表示记录正在运行中。

- 播放：单击即可运行选中的动作。
- 创建新组：单击创建一个新组，用来组织单个或多个动作。
- 创建新动作：单击创建一个新动作的名称、快捷键等，并且相同具有录制功能。
- 删除：删除一个或多个动作或组。

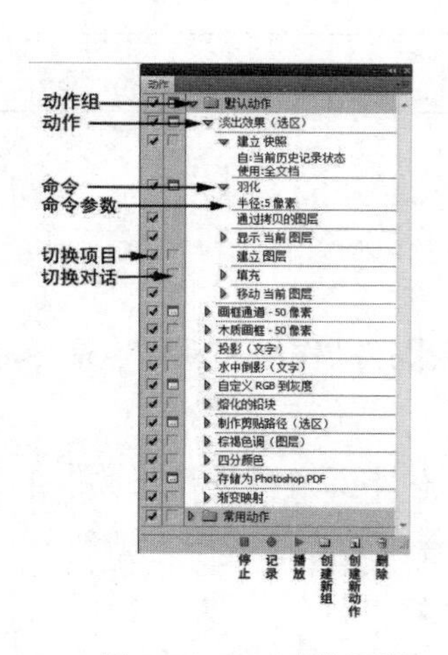

图 9-3-18 动作面板

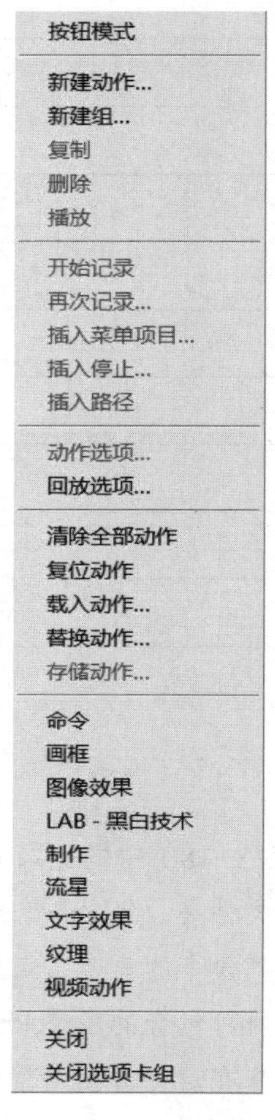

图 9-3-19 选项菜单

2. 如何执行动作

选择要处理的图片，展开一个动作组，选择一个动作，单击播放按钮，即可执行一个动作。如图 9-3-20 执行了默认动作组中的“四分颜色”，得到图 9-3-21 所示效果。如遇特殊步骤，有些动作会出现提示，提示所需参数或注意事项。

图 9-3-20 素材图

图 9-3-21 效果图

3. 录制动作

录制动作，需要遵循如下步骤：

（1）创建一动作组，这有利于区别其他的众多组，便于后期的管理。

（2）创建动作，输入该动作的名称，选择其快捷键和外观颜色。确定后，即开始录制。

（3）开始具体的操作，这些操作会被动作所录制。

（4）如需提示，或提醒用户设置何种参数，可在面板选项菜单中选择“插入停止”，并在出现的对话框中输入信息。

（5）录制过程中，可临时停止，并在之后继续录制。

（6）操作完成后，单击面板中的“停止记录”■按钮即可完成动作的记录。

此时可以看到“动作”面板中记录的刚才的动作。

4. 编辑动作

编辑动作的操作主要包括对动作进行复制、移动、删除、修改内容和更改名称等。

- 复制动作：选中某一动作后，单击面板菜单中的“复制”命令。
- 移动动作：拖动一个动作到适当位置即可。
- 删除动作：与复制动作类似，选中某个动作后，单击“动作”面板菜单中的“删除”命令。
- 增加记录动作：单击面板菜单中的“开始记录”命令即可。新增命令出现的位置和当前选中的命令或者动作有关。当选中的是一个动作时，那么新建的命令将出现在该动作命令的最后面；当选中动作中的某个命令时，新建命令将出现在该命令之下。
- 重新记录动作：单击面板菜单中的“再次记录”命令就可以将一个选中的动作重新录制。录制时仍然以原来的命令为基础，用户只需在弹出的对话框中重新设定对话框中的内容即可。
- 更改名称：选中某一动作后单击面板菜单中的“动作选项”命令，弹出“动作选项”对话框。在“名称”文本框中输入动作的新名称，单击“确定”按钮更改完成。

5. 保存动作

保存动作的步骤如下：

（1）选中要保存的动作所在的组。

（2）单击“动作”面板上的小三角按钮打开其面板菜单。

（3）单击“存储动作”命令，打开对话框。

（4）在对话框中设置文件名和保存位置后，单击“保存”按钮，保存完毕。

保存后的文件扩展名为 *.ATN。

注意：保存动作时，必须选中该动作的组，并且在保存的文件中只包含该动作组中的所有动作。

6. 不能被直接记录的命令和操作

动作也并非是万能的，它更善于记录一些比较机械性的命令、对话框和参数。对于一些随机性比较强的或一些特殊的面板，它也有无能为力的时候，下方为不能被直接记录的命令和操作：

（1）使用钢笔工具手绘的路径不能在绘制过程中被记录。

（2）基于笔触的大多数绘制和润饰工具在操作过程中不能被记录，如画笔工具、污点修复画笔工具、仿制图章工具等。

（3）选项栏、面板和对话框中的部分参数不能够被记录。

（4）用来调节操作环境，而非针对文件本身的操作不能被记录。如窗口和视图菜单中的大部分命令。

要实现这些操作，我们可通过插入停止、插入菜单项目等技法来解决。

3.6 拓展练习

将素材目录下的全部文件，如图 9-3-22 所示，更改大小为 800*600 像素，并批量添加木质相框。

车 .jpg

公路 .jpg

黄昏 .jpg

美女 .jpg

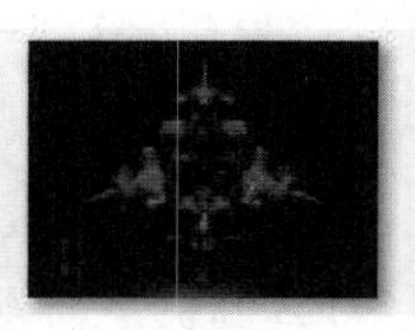
造型 .jpg

图 9-3-22　素材图

效果如图 9-3-23 所示：

车 .jpg

公路 .jpg

黄昏 .jpg

美女 .jpg

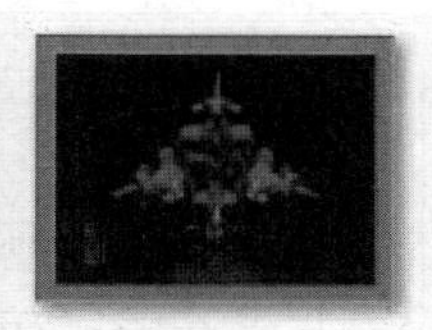
造型 .jpg

图 9-3-23　效果图

制作提示：

1. 将需要处理的图像文件放到同一个文件夹下。

2. 执行“文件 > 脚本 > 图像处理”，打开如图 9-3-24 所示界面，并进行设置。

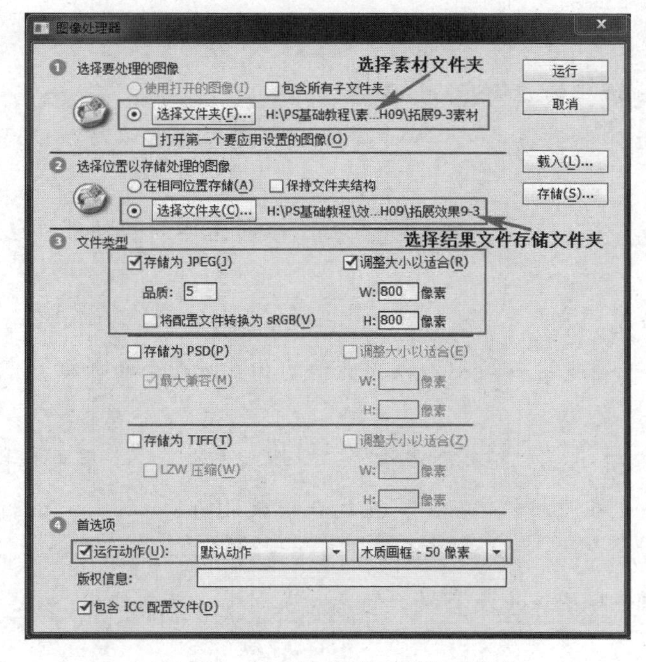

图 9-3-24　“图像处理器”对话框

3. 点击“运行”，程序自动运行，出现如图 9-3-25 所示“信息”提示时，点击“继续”，直至完成。

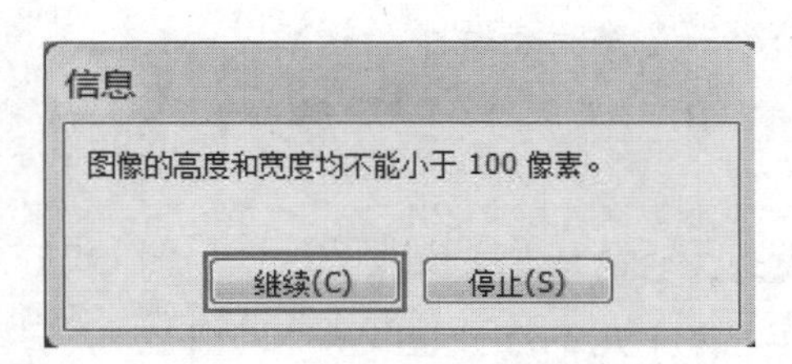

图 9-3-25　信息提示

本章小结

本章首先对 Photoshop 的滤镜进行了初步的介绍，包括滤镜的工作原理和基本操作；然后又在滤镜技巧中介绍了滤镜库、液化滤镜的使用，以及滤镜在使用过程中的一些小技巧和注意事项。在动作部分，介绍了“动作”面板的组成和各项功能，包括动作的创建、记录、编辑、执行以及保存等基本操作方法，同时也介绍了“文件 > 自动 > 批处理”和“文件 > 脚本 > 图像处理”的使用。掌握这些命令，对于提高工作效率是很有帮助的。

学习自测

一、填空题

1. Photoshop 中的滤镜分为内置滤镜和 ________。

2. Photoshop 提供了 ________ 的功能，通过它可以累积应用滤镜，并应用单个滤镜多次。

3. 使用 ________ 命令可以实现对图像的整体效果处理，包括瘦身、美容等处理。

二、选择题

1. ________ 滤镜可以模拟缩放或旋转的相机所产生的模糊，产生一种柔化的模糊。

A. 动感模糊　B. 径向模糊　C. 特殊模糊　D. 高斯模糊

2. 模拟亮光在照相机镜头所产生的折射效果的是 ________ 滤镜。

A. 镜头光晕　B. 光照效果　C. 云彩　D. 纤维

3. 如果想去除图像中没有规律的杂点或划痕，可以使用 ________ 滤镜。

A. 纤维　B. 模糊

C. 蒙尘与划痕　D. 云彩

4. ________ 可以减弱或取消滤镜的作用效果。

A. 滤镜库　B. 模糊　C. 渐隐滤镜　D. 液化

5. 下面选项中哪个不是编辑动作中的选项。

A. 复制动作　B. 移动动作　C. 删除动作　D. 新建动作

三、问答题

1. 简述滤镜的概念，它的特点是什么？

2. “滤镜”菜单中分了几个滤镜组？分别是什么？

3. 动作的作用有哪些？为什么要创建动作？